无机及分析化学实验

（第二版）

刘永红　主编

科学出版社

北京

内 容 简 介

本书为“十二五”普通高等教育本科国家级规划教材《无机及分析化学(第五版)》(王运，2019)的配套教材。

本书采用模块式的编写形式，化学基本操作与规范部分集中、系统地介绍化学实验基本知识和基本操作技能，便于学生主动、灵活地在各实验中反复练习。基础实验部分选编了物质的制备、分离、提纯、物理量的测定、物质和元素的定性实验及定量分析实验等实验项目，侧重于学生基本操作技能的训练。综合实验部分融合两个及以上二级学科内容，注重学生综合运用知识解决实际问题能力的培养。研究设计性实验部分由教师科研成果转化而成，旨在培养学生实践能力和创新意识。书后附录包括常用化学数据。

本书可以作为高等农林、水产院校的农、林、牧、水产、食品、生物等各专业的实验教材，也可供综合性大学和师范、地质等院校药学、医学、资源利用、精细化工、轻工业等专业学生使用，还可供相关专业的教师和科研人员参考。

图书在版编目(CIP)数据

无机及分析化学实验 / 刘永红主编. —2 版. —北京：科学出版社，2019.11

ISBN 978-7-03-063518-1

Ⅰ. ①无… Ⅱ. ①刘… Ⅲ. ①无机化学-化学实验-高等学校-教材②分析化学-化学实验-高等学校-教材 Ⅳ. ①O61-33②O65-33

中国版本图书馆 CIP 数据核字(2019)第 264495 号

责任编辑：赵晓霞 / 责任校对：杨 赛
责任印制：赵 博 / 封面设计：迷底书装

科学出版社 出版
北京东黄城根北街 16 号
邮政编码：100717
http：//www.sciencep.com

北京天宇星印刷厂印刷

科学出版社发行 各地新华书店经销

*

2016 年 9 月第 一 版 开本：787×1092 1/16
2019 年 11 月第 二 版 印张：13 1/2
2025 年 8 月第十二次印刷 字数：330 000

定价：45.00 元

(如有印装质量问题，我社负责调换)

《无机及分析化学实验》

编写委员会

主　编　刘永红

副主编　梁建功　陆冬莲　范文秀　廖水姣

　　　　　韩晓霞　康勤书

编　委(按姓名汉语拼音排序)

　　　　　段丽君　范文秀　韩晓霞　郝海玲

　　　　　康勤书　李慧慧　梁建功　廖水姣

　　　　　刘玲芝　刘永红　鲁哲学　陆冬莲

　　　　　汪　萍　王　运　王新生

主　审　韩鹤友

第二版前言

本书是编者结合华中农业大学“双一流”建设、大类人才培养的改革模式和各相关专业特色，在第一版的基础上编写而成的。编者力求使本书具有系统性、科学性、先进性，在充分利用“互联网+教育”的基础上，强化经典与现代、基础与前沿、线上与线下的有机结合，充分体现以“学生为中心”的教育理念，突出“夯实基础，加强应用”“突出创新和交叉融合”的编写原则。

本书的结构体系仍然沿用第一版，除了完善内容，更加突出以学生为中心，注重学生自主学习能力的培养。为此，本书配套了教学 PPT、实验预习测试题；提供了基本操作的动画或微视频和实验基本操作测试练习题等数字化资源，强化了实验室安全知识训练；突出了课程思政教学内容。上述内容均可扫描二维码并点击“多媒体”进行学习。

参加第二版修订的有华中农业大学刘永红、王运、刘玲芝、陆冬莲、汪萍、李慧慧、段丽君、梁建功、康勤书、鲁哲学、廖水姣，宁夏大学韩晓霞，河南科技学院范文秀、郝海玲，河南科技学院新科学院王新生。

本次修订和出版得到科学出版社及华中农业大学教务处、理学院的大力支持。华中农业大学理学院韩鹤友审校和有关老师对本书提出了很好的建议。在此一并向关心本书的各位老师、同学及科学出版社表示衷心的感谢。

由于编者水平有限，书中疏漏或不妥之处在所难免，敬请读者批评指正。

编　者

2019 年 8 月于武汉

第一版前言

本书是在湖北省教学改革研究项目“农林高校数理化基础课实践教学体系的创新与实践”的基础上，结合我校大类人才培养(招生)的改革模式和各相关专业的实际编写的。同时，本书继承了刘汉兰教授等编写的《基础化学实验(第二版)》部分内容。编者力求使本书具有系统性、科学性和先进性，强化经典与现代、基础与前沿的有机结合，充分体现“夯实基础、加强应用、突出创新”的编写原则。

本书内容包括：绪论、化学基本操作与规范、基础实验、综合实验、研究设计性实验。书后有附录。全书计量单位均采用SI单位制。本书主要特点如下：

（1）全书结构完整，教学内容层次分明。本书涉及化学两个二级学科，是无机化学和分析化学的交叉与融合，避免了内容的重复和脱节，强化理论与实验的结合，将实验内容分为基础性、综合性、研究性三个层次，满足了不同层次学生的需求。

（2）优化实验项目，大力推进化学实验的绿色化。通过对实验项目的改造和优化，较好地推进了绿色化实验进程。一是尽可能避免开设有毒有害的实验项目；二是将少数有毒有害实验改为微型实验；三是开设内部循环的实验，即原料和产品不断进行内部循环，使部分实验实现了零排放。

（3）夯实基础，强化多学科交叉与融合。本课程是面向本科生的一门基础课，夯实基础是首位。本书充分体现了基本操作和基本技能的训练。在此基础上，不断加强和深化多学科之间的交叉与融合，既强调数理化基础学科之间的融合，更强调化学与农科各相关专业的交叉。

参加本书编写的有华中农业大学王运、刘永红、刘玲芝、陆冬莲、汪萍、李慧慧、段丽君、梁建功、康勤书、鲁哲学、廖水姣，宁夏大学韩晓霞，河南科技学院范文秀、郝海玲，河南科技学院新科学院王新生等，刘永红完成了本书的最后统稿和整理工作。

在本书编写和出版过程中，得到华中农业大学教务处、理学院的大力支持和资助。华中农业大学韩鹤友教授仔细审阅了全部书稿，给予了重要指导；陈浩、文利柏、李胜清、胡先文、吴萍、肖志东、李庆、薛爱芳、陈璐、谢劲松、张晶、王金玲等对本书提出了很好的建议；刘汉兰教授对本书的编写提出了宝贵的意见。在此一并表示衷心的感谢。

由于编者水平有限，书中疏漏或不妥之处在所难免，敬请读者批评指正。

编　者

2016年5月于武汉

第二版前言

本书是编者结合华中农业大学“双一流”建设、大类人才培养的改革模式和各相关专业特色，在第一版的基础上编写而成的。编者力求使本书具有系统性、科学性、先进性，在充分利用“互联网+教育”的基础上，强化经典与现代、基础与前沿、线上与线下的有机结合，充分体现以“学生为中心”的教育理念，突出“夯实基础，加强应用”“突出创新和交叉融合”的编写原则。

本书的结构体系仍然沿用第一版，除了完善内容，更加突出以学生为中心，注重学生自主学习能力的培养。为此，本书配套了教学 PPT、实验预习测试题；提供了基本操作的动画或微视频和实验基本操作测试练习题等数字化资源，强化了实验室安全知识训练；突出了课程思政教学内容。上述内容均可扫描二维码并点击“多媒体”进行学习。

参加第二版修订的有华中农业大学刘永红、王运、刘玲芝、陆冬莲、汪萍、李慧慧、段丽君、梁建功、康勤书、鲁哲学、廖水姣，宁夏大学韩晓霞，河南科技学院范文秀、郝海玲，河南科技学院新科学院王新生。

本次修订和出版得到科学出版社及华中农业大学教务处、理学院的大力支持。华中农业大学理学院韩鹤友审校和有关老师对本书提出了很好的建议。在此一并向关心本书的各位老师、同学及科学出版社表示衷心的感谢。

由于编者水平有限，书中疏漏或不妥之处在所难免，敬请读者批评指正。

编　者

2019 年 8 月于武汉

第一版前言

本书是在湖北省教学改革研究项目“农林高校数理化基础课实践教学体系的创新与实践”的基础上，结合我校大类人才培养(招生)的改革模式和各相关专业的实际编写的。同时，本书继承了刘汉兰教授等编写的《基础化学实验(第二版)》部分内容。编者力求使本书具有系统性、科学性和先进性，强化经典与现代、基础与前沿的有机结合，充分体现“夯实基础、加强应用、突出创新”的编写原则。

本书内容包括：绪论、化学基本操作与规范、基础实验、综合实验、研究设计性实验。书后有附录。全书计量单位均采用 SI 单位制。本书主要特点如下：

（1）全书结构完整，教学内容层次分明。本书涉及化学两个二级学科，是无机化学和分析化学的交叉与融合，避免了内容的重复和脱节，强化理论与实验的结合，将实验内容分为基础性、综合性、研究性三个层次，满足了不同层次学生的需求。

（2）优化实验项目，大力推进化学实验的绿色化。通过对实验项目的改造和优化，较好地推进了绿色化实验进程。一是尽可能避免开设有毒有害的实验项目；二是将少数有毒有害实验改为微型实验；三是开设内部循环的实验，即原料和产品不断进行内部循环，使部分实验实现了零排放。

（3）夯实基础，强化多学科交叉与融合。本课程是面向本科生的一门基础课，夯实基础是首位。本书充分体现了基本操作和基本技能的训练。在此基础上，不断加强和深化多学科之间的交叉与融合，既强调数理化基础学科之间的融合，更强调化学与农科各相关专业的交叉。

参加本书编写的有华中农业大学王运、刘永红、刘玲芝、陆冬莲、汪萍、李慧慧、段丽君、梁建功、康勤书、鲁哲学、廖水姣，宁夏大学韩晓霞，河南科技学院范文秀、郝海玲，河南科技学院新科学院王新生等，刘永红完成了本书的最后统稿和整理工作。

在本书编写和出版过程中，得到华中农业大学教务处、理学院的大力支持和资助。华中农业大学韩鹤友教授仔细审阅了全部书稿，给予了重要指导；陈浩、文利柏、李胜清、胡先文、吴萍、肖志东、李庆、薛爱芳、陈璐、谢劲松、张晶、王金玲等对本书提出了很好的建议；刘汉兰教授对本书的编写提出了宝贵的意见。在此一并表示衷心的感谢。

由于编者水平有限，书中疏漏或不妥之处在所难免，敬请读者批评指正。

编　者

2016 年 5 月于武汉

目　　录

第二版前言
第一版前言
绪论 …… 1
0.1 化学实验的目的 …… 1
0.2 化学实验的学习方法 …… 1
0.3 绿色化学实验 …… 1
第 1 章 化学基本操作与规范 …… 2
1.1 化学实验基本知识 …… 2
1.1.1 实验室规则及安全知识 …… 2
1.1.2 实验室用水 …… 5
1.1.3 常用试剂的分类 …… 6
1.1.4 常用仪器简介 …… 7
1.1.5 实验结果和数据处理 …… 10
1.1.6 实验报告的写法 …… 16
1.1.7 常用参考资料 …… 18
1.2 基本操作技能 …… 22
1.2.1 玻璃仪器的洗涤与干燥 …… 22
1.2.2 化学试剂的取用 …… 23
1.2.3 常用量器及其使用技术 …… 26
1.2.4 实验室常用加热技术 …… 32
1.2.5 试纸和滤纸的使用 …… 37
1.2.6 物质的分离与提纯 …… 39
1.2.7 天平 …… 42
1.2.8 酸度计 …… 45
1.2.9 分光光度计 …… 47
1.2.10 电导率仪 …… 50
第 2 章 基础实验 …… 53
实验一 五水硫酸铜的制备与提纯(4 学时) …… 53
实验二 硫酸铜晶体制备氧化铜(4 学时) …… 55
实验三 明矾的制备及其单晶的培养(4 学时) …… 57
实验四 三氯化六氨合钴(III)的制备(4 学时) …… 59
实验五 粗食盐的提纯(4 学时) …… 60
实验六 凝固点降低法测定物质的摩尔质量(4 学时) …… 63
实验七 阿伏伽德罗常量的测定(4 学时) …… 65
实验八 化学反应速率及活化能的测定(4 学时) …… 67
实验九 乙酸解离度和解离常数的测定(4 学时) …… 71
实验十 胶体及其性质(4 学时) …… 73

实验十一　溶液中物质的性质(4 学时) ······ 75
实验十二　常见阴离子和阳离子的鉴定(4 学时) ······ 79
实验十三　酸碱标准溶液的配制和浓度的比较(4 学时) ······ 82
实验十四　盐酸标准溶液的标定(4 学时) ······ 84
实验十五　氢氧化钠溶液的标定(4 学时) ······ 86
实验十六　铵盐中含氮量的测定(甲醛法)(4 学时) ······ 87
实验十七　食醋中总酸度的测定(4 学时) ······ 89
实验十八　阿司匹林含量的测定(4 学时) ······ 91
实验十九　混合碱的测定(双指示剂法)(4 学时) ······ 93
实验二十　可溶性氯化物中氯含量的测定(莫尔法)(4 学时) ······ 95
实验二十一　EDTA 溶液的标定和水总硬度的测定(4 学时) ······ 97
实验二十二　$KMnO_4$ 标准溶液的配制与标定(4 学时) ······ 100
实验二十三　过氧化氢含量的测定(高锰酸钾法)(4 学时) ······ 101
实验二十四　亚铁盐中铁含量的测定(重铬酸钾法)(4 学时) ······ 103
实验二十五　$Na_2S_2O_3$ 溶液的配制和标定(4 学时) ······ 104
实验二十六　食盐中碘含量的测定(4 学时) ······ 106
实验二十七　间接碘量法测定 Cu(4 学时) ······ 108
实验二十八　医用注射液中葡萄糖含量的测定(4 学时) ······ 111
实验二十九　磷的比色分析(钼蓝法)(4 学时) ······ 113
实验三十　土壤中速效磷的测定(钼锑抗法)(4 学时) ······ 114
实验三十一　邻菲咯啉分光光度法测定 Fe(4 学时) ······ 117
实验三十二　苹果抗氧化性的测定(4 学时) ······ 118
实验三十三　一种未知化合物的鉴别(4 小时) ······ 120
第 3 章　综合实验 ······ 123
实验三十四　酱油中氨基酸总量的测定——甲醛法(微型滴定)(4 学时) ······ 123
实验三十五　乙酰水杨酸的制备及含量测定(8 学时) ······ 125
实验三十六　土壤中可溶性 SO_4^{2-} 的测定(重量法)(8 学时) ······ 127
实验三十七　鸡蛋壳中钙镁总量的测定(6～8 学时) ······ 129
实验三十八　铝合金中铝含量的测定(8 学时) ······ 132
实验三十九　水的净化与软化处理(8 学时) ······ 134
实验四十　铁矿石中全铁含量的测定(无汞定铁法)(8 学时) ······ 138
实验四十一　硫酸亚铁铵的制备及纯度分析(8 学时) ······ 139
实验四十二　三草酸合铁(III)酸钾的合成和组成分析(8 学时) ······ 142
实验四十三　水体中化学需氧量的测定(高锰酸钾法)(8 学时) ······ 144
实验四十四　磷肥中水溶性磷的测定(4 学时) ······ 145
实验四十五　碘酸铜溶度积的测定(4～6 学时) ······ 147
实验四十六　邻菲咯啉铁配合物组成及稳定常数的测定(4～6 学时) ······ 150
实验四十七　植物叶片中叶绿素含量的测定(4～6 学时) ······ 152
实验四十八　紫外分光光度法测定水果或蔬菜中的抗坏血酸(维生素 C)含量(8 学时) ······ 154

实验四十九 植物样品中维生素 B_2 的分子荧光测定(4～6 学时)……156
实验五十 过氧化氢酶活性测定方法的比较(16 学时)……158
实验五十一 茶叶中微量元素的定性与定量分析(12 学时)……160
实验五十二 废干电池的回收利用(8 学时)……162
实验五十三 计算机虚拟仿真实验(4 学时)……164
实验五十四 分光光度法测定维生素片中的铁(4 学时)……165
第 4 章 研究设计性实验……169
实验五十五 纳米氧化铁的合成及其吸附 Cr(Ⅵ)的实验(30 学时)……169
实验五十六 豆芽中铜含量的检测技术研究(30 学时)……172
实验五十七 苹果无损检测技术研究(30 学时)……173
实验五十八 植物组织中氮的组成及定量分析(30 学时)……174
实验五十九 农作物废弃秸秆制备生物乙醇的研究(30 学时)……175
实验六十 固体碱催化剂的制备及其在生物柴油中的应用(30 学时)……176
实验六十一 CdS 量子点的合成及其与蛋白质相互作用的研究(30 学时)……178
实验六十二 利用农产品合成碳点及其与金属离子相互作用的研究(30 学时)……179
实验六十三 基于纳米多孔薄膜的蛋白质印迹研究(30 学时)……181
实验六十四 南瓜营养成分分析与品质评价(30 学时)……182
参考文献……184
附录……185
附录 1 国际相对原子质量表……185
附录 2 常用物质的摩尔质量……185
附录 3 不同温度下水的饱和蒸气压($\times 10^2$ Pa，273.2～313.2 K)……188
附录 4 常见配离子的稳定常数……189
附录 5 弱电解质的解离常数……190
附录 6 化合物的溶度积常数……192
附录 7 常用酸碱溶液的密度、浓度……193
附录 8 常用指示剂……194
附录 9 常用缓冲溶液的配制……196
附录 10 常用洗液的配制与适用范围……197
附录 11 常见离子和化合物的颜色……197
附录 12 不同温度下常见无机化合物的溶解度[g·(100 g 水)$^{-1}$]……200

绪　论

0.1　化学实验的目的

我国著名化学家戴安邦先生曾指出："只传授知识和技术的化学教育是片面的，全面的化学教育要求既传授化学知识和技能，又训练科学方法和思维，还培养科学精神和品德，学生在化学实验中是学习的主体，在教师的指导下进行实验，训练用实验解决化学问题，使多项智力因素皆得到发展，故化学实验是全面化学教育的一种最有效的教学形式。"无机及分析化学实验是一门实践性基础课程，对培养学生掌握基本的化学理论和规范的化学基本操作技能具有重要作用。学生通过本课程的学习，巩固无机及分析化学的基本知识、基本原理，培养动手能力、观察问题以及分析、归纳问题的能力，为后续专业理论和实验课打下坚实的基础。经过本课程的训练，学生应该养成严谨的实验态度和实事求是的科学精神，在创新意识和能力方面得到提升。

0.2　化学实验的学习方法

掌握恰当的学习方法对化学实验的学习至关重要。对于化学实验的学习来说，应该有正确的学习方法，重点把握以下三个环节。

(1) 课前充分预习。在进行实验操作之前，应该做好充分的准备工作，认真阅读实验教材及相关参考资料，熟悉实验过程中的基本理论、基本操作，对实验目的、实验原理、实验步骤及数据处理等环节做到心中有数。在预习过程中，学生应该撰写实验预习报告，了解实验仪器的使用方法及注意事项。

(2) 实验规范操作。实验操作是实验课程的核心环节，学生在实验操作过程中，一定要仔细设计实验步骤，认真观察实验现象，如实记录实验结果，不伪造、篡改、抄袭数据；同时要准备实验记录本，做好相关记录。如果在实验过程中遇到了一些"反常现象"，更要如实记录，并认真分析原因，提高自己分析和解决问题的能力。实验过程中还要保持台面整洁，实验结束后要认真打扫卫生。

(3) 撰写实验报告。实验报告是反映学生实验结果的重要组成部分，一份合格的实验报告一般包括实验目的、实验原理、实验步骤、数据处理、实验中所遇到的问题讨论，在报告的结束部分，还应该写一个实验总结，对实验中的收获、失误等进行简单的讨论。

0.3　绿色化学实验

绿色化学是 20 世纪 90 年代诞生的，它是人们认识到传统化学的不足而产生的一门新兴学科，运用化学的原理和方法减少和消除工业生产过程中产生的生态环境有害物质。绿色化学又称"环境无害化学"、"环境友好化学"、"清洁化学"。美国化学会(ACS)对绿色化学的定义为：在制造和应用化学产品时应有效利用(最好是可再生原料)，消除废物和避免使用有毒和危险的试剂和溶剂。本书通过设计一些微型实验、半微量实验和计算机辅助的绿色化学实验(虚拟仿真实验)，设计物质的循环利用等手段，尽可能减少化学实验过程中对环境的污染，使学生受到良好的环保教育，培养学生与环境友好相处的现代环保意识。

第 1 章　化学基本操作与规范

1.1　化学实验基本知识

1.1.1　实验室规则及安全知识

实验室是实验教学的重要场所，化学实验是进行化学理论学习和研究的基本手段，而化学实验教学是真正体现以学生为中心的教学模式。为使学生尽快适应这种教学模式、规范教学秩序，必须让学生了解、学习和熟悉实验室的相关知识和规章制度，尤其是化学实验室安全知识。

1. 化学实验室规则

为了保证正常的实验环境和实验教学秩序，防止意外发生，进行化学实验时必须遵守以下规则：

(1) 进入实验室之前应认真预习当日实验，明确实验目的，了解实验的基本原理、步骤以及有关的基本操作和注意事项。

(2) 遵守课堂纪律，上课不迟到、不早退，不在实验室内大声喧哗、打闹，保持室内安静。

(3) 实验前，应先清点所用仪器，如发现破损，应立即向指导教师声明并补领。如在实验过程中损坏仪器，应立即报告，经指导教师确认后交实验室工作人员处理。

(4) 实验时听从教师的指导，尊重指导教师，严格按操作规程正确操作，仔细观察，积极思考，并及时将实验现象和数据如实记录在报告本或实验记录本上。

(5) 使用精密仪器时，必须严格按照相关操作规程进行操作，避免损坏仪器，如发现仪器有故障，应立即报告指导教师，及时排除故障。

(6) 仪器和试剂瓶等用毕立即放回原处，不得随意乱拿乱放。试剂瓶中试剂不足时，应报告指导教师及时补充。

(7) 实验过程中要保持桌面和实验室清洁。废液、火柴梗、用后的试纸、滤纸等废弃物收集后分别倒入废液缸和垃圾篓中，严禁倒入水槽中，以免腐蚀和堵塞水槽及下水道。

(8) 实验中严格遵守水、电、气、易燃易爆以及有毒药品等的安全使用规则及措施，确保实验安全。注意节约水、电和试剂，注重环境保护意识的培养。

(9) 实验完毕后将桌面、仪器和药品架整理干净。值日生负责实验室的清洁工作，并检查水、电、气的开关以及门窗等。实验室内一切物品均不得私自带出实验室。

(10) 实验后，根据原始记录，联系理论知识，认真做好数据分析，按要求格式写出实验报告，及时交给指导教师批阅。

2. 实验室安全规则

在进行化学实验的过程中，经常使用水、电、气和各种易燃、易爆、有腐蚀性或有毒的药品，所以进入实验室后，必须了解周围环境，明确总电源、急救器材(灭火器、消防栓、急救药品)的位置及使用方法。对进入实验室的每个人而言，重视安全操作、熟悉安全知识是十分必要的。

进入实验室应该穿着实验服，必要时应该佩戴防护用具(如护目镜、手套等)。

(1)了解实验室安全用具的放置位置，熟悉各种安全用具(灭火器、沙桶、灭火毯、急救箱)的使用方法。

(2)在实验的过程中不得擅离岗位。水、电、煤气、酒精灯等使用完毕后立即关闭或熄灭。

(3)严格禁止任意混合各种化学药品，以免发生意外。

(4)浓酸、浓碱等具有强腐蚀性的药品，切勿溅在皮肤或衣服上，尤其不能溅入眼中。稀释浓酸、浓碱时，应在不断搅拌下将它们慢慢倒入水中。稀释浓硫酸时更要小心，千万不可把水加入浓硫酸里，以免溅出发生意外。

(5)金属钾、钠应保存在煤油中，白磷保存在水中，取用时要用镊子。极易挥发和易燃的有机溶剂(乙醚、乙醛、丙酮、苯等)，使用时必须远离明火，用后立即塞紧瓶塞，并放置于阴凉处。

(6)加热时，要严格遵守操作规程。保持实验室内的良好通风。使用有毒或刺激性气味的气体时，必须在通风橱内进行，并佩戴相应的防护用具。

(7)实验室任何药品不得进入口中或伤口，有毒药品(如重铬酸钾、钡盐、铅盐、砷化合物、汞及汞化合物、氰化物等)更应注意。剩余的废液严禁倒入下水道，应倒入回收容器内集中处理。

(8)注意用电安全，不得用湿手接触电源及插座。实验完成后立即检查并关闭水、电、气源。

(9)实验室内严禁饮食、吸烟、打闹，实验结束时必须洗净双手方可离开实验室。

(10)倾注药品或加热液体时，不要俯视容器，也不要将正在加热的容器口对准自己或他人。

(11)自拟实验或改变实验方案时，必须经教师批准后才可进行，以免发生意外事故。

(12)实验完毕后，值日生离开实验室时应该再次检查水、电、气和实验室门窗。

3. 意外事故的一般处理

(1)割伤。先取出伤口内的异物，然后在伤口处抹上紫汞或撒上消炎粉后用纱布包扎。

(2)烫伤。可先用稀高锰酸钾或苦味酸溶液冲洗灼伤处，再在伤口处抹上黄色的苦味酸溶液、烫伤膏或万花油，小面积轻度烫伤可以涂抹肥皂水，切勿用水冲洗。

(3)酸灼伤。先用大量水冲洗，然后用饱和碳酸氢钠(小苏打)溶液或稀氨水冲洗，最后再用水洗。如果酸液溅入眼内，立即用大量水冲洗，再用 1%碳酸氢钠溶液冲洗，最后用水冲洗，视具体情况送医院诊治。

(4)碱灼伤。先用大量水冲，再用 0.3 $mol·L^{-1}$ 乙酸溶液冲洗，最后再用水洗。如果碱溅入眼中，先用硼酸溶液洗，再用水洗。

(5)溴灼伤。立即用大量水冲洗，再用酒精擦至无溴存在为止；也可以用苯或甘油洗，然后用水反复冲洗。

(6)磷灼伤。用 1%硝酸银、5%硫酸铜或浓高锰酸钾溶液洗，然后包扎。

(7)吸入刺激性、有毒气体。吸入氯气、氯化氢时，可吸入少量乙醇与乙醚的混合蒸气解毒。吸入硫化氢气体感到不适时，应立即到室外呼吸新鲜空气。

(8) 有毒物质进入口中。若毒物尚未咽下，应立即吐出来，并用清水冲洗口腔；如已咽下，应立即促使呕吐，并根据毒物的性质服用解毒剂，立即送医院。

(9) 火灾。若因乙醇、苯、乙醚等起火，立即用湿抹布、石棉布或沙子覆盖燃烧物。火势大时可用泡沫灭火器。若遇电器起火，应立即切断电源，用二氧化碳灭火器或四氯化碳灭火器灭火。实验人员衣服着火时，立即脱下衣服或就地打滚。火势太大时应立即撤离现场，并及时报警。

(10) 触电。应立即切断电源，必要时进行人工呼吸。

(11) 若意外受伤且伤势较重，则应立即送医院。

附　实验室急救药箱

为了及时处理实验室内发生的意外事故，应在每个实验室内准备一个急救药箱。药箱内可准备下列药品及器具：红药水、碘伏、獾油或烫伤油(膏)、碳酸氢钠饱和溶液、硼酸饱和溶液或软膏、2%乙酸溶液、5%氨水、5%硫酸铜溶液、医用酒精、创可贴、纱布等。

4. 实验室“三废”处理

实验中会产生一些有毒的气体、液体和固体，都需要及时排放，特别是一些剧毒物质，如果直接排出就可能污染空气或水源，损害人体健康。因此，对实验室“三废”要经过一定的预处理后才能排放。

产生少量有毒气体的实验应在通风橱内进行。通过排风设备将少量毒气排到室外，使排出气体在外界空气中稀释，以免污染室内空气。产生毒气量大的实验必须备有吸收或处理装置。例如，二氧化氮、二氧化硫、氯气、硫化氢、氟化氢等可用导管通入碱液中，使其大部分吸收后排出；一氧化碳可点燃转化为二氧化碳。少量有毒的废渣应埋于地下(应有固定地点)。下面主要介绍一些常见废液的处理方法。

(1) 化学实验中大量的废液通常是废酸液。废酸缸中储存的废酸液可先用耐酸塑料网纱或玻璃纤维过滤，滤液加碱中和，调 pH 至 6～8 后就可排出。少量滤渣可埋于地下。

(2) 废铬酸洗液可以用高锰酸钾氧化法使其再生，重复使用。氧化方法：先在 110～130 ℃下将其不断搅拌、加热、浓缩，除去水分后，冷却至室温，缓缓加入高锰酸钾粉末。每 1000 mL 加入约 10 g 高锰酸钾，边加边搅拌直至溶液呈深褐色或微紫色，不要过量。然后直接加热至有三氧化硫出现，停止加热。稍冷，通过玻璃砂芯漏斗过滤，除去沉淀；冷却后析出红色三氧化铬沉淀，再加适量硫酸使其溶解即可使用。少量的废铬酸洗液可加入废碱液或石灰使其生成氢氧化铬(III)沉淀，将此废渣埋于地下。

(3) 氰化物是剧毒物质，含氰废液必须慎重处理。对于少量的含氰废液，可先加氢氧化钠调至 pH＞10，再加入几克高锰酸钾使 CN^- 氧化分解。大量的含氰废液可用碱性氯化法处理：先用碱将废液调至 pH＞10，再加入漂白粉，使 CN^- 氧化成氰酸盐，并进一步分解为二氧化碳和氮气。

(4) 汞盐废液应先调 pH 至 8～10，然后加适当过量的硫化钠生成硫化汞沉淀，并加硫酸亚铁生成硫化亚铁沉淀，从而吸附硫化汞共沉淀下来。静置后分离，再离心过滤。清液中汞含量降到 0.02 $mg\cdot L^{-1}$ 以下可排放。少量残渣可埋于地下，大量残渣可用焙烧法回收汞，但注意一定要在通风橱内进行。

(5) 含重金属离子的废液，最有效和最经济的处理方法是加碱或加硫化钠把重金属离子变成难溶性的氢氧化物或硫化物沉淀下来，然后过滤分离，少量残渣可埋于地下。

1.1.2　实验室用水

水是实验室内最常用的一种试剂，不同实验对水的要求不尽相同。

1. 实验室常用的水

实验室常用水的种类有蒸馏水、去离子水、反渗水和超纯水等。

(1) 蒸馏水(distilled water)。它是实验室最常用的一种用水，是自来水经蒸馏后得到的，除去了自来水中大部分污染物，但挥发性的杂质无法除去。新鲜的蒸馏水是无菌的，但储存后细菌易繁殖。

(2) 去离子水(deionized water)。应用离子交换树脂除去水中的阴离子和阳离子，但水中仍然存在可溶性的有机物，去离子水存放后也容易引起细菌的繁殖。

(3) 反渗水(reverse osmosis water)。其原理是水分子在压力的作用下，通过反渗透膜成为纯水，水中的杂质被反渗透膜截留排出。反渗水克服了蒸馏水和去离子水的很多缺点，利用反渗透技术可以有效地除去水中的溶解盐、细菌、内毒素和大部分有机物等杂质，但不同厂家生产的反渗透膜对反渗水的质量影响很大。

(4) 超纯水(ultra-pure water)。其标准是水电阻率为 18.2 MΩ·cm。但超纯水在总有机碳(total organic carbon，TOC)、细菌、内毒素等指标方面并不相同，必须根据实验的要求确定，如细胞培养则对细菌和内毒素有要求，而 HPLC 则要求 TOC 低。

2. 评价水质的常用指标

评价水质的常用指标包括：

(1) 电阻率(electrical resistivity)。衡量实验室用水导电性能的指标，单位为 MΩ·cm，随着水内无机离子的减少电阻加大，则数值逐渐变大，实验室超纯水的标准：电阻率为 18.2 MΩ·cm。

(2) 总有机碳(TOC)。水中碳的浓度，反映水中有机化合物的含量，单位为 $mg \cdot L^{-1}$ 或 $\mu g \cdot L^{-1}$。

(3) 内毒素(endotoxin)。革兰氏阴性细菌的脂多糖细胞壁碎片，又称之为“热原”，单位为 $EU \cdot mL^{-1}$（EU 为 Endotoxin Unit 的缩写）。

3. 分析实验室用水标准

在化学实验中，根据任务和要求的不同，对水的纯度要求也不同。对于一般的分析实验，采用蒸馏水或去离子水即可，而对于超纯物质分析，则要求纯度较高的高纯水。中华人民共和国国家标准《分析实验室用水规格和试验方法》(GB/T 6682—2008)适用于化学分析和无机痕量分析等。实验用水分为三个等级。表 1-1 列出了各级分析实验室用水的规格。

表 1-1　分析实验室用水的规格(GB/T 6682—2008)

指标名称	一级	二级	三级
外观		无色透明液体	
pH 范围(25 ℃)	—	—	5.0～7.5
电导率(25 ℃)/($mS \cdot m^{-1}$)	≤0.01	≤0.10	≤0.50

续表

指标名称	一级	二级	三级
可氧化物(以 O 计)/($mg \cdot L^{-1}$)	—	≤0.08	≤0.40
吸光度(254 nm，1 cm 光程)	≤0.001	≤0.01	—
可溶性硅(以 SiO_2 计)/($mg \cdot L^{-1}$)	≤0.01	≤0.02	—
蒸发残渣(105±2)℃/($mg \cdot L^{-1}$)	—	<1.0	<2.0

1.1.3　常用试剂的分类

化学试剂又称化学药品，简称试剂。它是工农业生产、科学研究以及国防建设等多方面进行化验分析的重要药剂。化学试剂是指具有一定纯度标准的各种单质和化合物(也可以是混合物)。进行任何实验都离不了试剂，试剂不仅有各种状态，而且不同的试剂其性能差异很大。有的常温非常稳定，有的常温就很活泼，有的受高温也不变质，有的却易燃易爆，有的香气浓烈，有的则剧毒……只有对化学试剂的有关知识深入了解，才能安全、顺利地进行各项实验，既可保证达到预期实验目的，又可消除对环境的污染。

1. 常用试剂的规格

化学试剂的种类繁多，按杂质含量的多少，通常分为四个等级。表 1-2 是我国化学试剂等级与其他国家化学试剂等级标志的对照表。此外，还有一些特殊用途的“高纯”试剂。例如，“光谱纯”试剂，它是以光谱分析时出现的干扰谱线强度大小来衡量的；“色谱纯”试剂，是在最高灵敏度下以 10^{-10} g 下无杂质峰来表示的；“放射化学纯”试剂，是以放射性测定时出现干扰的核辐射强度来衡量的；“MOS”试剂，是“金属-氧化物-硅”或“金属-氧化物-半导体”试剂的简称，是电子工业专用的化学试剂，等等。在一般分析工作中，通常要求使用 A.R.(分析纯)试剂。

表 1-2　化学试剂等级对照表

等级	中文标志	符号	瓶签颜色	德国、美国、英国等通用等级和符号	适用范围
一级试剂	优级纯 (保证试剂)	G.R.	绿色	G.R.	纯度很高，适用于精密分析工作和科学研究
二级试剂	分析纯 (分析试剂)	A.R.	红色	A.R.	用于一般定量分析和科学研究
三级试剂	化学纯	C.P.	蓝色	C.P.	用于一般定性分析
四级试剂	实验试剂 医用生物试剂	L.R. B.R. 或 C.R.	棕色等		作为实验辅助试剂及用于一般化学物质制备

化学工作者必须对化学试剂标准有明确的认识，做到合理使用化学试剂，既不超规格引起浪费，又不随意降低规格影响分析结果的准确度。取用任何化学试剂应根据节约的原则，按实验的具体要求，选用不同规格的试剂。

2. 试剂的保存

化学试剂的保存非常重要，若保存不当，试剂会变质失效，造成浪费，甚至引起事故。一般的化学试剂应保存在通风良好、干净、干燥的房间，应远离火源，并注意防止被水分、灰尘和其他物质污染。同时，应根据试剂的不同性质而采取不同的保管方法。

(1) 过氧化氢、硝酸银等见光会逐渐分解的试剂，氯化亚锡、亚硫酸钠等与空气接触易逐渐被氧化的试剂，以及溴、氨水等易挥发的试剂应放在棕色瓶内置于阴暗处。氧化剂、还原剂则应密封、避光保存。

(2) 氢氟酸、含氟盐等易侵蚀玻璃而影响试剂纯度的试剂和苛性碱等应保存在聚乙烯塑料瓶或涂有石蜡的玻璃瓶中。

(3) 乙醇、乙醚等易燃的试剂与高氯酸、过氧化氢等易爆炸的试剂应分开储存在阴凉通风、不受阳光直射的地方。

(4) 氰化钾、氰化钠和三氧化二砷等剧毒试剂应由专人保管，严格做好记录，经一定手续取用，以免发生事故。

(5) 盛碱液的细口瓶用橡胶塞。

(6) 无水碳酸盐、苛性钠等吸水性强的试剂应严格密封(如蜡封)。

(7) 易相互作用的试剂，氧化剂与还原剂应分开存放。

(8) 极易挥发并有毒的试剂可放在通风橱或冷藏室内保存。

(9) 汞易挥发且在人体内会逐渐积累而引起慢性中毒，应存放在厚壁器皿中，且容器内必须加水防止其挥发。

(10) 金属钠、钾活泼性较强，容易与水及其他物质反应，应保存在煤油中，且放在阴凉处。使用时先在煤油中切割成小块，再用镊子夹取，并用滤纸把煤油吸干。切勿与皮肤接触，以免烧伤。未用完的金属碎片不能乱放，可加少量乙醇，使其慢慢反应掉。

每一试剂瓶上都应贴有标签，上面写明试剂的名称、规格或浓度(溶液)以及日期，在标签的外面涂一薄层蜡或用透明胶带等保护。

1.1.4　常用仪器简介

化学常用仪器主要以玻璃仪器为主，按其用途可分为：容器类仪器，如试管、烧杯、烧瓶、锥形瓶、滴瓶、称量瓶、细口瓶、广口瓶、分液漏斗等；量器类仪器，如量筒、移液管、吸量管、容量瓶、比色管、滴定管等；其他仪器，包括玻璃仪器和非玻璃仪器。化学实验中常用的仪器、规格、主要用途及使用注意事项见表 1-3。

表 1-3　化学实验中常用仪器的使用及注意事项

仪器	规格	主要用途	注意事项
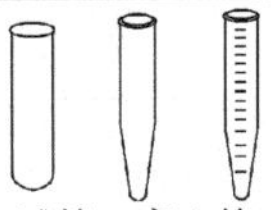 试管、离心管	分硬质试管、软质试管、普通试管和离心试管。普通试管以试管口外径(mm)×长度(mm)表示，离心试管以其容积(mL)表示	普通试管用作少量试剂的反应器，便于操作和观察。离心试管用于定性的沉淀分离	可以加热至高温(硬质试管)，但不能骤冷，加热时管口不能对人，且要不断移动试管，使其受热均匀。盛装反应液体不能超过其容积的 1/3
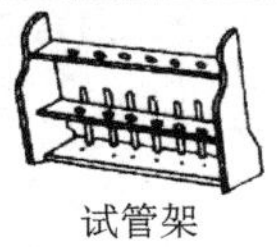 试管架	有木质、塑料和金属材质。有 20、30、40 孔等不同规格	用于放置试管、离心管	不同的材质对于试剂腐蚀、强热等要求不同，注意区别使用

续表

仪器	规格	主要用途	注意事项
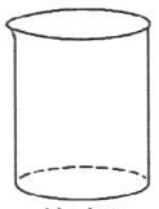 烧杯	玻璃或塑料材质，以容积(mL)表示，如 1000 mL、500 mL、250 mL、100 mL、50 mL 等	常温或加热条件下用作反应物量大时的反应容器，反应物易混合均匀，也可用来配制溶液	加热时将外壁擦干并放置在石棉网上，使其受热均匀，可以加热至高温
 试剂瓶	玻璃或塑料材质、无色或棕色、广口或细口。以容积(mL)表示，如 50 mL、100 mL、500 mL 等	广口瓶盛装固体试剂，细口瓶盛装液体试剂	不能直接加热，取用试剂时瓶盖倒放在桌上，碱性物质用橡皮塞或塑料瓶，见光易分解的试剂应用棕色瓶
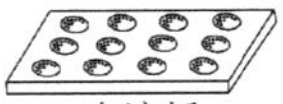 点滴板	瓷质，分白色、黑色，十二凹穴、九凹穴、六凹穴等	用于点滴反应，尤其是显色反应	白色沉淀用黑色板，有色沉淀或者溶液用白色板
 滴瓶	有无色、棕色之分，以容积(mL)表示，如 60 mL、30 mL 等	用于盛少量液体试剂或溶液	见光易分解的或不太稳定的试剂用棕色试剂瓶盛装，碱性试剂要用带橡皮塞的滴瓶，但不能长期盛放浓碱液
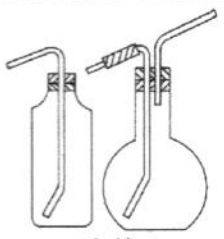 洗瓶	塑料或玻璃材质，以容积(mL)表示	用蒸馏水洗涤沉淀和容器时使用，塑料洗瓶使用方便、卫生，使用广泛	洗瓶不能加热
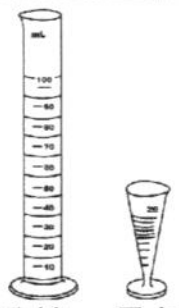 量筒、量杯	以其最大容积(mL)表示，量筒：如 100 mL、10 mL、5 mL 等；量杯：如 20 mL、10 mL 等	用于量取一定体积的液体	不能直接加热或在其中配制溶液
 称量瓶	分扁形和高形，以外径(mm)×高(mm)表示，如高形 25 mm×40 mm，扁形 50 mm×30 mm	扁形用于测定水分或干燥基准物质；高形用于称量基准物质或样品	不可盖紧磨口塞烘烤，磨口塞要原配套，不得互换
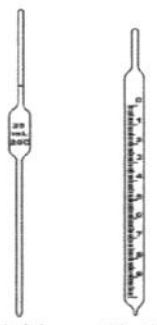 吸量管、移液管	以其最大容积(mL)表示，吸量管：如 10 mL、5 mL、2 mL、1 mL 等；移液管：如 50 mL、25 mL、20 mL、10 mL 等	用于准确量取一定体积的液体	移液管与容量瓶配合使用，使用前常做两者相对体积的校正。为了减少测量误差，每次都应从最上面刻度起往下放出所需体积
 容量瓶	以刻度线以下的容积(mL)表示大小，如 1000 mL、500 mL、250 mL、100 mL、50 mL、25 mL 等	用于配制准确浓度的溶液	不能受热，不得储存溶液，不能在其中溶解固体，瓶塞与瓶是配套的，不能互换
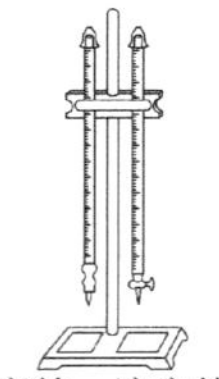 滴定管、滴定管架	滴定管分碱式和酸式、无色和棕色。以容积(mL)表示，如 50 mL、25 mL 等 微量滴定管，其活塞是聚四氟乙烯材质，可耐酸碱，容积为 3.000 mL	滴定或量取准确体积的溶液时使用。滴定管架用于夹持滴定管	碱式滴定管盛碱性溶液或还原性溶液，酸式滴定管盛酸性溶液或氧化性溶液。碱式滴定管不能盛放氧化剂。见光易分解的滴定液宜用棕色滴定管

续表

仪器	规格	主要用途	注意事项
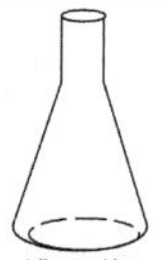 锥形瓶	以容积(mL)表示，如 500 mL、250 mL、150 mL 等	反应容器，振荡方便，适用于滴定操作或作接收器	盛液体不能太多，加热时应放置在石棉网上
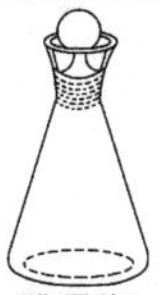 碘量瓶	以容积(mL)表示，如 100 mL、250 mL、500 mL 等	用于碘量法	瓶口及瓶塞处磨砂部分注意勿损伤
 研钵	以铁、陶瓷、玻璃、玛瑙制作，以口径大小表示	用于研磨固体物质。大块物质不能敲，只能压碎	不能用于加热，按固体的性质和硬度选用不同的研钵。放入量不宜超过容积的1/3
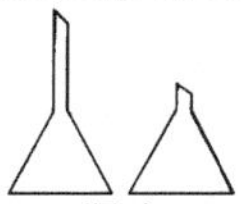 漏斗	以口径(cm)大小表示，如 4 cm、6 cm 等	用于过滤操作	不能直接加热
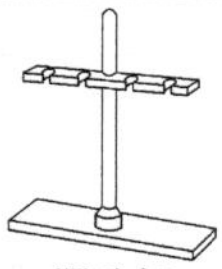 漏斗架	木制或铁制	过滤时承放漏斗	漏斗板高度可调
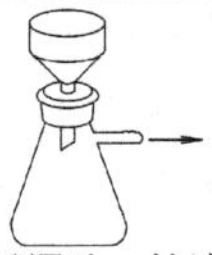 布氏漏斗，抽滤瓶	布氏漏斗以直径(cm)表示，如 4 cm、8 cm、10 cm 等。抽滤瓶以容积(mL)表示，如 250 mL、500 mL 等。两者配套使用	用于减压过滤	不能直接加热，滤纸要略小于漏斗的内径。使用时先开抽气泵，后过滤；过滤完毕，先拔掉抽滤瓶接管，后关抽气泵
 表面皿	玻璃材质，以口径(mm)大小表示，如 90 mm、75 mm、65 mm、45 mm 等	盖在烧杯上防止液体迸溅或作其他用途	不能用火直接加热，直径要略大于所盖容器
 蒸发皿	瓷质，以容积(mL)表示，如 50 mL、100 mL 等	用以蒸发、浓缩	能直接加热，可耐高温，注意高温时不能骤冷
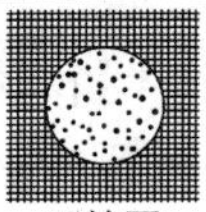 石棉网	有大小之分。以边长(cm)表示，如 15 cm×15 cm、20 cm×20 cm 等	支承受热容器，使受热均匀	不能与水接触
 三脚架		放置较大或较重的加热容器，支承受热器皿	
 干燥器	以外径(mm)大小表示。分普通干燥器和真空干燥器，内放干燥剂	保持物品干燥	防止盖子滑动打碎，热的物品待稍冷后才能放入。盖的磨口处涂适量的凡士林，干燥剂要及时更换

续表

仪器	规格	主要用途	注意事项
 坩埚	材质有瓷、石英、铁、镍、铂等，以容积(mL)表示	用于灼烧试剂	一般忌骤冷、骤热，依试剂性质选用不同材质的坩埚
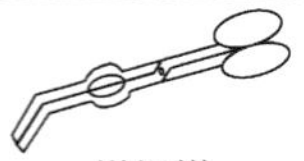 坩埚钳		夹持坩埚、蒸发皿加热，或往热源(煤气灯、电炉、马弗炉)中取和放坩埚、蒸发皿等	夹取灼热的坩埚时，必须将钳尖先预热，以免坩埚因局部冷却而破裂，用后钳尖应向上放在桌面或石棉网上
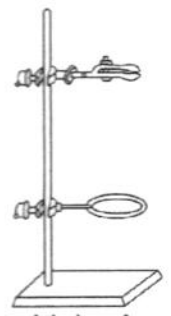 铁架台		用于固定反应容器	可根据情况适当调整铁圈、铁夹高度
 泥三角	有大小之分	支承灼烧坩埚	

1.1.5　实验结果和数据处理

1. 误差

在化学实验中，常进行一些定量的测定，然后由测得的数据经过计算得到分析结果。分析结果是否可靠是一个很重要的问题，不准确的分析结果往往会导致错误的结论。但是，在测定过程中，即使是技术非常熟练的人，用同一方法对同一试样进行多次测定，也不可能得到完全一致的结果。这就是说，绝对准确是没有的。分析过程中的误差是客观存在的，应根据实际情况正确测定、记录并处理实验数据，使分析结果达到一定的准确度。所以，正确掌握误差及有效数字的概念，掌握分析和处理实验数据的科学方法十分必要。

1) 误差的分类

在定量分析中，造成误差的原因很多，根据其性质的不同可以分为系统误差、偶然误差和过失误差三类。

(1) 系统误差，又称可测误差。它是由于实验方法、所用仪器、试剂、实验条件的限制以及实验者本身的一些因素造成的误差。这类误差的性质是：①在多次测量过程中会重复出现；②所有的测定结果或者都偏高，或者都偏低，即具有单向性；③由于误差来源于某一个固定的原因，因此数值基本是恒定不变的，可以消除。

(2) 偶然误差，又称随机误差。它是由一些偶然原因造成的，如测量时环境的温度、气压的微小变化都能造成误差。这类误差的性质是：由于随机因素，误差数值不定，且方向也不固定，有时为正误差，有时为负误差。这种误差在实验中无法避免。若用统计的方法研究，可以用多次测量减少偶然误差，它具有正态分布的特点。

(3) 过失误差。这是实验工作者不按操作规则操作等原因造成的，实为错误操作。这类误差有时无法找到原因，但是完全可以避免。

2) 误差的表示方法

(1) 真实值和平均值。

①真实值是一个客观存在的真实数值，但无法直接测定出来。例如，一个物质中的某一组分含量应该是一个确切的真实数值 X_T，但又无法直接确定。由于真实值无法知道，往往进行多次平行实验，取其平均值或中位值作为真实值，或者以公认的手册上的数据作为真实值。

②平均值是指算术平均值($\overline{X}$)，即测定值的总和除以测定总次数所得的商。

(2) 准确度和精密度。

①准确度。准确度表示测定值与真实值相互接近的程度，表示测定的可靠性。常用误差表示，可分为绝对误差(E)和相对误差(E_r)两种。

$$E=X_i-X_T$$

$$E_r=\frac{X_i-X_T}{X_T}\times 100\%$$

式中，X_i 为测定值；X_T 为真实值。

②精密度。精密度表示各次测定结果相互接近的程度，表示测定数据的再现性。常用偏差表示，可分为绝对偏差(d)和相对偏差(d_r)两种。

$$d=X_i-\overline{X}$$

$$d_r=\frac{X_i-\overline{X}}{\overline{X}}\times 100\%$$

③精密度的量度——标准偏差。个别数据的精密度是用绝对偏差或相对偏差表示的。对一系列测定数据的精密度则要用统计学上的方法来量度。即使在相同条件下测得的一系列数据，也会有一定的离散性，分散在总体平均值的两端。样本标准偏差(S)在统计学上用来表示数据的离散程度，也可以用来表示精密度的高低。

由于标准偏差不考虑偏差的正、负号，同时又增强了大的偏差数据的作用，所以能较好地反映测定数据的精密度。

2. 有效数字

1) 有效数字的概念

有效数字是以数字表示有效数量，也是指在具体工作中实际能测量到的数字。例如，将一蒸发皿用分析天平称量，称得质量为 45.3428 g，证明这些数字是有效数字，即有六位有效数字。如果用台秤称量，则称得质量为 45.34 g，这样仅有四位有效数字。所以，有效数字由实际情况决定，而不是由计算结果决定。

2) 应用有效数字的规则

(1) 有效数字的最后一位数字一般是不定值。例如，在分析天平上称得蒸发皿的质量为 45.3428 g，这个“8”是不定值，即这个数值可以是 45.3428 g，也可以是 45.3427 g，不定值差别的大小由仪器的准确度决定。记录数据时，只应保留一位不定值。

(2) 运算时，以“四舍六入五留双”为原则弃去多余数字。当尾数≤4 时，弃去。当尾数≥6 时，进位。尾数=5 时，看“5”前面的数字，如为偶数，则不进位，如为奇数，则进位；总之，修约后，最后一位为偶数。

(3) 几个数值相加或相减时，和或差的有效数字保留位数，取决于这些数值中小数点后位数最少的数字。运算时，首先确定有效数字保留的位数，弃去不必要的数字，然后再做加减运算。

(4) 几个数字相乘或相除时，积或商的有效数字的保留位数，以其中有效数字位数最少的为准。

在乘除运算中，常会遇到 9 以上的大数，如 9.00、9.83 等，其相对误差约为 1‰，与 10.01、11.01 等四位有效数字数值的相对误差接近，所以通常将它们当作四位有效数字的数值处理。

在较复杂的计算过程中，中间各步可暂时多保留一位不定值数字，以免多次舍弃造成误差的积累。待到最后结束时，再弃去多余的数字。

如果使用计算器计算，由于计算器上显示的数值位数较多，虽然在运算过程中不必对每一步计算结果进行位数确定，但应注意正确保留最后计算结果的有效数字位数。

3) 分析结果的表示

在常规分析中，通常是一个试样平行测定 3 份，在不超过允许的相对误差范围内，取 3 份的平均值即可。

在常规分析和科学研究中，分析结果应按统计学的观点，反映出数据的集中趋势和分散程度，以及在一定置信度下真实值的置信区间，通常用 n 表示测量次数，用平均值 $\overline{X}$ 衡量准确度，而用标准偏差 (S) 衡量各数据的精密度。

3. 实验数据的处理

在化学实验中，尤其是测定实验，需要测定大量的实验数据，并对实验数据进行处理和计算，为了明确、直观地表达这些数据的内在关系，常会将数据用列表法、图解法以及电子表格等方法进行处理。电子表格法既有列表法的直观和简洁，又可方便快速地绘制各种形式的相关图，还便于实验室信息的统一存储和管理。

1) 实验数据的处理方法

化学实验数据的处理方法主要有列表法和图解法。

(1) 列表法。

列表法在一般实验中应用最为普遍，特别是原始实验数据的记录，简明方便。把实验数据列入简明的表格中，使全部数据一目了然。一张完整的表格包含表的顺序号、名称、项目、说明及数据来源等详细内容。因此，制作表格时要注意以下几点：

①每张表格都应编有序号，且有完全而又简明的表格名称。

②表格的横排称为“行”，竖排称为“列”。每个变量占表中一行，一般先列自变量，后列因变量。每一行的第一列应写出变量的名称及量纲。

③每一行所记数据，应注意其有效数字位数是否合理。

(2) 图解法。

通常是在二维直角坐标系统中，用图解法表示实验数据，即用一种线图描述所研究的变量(或因素)间的关系，使实验测得的各数据间的关系更为直观，并且可以由线图求得变量的中间值，确定经验方程中的常数等。现举例说明图解法在实验中的应用。

例如，求直线的斜率和截距。对 $y=mx+b$ 来说，y 对 x 作图是一条直线，m 是直线的斜率，b 是截距。两个变量间的关系如符合此式，则可用作图法求得 m 和 b。

用图解法表示测量数据间的关系往往比用文字表达更简明和直观，可用于下列情况：

①由变量的定量关系求得未知物含量，如外标法的标准曲线图。

②通过曲线外推法求值，如连续加入法所得的图外推求值。

③求函数的极值或转折点，如利用光谱吸收曲线求最大吸收波长及摩尔吸光系数等。

④图解积分和微分，如色谱图上的峰面积计算等。

(3) 注意事项。

把实验数据绘成图形要注意以下问题：

①根据变量间的关系合理选择绘图纸类型，如直角坐标纸、对数坐标纸。

②尽量选独立变量作横坐标，坐标起点不一定是零。尽量利用所绘图形为线性，且直线斜率尽可能接近 1。

③各坐标轴应标出其所指代的数值、量和量纲。

④同一张坐标纸不要绘制过多的曲线。

2) 作图技术

图解法是实验结果的表示方法之一，利用图解法能否得到好的效果，与作图技术有密切的关系。下面简要地介绍用直角坐标纸作图的要点。

(1) 以主变量作横坐标，以因变量作纵坐标。

(2) 坐标轴比例选择的原则：首先要使图上读出的各种量的准确度和测量得到的准确度一致，即使图上的最小分度与仪器的最小分度一致，要能表示全部有效数字；其次是要方便易读。

(3) 把所测得的数值画在图上，就是代表点，这些点要能表示正确的数值。若在同一图纸上画几条直(曲)线时，则每条线的代表点需用不同的符号表示。

(4) 在图纸上画好代表点后，根据代表点的分布情况，作出直线或曲线。这些直线或曲线描述了代表点的变化情况，不必要求它们通过全部代表点，而是能够使代表点均匀地分布在线的两边即可。

(5) 图作好后，要写上图的名称，注明坐标轴表示的量的名称、所用的量纲、数值大小以及主要的测量条件。

3) 电子表格

随着计算机技术的广泛应用，大量的数据通常用计算机进行处理，可以获得更加准确和合理的结果，下面介绍处理大量实验数据两种常用的方法。

(1) 用 Microsoft Excel 完成回归分析。

简单介绍利用 Microsoft Excel 电子表格对数据处理的方法。

Microsoft Excel 有一套数据分析工具库，提供了单因素方差分析、二因素交叉无重复观察值的方差分析、二因素交叉有重复观察值的方差分析、描述统计分析、多元回归分析和线性回归分析、t 检验、随机和顺序抽样等复杂的统计分析方法。只要提供必要的数据和参数，该工具在指定的输出区域内以表格形式显示相应的统计结果，还可以制成相应的图。

此外，还有简单方法可方便地完成回归分析处理。以分光光度法测定水溶液中的磷为实例，实验数据见表 1-4。

表 1-4　不同浓度下磷的吸光度

浓度/($mg \cdot L^{-1}$)	0	1.00	2.00	3.00	4.00	5.00
吸光度 A	0	0.152	0.282	0.385	0.506	0.671

以 Office 2003 为例说明，Excel 绘制工作曲线方法如下：

①打开 Excel 主程序，在表格中输入数据，第 1 列(或行)输入需要处理的数据“浓度”的相应列(或行)，第 2 列(或行)输入需要处理的数据“吸光度”的相应列(或行)，如图 1-1 所示。

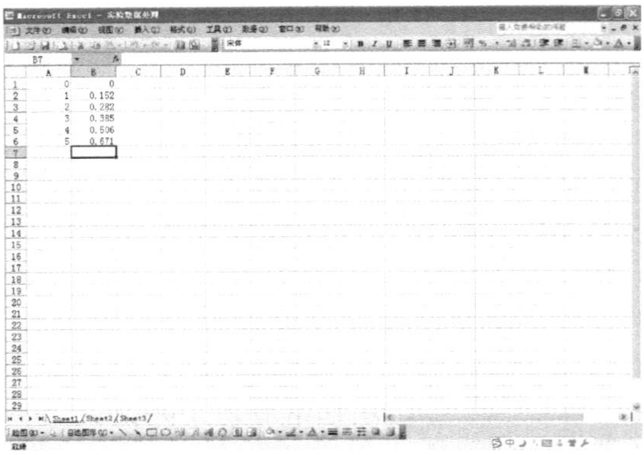

图 1-1

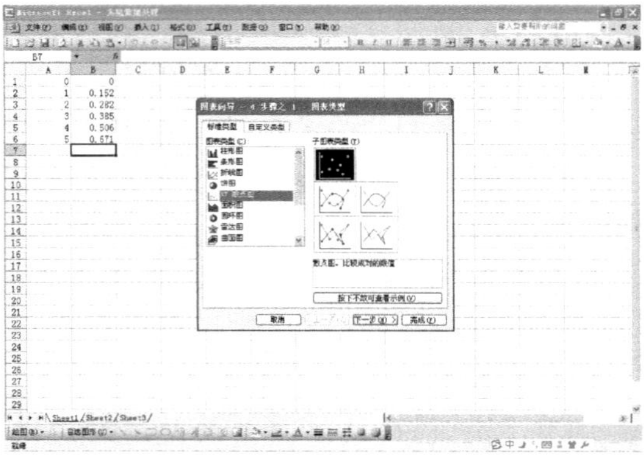

图 1-2

②选中输入的数据，依次点击“图表导向”，选择“*XY* 散点图”，并在“子图表类型”中选择“散点图”(图 1-2)，点击“下一步”，如图 1-3 所示。

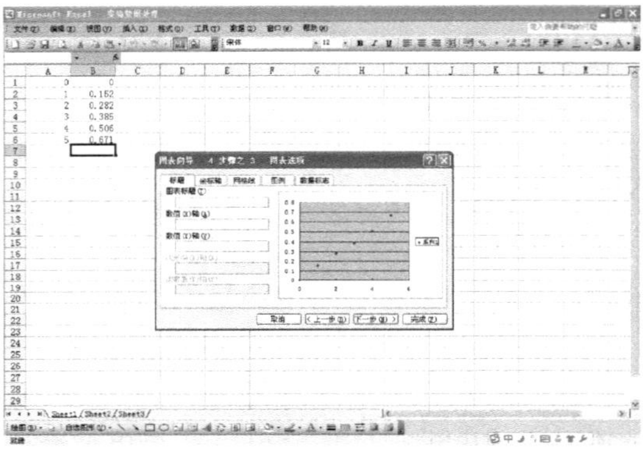

图 1-3

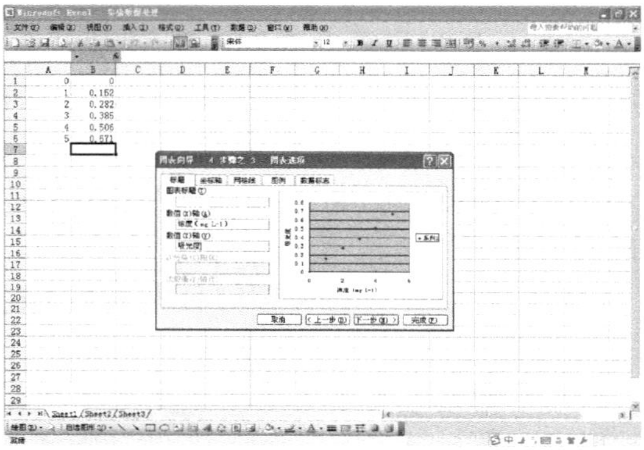

图 1-4

③在上述结果中点击“下一步”，在 *X*、*Y* 轴中分别输入数据的横、纵坐标文字描述及数据量纲，如图 1-4 所示。

④用鼠标点击“完成”，得到基本图形(图 1-5)，点击鼠标右键，选中图中数据点，则出现对话框(图 1-6)，选择“趋势线”。在对话框中选中“线性”，再点击“选项”，并选中“显

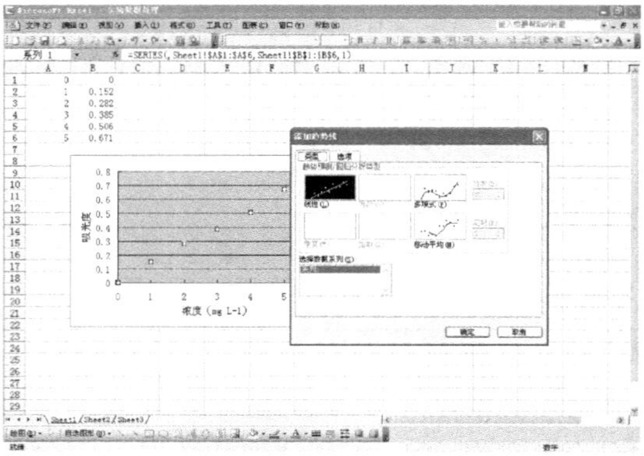

图 1-5

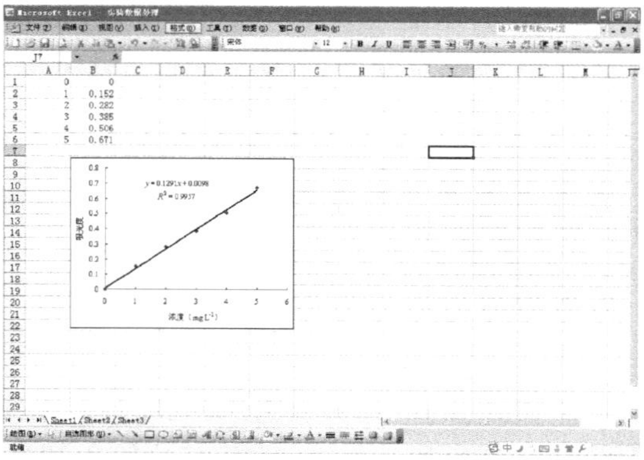

图 1-6

示公式”和“R 平方值”，点击“确定”，即可得到工作曲线和线性方程(图 1-7)。

⑤将图标进一步修改完善得到 Excel 绘制的工作曲线和线性回归方程，本例的标准曲线如图 1-7 所示。给出的回归方程为 $y=0.1291x+0.0098$，$R^2=0.9957$。

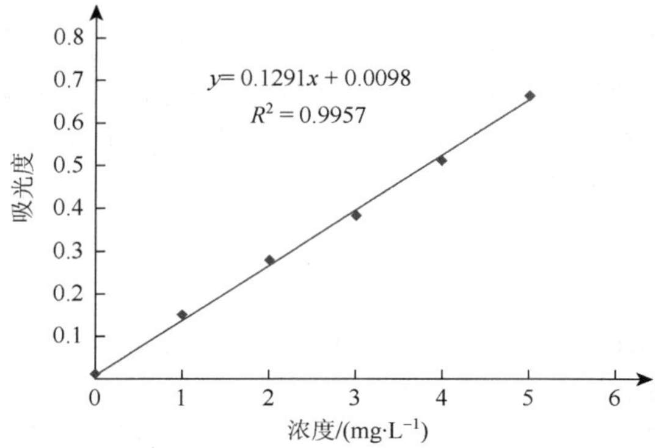

图 1-7 标准曲线

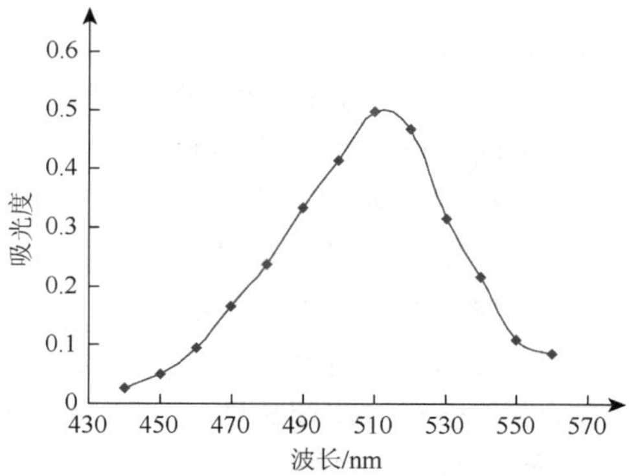

图 1-8 吸收曲线

(2)用 Microsoft Excel 绘制吸收曲线。

以 Office 2003 为例，以邻菲咯啉分光光度法测铁(某学生的数据见表 1-5)，用 Excel 绘制吸收曲线方法同 Excel 绘制工作曲线方法(图 1-8)。

表 1-5 不同波长下的吸光度

λ/nm	440	450	460	470	480	490	500	510	520	530	540	550	560
A	0.028	0.052	0.097	0.168	0.239	0.334	0.415	0.498	0.469	0.315	0.218	0.109	0.086

(3)Origin 处理数据方法。

Origin 是美国 OriginLab 公司(其前身为 Microcal 公司)开发的图形可视化和数据分析软件，是科研人员和工程师常用的高级数据分析和制图工具。图 1-9 是 Origin 7.5 工作界面。

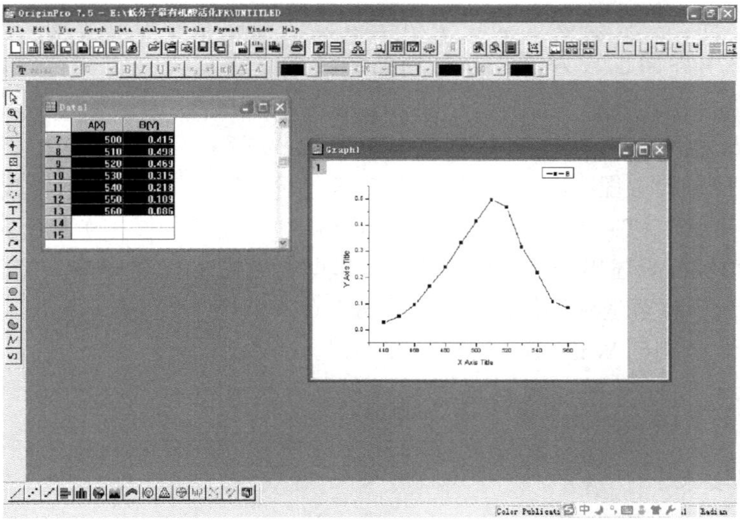

图 1-9 Origin 7.5 工作界面

Origin 为 OriginLab 公司出品的较流行的专业函数绘图软件，优点是简单易学、操作灵活、功能强大，既可以满足一般用户的制图需要，也可以满足高级用户数据分析、函数拟合的需要。因此，Origin 自 1991 年问世以来，很快就成为国际流行的分析软件之一。

Origin 具有两大主要功能：数据分析和绘图。Origin 的数据分析主要包括统计、信号处理、图像处理、峰值分析和曲线拟合等各种完善的数学分析功能。进行数据分析时，只需选择所要分析的数据，然后再选择相应的菜单命令即可。Origin 的绘图是模板化的，Origin 本身提供了几十种二维和三维绘图模板，而且允许用户自己定制模板。绘图时，只要选择所需要的模板即可。用户可以自定义数学函数、图形样式和绘图模板；可以和各种数据库软件、办公软件、图像处理软件等方便地连接。

Origin 可以导入包括 ASCⅡ、Excel、pClamp 在内的多种数据。另外，它可以把 Origin 图形输出多种格式的图像文件，如 JPEG、GIF、EPS、TIFF 等。

Origin 里面也支持编程，以方便拓展 Origin 的功能和执行批处理任务。Origin 里面有两种编程语言——LabTalk 和 Origin C。

在 Origin 的原有基础上，用户可以通过编写 X-Function 建立自己需要的特殊工具。X-Function 可以调用 Origin C 和 NAG 函数，而且可以很容易地生成交互界面。用户可以定制自己的菜单和命令按钮，把 X-Function 放到菜单和工具栏上，以后就可以非常方便地使用自己的定制工具(注：X-Function 是从 8.0 版本开始支持的。之前版本的 Origin 主要通过 Add-On Modules 扩展 Origin 的功能)。

Origin 像 Microsoft Word、Excel 等一样，是一个多文档界面(multiple document interface，MDI)应用程序。它将用户所有工作都保存在后缀为 OPJ 的工程文件(Project)中，这点与 Visual Basic 等软件很类似。保存工程文件时，各子窗口也随之一起存盘；另外各子窗口也可以单独保存(File/Save Window)，以便别的工程文件调用。一个工程文件可以包括多个子窗口，可以是工作表窗口(Worksheet)、绘图窗口(Graph)、函数图窗口(Function Graph)、矩阵窗口(Matrix)、版面设计窗口(Layout Page)等。一个工程文件中各窗口相互关联，可以实现数据实时更新，即如果工作表中数据被改动之后，其变化能立即反映到其他各窗口，如绘图窗口中所绘数据点可以立即得到更新。然而，正因为它功能强大，其菜单界面也较为繁复，且当前激活的子窗口类型不一样时，主菜单、工具条结构也不一样。

以 Origin 7.5 为例说明，Origin 绘制工作曲线方法如下：

打开 Origin 7.5 的主程序，将数据(表 1-5)输入对应的 X、Y 轴，选中数据，点击菜单栏中(左下角)的“工具”(Tools)、选中“Line+Symbol”，得到如图 1-9 所示的结果。选择输入法，将 X、Y 轴坐标表述出来，再进行适当处理即得到图 1-10 的结果。将图形复制到 Word 文档中时，可将鼠标移至坐标轴外，点击“编辑”(Edit)中的“copy page”，即可将图形复制到“剪贴板”中。复制到 Word 后，可进一步编辑。

1.1.6　实验报告的写法

1. 实验记录要求

实验中会出现各种现象和测得各种数据，应仔细观察并及时记录在记录本上，记录应做

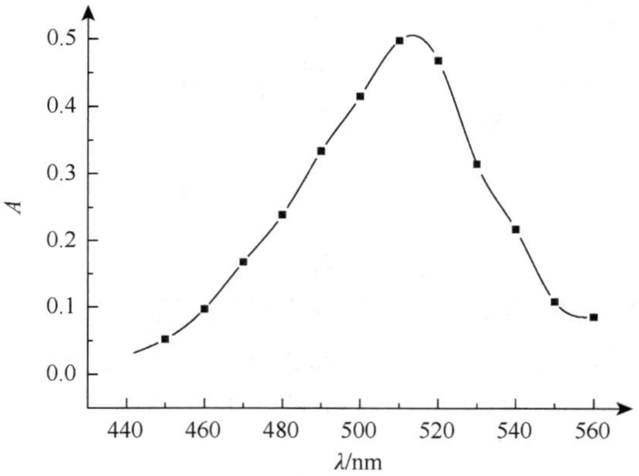

图 1-10　Origin 7.5 得到的吸收曲线

到简明扼要、字迹整洁、实事求是，切忌杜撰或伪造数据，记录还需注意实验日期和时间。实验结束后，立即送教师审阅，如果实验结果达不到要求，应认真分析，找出原因，只有在必要时才需重做实验。

2. 实验报告

实验报告是总结实验情况，分析实验中出现的问题，归纳总结实验结果是必不可少的环节，因此，实验完毕后，应及时、如实地写出实验报告。下面介绍几种常见实验类型的报告格式，仅供参考。

1) 性质实验报告示例

实验题目

(一) 目的要求

(二) 实验内容

实验内容	主要现象	反应方程	结论解释

2) 合成制备实验报告示例

实验题目

(一) 目的要求

(二) 实验原理(主反应和主要副反应)

(三) 操作步骤(或流程图)

(四) 数据处理

(五) 讨论(根据结果写出实验心得体会及意见、建议)

3) 定量分析实验报告示例

实验题目

(一) 目的要求

(二) 实验原理

(三)实验数据及结果处理

(四)讨论(分析误差产生的原因，实验中应注意的问题及某些改进措施)

1.1.7　常用参考资料

1. 常用化学手册

《试剂手册》是 1963 年中国医药公司上海化学试剂采购供应站编写的，上海科学技术出版社出版，2002 年出版了第三版。它介绍了 4000 多种化学试剂，每种都按中文名称、英文名称、分子式、相对分子质量、主要物理化学性质、用途等项分别阐述，并对常用试剂说明其用途和参考规格。

《化学分析手册》由丘星初主编，化学工业出版社 1960 年出版。它介绍了化学分析中应用到的一些基本知识，如化学分析的基本操作技术、实验室一般常识、化学分析知识、溶液和某些常用试剂的配制方法、定量分析中的操作、标准溶液的配制和标定、指示剂和试纸的使用、化学分析中的有关计算等。书末还附有化学分析中经常要查阅的一些数据。

《简明化学手册》是 1957 年由顾振军等按苏联别列利曼的 Краткйи Справочник，химика 一书译成中文的，由化学工业出版社出版，共分十五章。其主要内容有各种物质的物理化学性质，与化学有关的资料和数据，与化学有关的物理、数学、度量衡学等基本知识，实验室工作和化学分析等。

北京出版社 1980 年出版的《简明化学手册》是北京师范大学无机化学教研室为无机化学教学和学生综合训练的需要编写的。全手册分五部分：①化学元素；②无机化合物；③水、溶液；④常见有机物；⑤其他。其内容简明扼要，可供中学化学教师、大专院校理科学生以及有关单位科技人员教学、学习和工作参考。1982 年 10 月又进一步修订再版。

《化学数据手册》是杨厚昌译自 J. G. 斯塔克和 H. G. 华莱士编的《化学数据手册》(1975 年国际单位制版)。该书自 1965 年第一版问世以来，深受各国化工工作者和有关大专院校师生的欢迎，曾多次修订再版，中译本第一版是 1980 年由石油工业出版社出版。该书的特点是短小精悍，简明扼要，基本上包括了最新、最常用的物理、化学方面的技术数据，其中有：元素、原子和分子的性质；热力学和动力学数据；有机化合物的物理性质；分析和其他方面的数据。

Handbook of Chemistry and Physics(化学和物理手册)，英文版现由 D. R. Lide 主编，CRC Press 出版。它介绍数学、物理、化学常用的参考资料和数据，逐年修改出版，2015 年出版第 95 版。这是应用最广的数据手册。

Stability Constants of Metal-Ion Complexes(金属离子配合物的稳定常数)，英文版由 L. G. Sillen 和 A. E. Martell 主编，1964 年出版了第二版。全书不仅包括金属离子配合物的稳定常数，而且包括有关金属和配位体的水解常数、酸碱常数、溶解度、氧化还原平衡常数等。

Lang's Handbook of Chemistry(兰氏化学手册)，英文版，2004 年出版了第 16 版，J. A. Dean 编，这是较常用的化学手册，内容包括：原子和分子结构、无机化学、分析化学、电化学、有机化学、光谱学、热力学性质、物理性质等方面的资料和数据，并附有化学工作者常用的数学方面的有关资料。

2. 常用化学网站

中国试剂网——汇集近 2 万种化学试剂、玻璃仪器、诊断试剂于一体的电子商务网站。

中国教育多媒体——教育多媒体资源，在线多媒体，语文、数学、外语、物理、化学、生物等试题教案下载。

杜邦公司——(E.I. du Pont de Nemours and Company) 化学工业。

中国化工网——化学化工信息服务、化学试剂和仪器以及化学化工技术交易、全方位组织信息化解决方案的专业网站。

化学天地——化学信息查询，提供网上化学网址，免费化学配方。

化学资讯网——元素周期表、化学模型、有机化学、无机化学、中学试题。

化学世界——化学化工门户网站，提供最全面的化学化工信息资源搜索以及各类专业文献、软件、资料、期刊、专利、产品供销、化工商务、技术交易信息。

南京师范大学 613 化学实验室——主要从事精细化学品、药物中间体、染料中间体、农药中间体、化工中间体和特种化学试剂、生化试剂的研究、开发与生产。

化学通报——网络版 *Chemistry Online & Chemical Journal on Internet*。

化学科学——介绍国内外化学科学中外文期刊、地址、电话、主页、邮箱等。

3. 常用与化学相关的文献检索数据库简介

(1) 中国知网 (CNKI)，http: //www.cnki.net/。

中国知识基础设施工程 (China National Knowledge Infrastructure，CNKI) 是由清华同方光盘股份有限公司、清华大学中国学术期刊电子杂志社、光盘国家工程研究中心联合建设的综合性文献数据库，于 1999 年 6 月在 CERNET 上开通了中心网站 (http: //www.cnki.net)，在 CHINANET 上开通了第二中心网站 (http: //www.chinajournals.com)，并且在许多图书馆和情报单位建立了镜像站点。目前 CNKI 已建成了中国期刊全文数据库、优秀博硕士学位论文数据库、中国重要报纸全文数据库、重要会议论文全文数据库、科学文献计量评价数据库系列光盘等大型数据库产品，中国期刊全文数据库为其主要产品之一。

CNKI 中国期刊全文数据库 (Chinese Journal Full-text Database，CJFD) 收录了 1994 年至今的 6600 种核心期刊与专业特色期刊的全文，积累全文文献 618 万篇，分为理工 A (数理化天地生)、理工 B (化学化工能源与材料)、理工 C (工业技术)、农业、医药卫生、文史哲、经济政治与法律、教育与社会科学、电子技术与信息科学 9 个专辑、126 个专题文献数据库。网站及数据库交换服务中心每日更新，各镜像站点通过互联网或光盘实现更新。

(2) 中文科技期刊数据库/维普数据库 (VIP)，http: //www.cqvip.com/。

由科学技术部西南信息中心直属的重庆维普资讯有限公司开发，收录 1989 年以来 8000 余种中文期刊的 830 余万篇文献，并以每年 150 万篇的速度递增。维普数据库按照《中国图书馆图书分类法》进行分类，所有文献被分为 7 个专辑：自然科学、工程技术、农业科学、医药卫生、经济管理、教育科学和图书情报，7 大专辑又进一步细分为 27 个专题。

(3) 万方数据知识服务平台 (wanfangdata)，http: //www.wanfangdata.com.cn/。

万方数据股份有限公司是国内第一家以信息服务为核心的股份制高新技术企业，是在互联网领域，集信息资源产品、信息增值服务和信息处理方案为一体的综合信息服务商。它集纳了涉及各个学科的期刊、学位、会议、外文期刊、外文会议等类型的学术论文、法律法规、科技成果、专利、标准和地方志。期刊论文：全文资源，收录自 1998 年以来国内出版的各类期刊 6 千余种、其中核心期刊 2500 余种，论文总数量达 1000 万篇，每年约增加 200 万篇，每周两次更新。

(4)美国化学会(ACS)数据库介绍。

美国化学会(American Chemical Society，ACS)成立于 1876 年，是世界上最大的科技学会。ACS 一直致力于为全球化学研究机构、企业及个人提供高品质的文献资讯及服务，已成为享誉全球的科技出版机构。ACS 的期刊有 35 类，涵盖有机化学、分析化学、应用化学、材料学、分子生物化学、环境科学、药物化学、农业学、材料学、食品科学等 24 个主要的领域，被 ISI 的 *Journal Citation Report*(JCR)评为化学领域中被引用次数最多的化学期刊。

(5) SciFinder Scholar CA 介绍。

SciFinder 是美国化学文摘社 CAS 自行设计开发的最先进的科技文献检索和研究工具软件，SciFinder Scholar 是 SciFinder 的大学版本。SciFinder 数据库收录的文献资料来自全球 200 多个国家和地区的 60 多种语言。种类超过 10000 种，包括期刊、专利、评论、会议录、论文、技术报告和图书中的各种化学研究成果。

①期刊和专利记录 2300 余万条。每天更新 4000 条以上，始自 1907 年。

②有机和无机化学物质 2400 余万种，生物序列 4800 余万条。每天更新约 40000 条，每种化学物质有唯一对应的 CAS 注册号，始自 1900 年。

③化学反应 850 多万条；46 万条来自文献和专利的反应记录，每周更新 600～1300 条，始自 1840 年。

④商业化学物质 740 多万条；来自全球 729 家化学品供应商的 828 种产品目录，包括产品价格信息和供应商联络方式。

⑤国家化学物质清单 24 万多条，来自 13 个国家和国际性组织，每周更新＞50 条。

⑥MEDLINE 医药文献记录 1400 多万条。美国国立医学图书馆(National Library of Medicine)的数据库，来自 4600 多种期刊，始自 1951 年。每周更新 4 次。

特别说明：CAS 拥有容量异常庞大的专利信息数据库，收录了超过 50 家专利授予机构所颁发的专利。SciFinder 比任何其他科学资源有更多的期刊和专利链接，能够帮助人们在研究过程中更有创意，更有生产力。到目前为止，SciFinder 已收文献量占全世界化工化学总文献量的 98%。

(6) Wiley InterScience，http：//www.interscience.wiley.com/。

John Wiley & Sons(约翰威利父子出版公司)始于 1807 年，是全球知名的出版机构，为世界第二大期刊出版商，1997 年开始在网上开通。通过 InterScience，Wiley 公司以许可协议形式向用户提供在线访问全文内容的服务。Wiley InterScience 收录了 360 多种科学、工程技术、医疗领域及相关专业期刊、30 多种大型专业参考书、13 种实验室手册的全文和 500 多个题目的 Wiley 学术图书的全文。其中被 SCI 收录的核心期刊近 200 种。期刊具体学科划分为：Business，Finance &Management(商业、金融和管理)、Chemistry(化学)、Computer Science(计算机科学)、Earth Science(地球科学)、Education(教育学)、Engineering(工程学)、Law(法律)、Life and Medical Sciences(生命科学与医学)、Mathematics and Statistics(数学与统计学)、

Physics（物理学）、Psychology（心理学）等。

（7）英国皇家化学学会（RSC）数据库介绍。

英国皇家化学学会（Royal Society of Chemistry，RSC）是一个国际权威的学术机构，是化学信息的一个主要传播机构和出版商，其出版的期刊及资料库一向是化学领域的核心期刊和权威性的资料库。该协会成立于 1841 年，是一个由化学研究人员、教师、工业家等组成的专业学术团体。RSC 期刊大部分被 SCI 收录，并且是被引用次数最多的化学期刊之一。

RSC 电子期刊与资料库主要以化学为核心，涉及相关主题包括：

Analytical Chemistry	分析化学	Physical Chemistry	物理化学
Inorganic Chemistry	无机化学	Organic Chemistry	有机化学
Biochemistry	生物化学	Polymer Chemistry	高分子化学
Materials Science	材料科学	Applied Chemistry	应用化学
Chemical Engineering	化学工程	Medicinal Chemistry	药物化学

（8）Web of Science，http：//www.isiknowledge.com/。

SCI 收录最重要的学术期刊和收录论文的参考文献并索引。SCI 覆盖学科领域：农业、天文学与天体物理、生物化学与分子生物学、生物学、生物技术与应用微生物学、化学、计算机科学、生态学、工程、环境科学、食品科学与技术、基因与遗传、地球科学、免疫学、材料科学、数学、医学、微生物学、矿物学、神经科学、海洋学、肿瘤学、儿科学、药理学与制药、物理学、植物科学、精神病学、心理学、外科学、通信科学、热带医学、兽医学、动物学等 150 多个学科领域。

（9）ProQuest，http：//proquest.umi.com/login。

ProQuest 博士论文全文学位论文数据库收录的是 PQDD 数据库中部分记录的全文。PQDD 的全称是 ProQuest Digital Dissertations，是世界著名的学位论文数据库，收录有欧美 1000 余所大学文、理、工、农、医等领域的博士、硕士学位论文，是学术研究中十分重要的信息资源。

（10）PubMed，http：//www.ncbi.nlm.nih.gov/PubMed/。

PubMed 是互联网上最著名的免费 Medline 数据库，由美国国家生物信息技术中心（National Center for Biotechnology Information，NCBI）提供。该系统于 1997 年开始使用，与以往的 Medline 光盘数据库相比，收录范围广、更新速度快、使用方便简易。

（11）Sciencedirect，http：//www.sciencedirect.com/，http：//lsevier.lib.tsinghua.edu.cn/。

荷兰 Elsevier Science 公司出版的期刊是世界上公认的高品位学术期刊，它拥有 1263 种电子全文期刊数据库，并已在清华大学图书馆设立镜像站点：ScienceDirect OnSite（SDOS）。国内 11 所学术图书馆于 2000 年首批联合订购 SDOS 数据库中 1998 年以来的全文期刊。它得到 70 多个国家认可，中国高校每月下载量高达 250 万篇。包括：2200 多种期刊，780 多万篇全文，包括在编文章；2000 多种图书，包括常用参考书、系列丛书、手册；6000 多万条摘要。涉及农业和生物科学、生物化学、遗传学和分子生物学、商业、管理和财会、化学工程学、化学、计算机科学、决策科学、地球和行星学、经济学、计量经济学和金融、社会科学、能源和动力、工程和技术、环境科学、免疫学和微生物学、材料科学、数学、医学、神经系统科学、药理学、毒理学和药物学、物理学和天文学、心理学等。

（12）Ingenta，http：//www.ingenta.com/。

Ingenta 网站是 Ingenta 公司于 1998 年建成的学术信息平台。在几年的发展中，该公司先后兼并了多家信息公司，合并了这些公司的数据库。2001 年，Ingenta 公司兼并了 Catchword 公司，近期 Ingenta 准备将两家公司的信息平台整合为一体。在整合之前，用户可分别从 Ingenta.com 和 Catchword.com 查询对方提供的全部信息。整合后可提供全球 190 多个学术出版机构的全文联机期刊 5400 多种，以及 26000 多种其他类型出版物。目前，Ingenta 公司在英国和美国多个城市设有分公司，拥有分布于世界各地的 10000 多个团体用户和 2500 多万个个人用户，已成为全球学术信息服务领域的一个重要的文献检索系统。

（13）Springer。

德国施普林格（Springer-Verlag）是世界上著名的科技出版集团之一，通过 Springer LINK 系统提供学术期刊及电子图书的在线服务。Springer 公司和 EBSCO/Metapress 公司现已开通 Springer LINK 电子期刊服务。目前 Springer LINK 所提供的全文电子期刊共包含 439 种学术期刊（其中近 400 种为英文期刊），按学科分为以下 11 个“在线图书馆”：生命科学、医学、数学、化学、计算机科学、经济、法律、工程学、环境科学、地球科学、物理学与天文学，是科研人员的重要信息源。

1.2　基本操作技能

1.2.1　玻璃仪器的洗涤与干燥

1. 玻璃仪器的洗涤

化学实验中使用各种玻璃仪器。如果使用不洁净的仪器，由于污物和杂质的存在得不到正确的结果，因此玻璃仪器的洗涤是化学实验中一项重要的内容。

玻璃仪器的洗涤方法很多，应根据实验要求、污物的性质和沾污的程度选择合适的洗涤方法。

水溶性的污物一般可以直接用水冲洗，冲洗不掉的物质，选用合适的毛刷刷洗，如果毛刷刷不到，可将碎纸捣成糊浆，放进容器，剧烈摇动，促使污物脱落，再用水冲洗干净。

有油污的仪器（除精密玻璃量器外，如滴定管、移液管），先用水冲洗掉可溶性污物，再用毛刷蘸取肥皂液或合成洗涤剂刷洗。用肥皂液或合成洗涤剂仍刷洗不掉的污物，或因口小、管细不便用毛刷刷洗的仪器，用洗液或少量浓 HNO_3 或浓 H_2SO_4 浸洗。氧化性污物选用还原性洗液洗涤；还原性污物选用氧化性洗液洗涤。最常用的洗液是 $KMnO_4$ 洗液与 $K_2Cr_2O_7$ 洗液。

有机污物一般选用 $KMnO_4$ 洗液，无机污物选用 $K_2Cr_2O_7$ 洗液。洗涤仪器前，应尽可能倒尽仪器内残留的水分，然后向仪器内注入约 1/5 体积的洗液，使仪器倾斜并慢慢地转动，让内壁全部被洗液湿润，经转动几圈后，把洗液倒回原瓶。污染严重的仪器浸泡一段时间或者用热的洗液洗涤，效果更好。

洗液具有强腐蚀性，使用时不能用毛刷蘸取洗液刷洗仪器，如果不慎将洗液洒在衣物、皮肤或桌面时，应立即用水冲洗。废的洗液或洗液的第一、二遍冲洗水应倒在废液缸里，不能倒入水槽，以免腐蚀管道和污染环境。

洗液可反复多次使用，多次使用后，$K_2Cr_2O_7$ 洗液会变成绿色(Cr^{3+}的颜色)，需再生才能使用；$KMnO_4$ 洗液多次使用后，会变成浅红或无色，底部有时出现 MnO_2 沉淀，这时洗液已不具有强氧化性，不能继续使用。

若有机物用洗液洗不干净，可选用合适的有机溶剂浸洗。

用上述方法洗去污物后的仪器，还必须用自来水和蒸馏水冲洗数次。

洗净的玻璃仪器应该是清洁透明的，其内壁被水均匀地湿润，且不挂水珠。凡已洗净的仪器，内壁不能用布或纸擦拭，否则布或纸上的纤维及污物会再次沾污仪器。

2. 常用洗液的配制与使用

仪器上的不同污染物应该选用不同的洗液进行洗涤，常用的洗液见表 1-6。

表 1-6　常用洗液的适用范围

名称	适用范围	说明
铬酸洗液	有很强的氧化性，能浸洗去绝大多数污物	可反复使用，当多次使用至呈墨绿色时，说明洗液已失效。成本较高有腐蚀性和毒性，使用时不要接触皮肤及衣物。用洗刷法或其他简单方法能洗去的不必用此法
碱性高锰酸钾洗液	有强碱性和氧化性，能浸洗去各种油污	洗后若仪器壁上面有褐色二氧化锰，可用盐酸或稀硫酸或亚硫酸钠溶液洗去。可反复使用若干次，直至碱性及紫色消失为止
磷酸钠洗液	洗涤碳的残留物	将待洗物在洗液中泡若干分钟后涮洗
硝酸-过氧化氢洗液	浸洗特别顽固的化学污物	储于棕色瓶中，现用现配，久存易分解
强碱洗液	常用以浸洗除去普通油污	通常需要用热的溶液
稀硝酸	洗银镜后的废液可回收 $AgNO_3$	
有机溶剂	用于浸洗小件异形仪器，如活栓孔、吸管及滴定管的尖端等	成本高，一般不要使用

3. 玻璃仪器的干燥

有些实验要求仪器必须是干燥的，根据不同情况，可采用下列方法将仪器干燥。

(1) 晾干。对于不急用的仪器，可将仪器插在仪器格栅板上或实验室的干燥架上晾干。

(2) 吹干。将仪器倒置控去水分，并用吸水纸擦干外壁，用冷热风机或气流烘干器吹干。

(3) 烘干。将洗净的仪器控去残留水，放在电烘箱的隔板上，将温度控制在 105 ℃左右烘干。

(4) 用有机溶剂干燥。一般只在实验中临时使用。在洗净的仪器内加入少量(3～5 mL)有机溶剂(如 C_2H_5OH 或 CH_3COCH_3 等)，转动仪器，使仪器内的水分与有机溶剂混合，倒出混合液(回收)，仪器即迅速干燥。

带有刻度的计量容器不能用加热法干燥，否则会影响仪器的精度，可采用晾干或冷风吹干的方法。带有玻璃塞的仪器要拔出塞一同干燥，但木塞和橡胶塞不能放入烘箱烘干，应在干燥器中干燥。

1.2.2　化学试剂的取用

实验室中一般只储存固体试剂和液体试剂，气体物质都是使用时临时制备。在取用和使用任何化学试剂时，要做到“三不”：不用手直接拿，不直接闻气味，不尝味道。此外还应注意试剂瓶塞或瓶盖打开后要倒放在桌面上，取用试剂后立即还原并塞紧。否则会污染试剂，使之变质而不能使用，甚至可能引起意外事故。取多了的试剂不能放回原瓶，也不能丢弃，应放在指定容器中供他人或下次使用。有毒的药品要在教师的指导下进行处理。

1. 固体试剂的取用

固体试剂装在广口瓶内。见光易分解的试剂(如 $AgNO_3$、$KMnO_4$ 等)要装在棕色瓶中。试剂取用原则是既要质量准确，又必须保证试剂的纯度(不受污染)。

使用干净的药匙取固体试剂，药匙不能混用。实验后洗净、晾干，下次再用，避免沾污药品。要严格按量取用药品。粉状试剂容易散落或沾在容器口和壁上，可将其倒在折成槽形纸条上，再将容器平置，使纸槽沿器壁伸入底部，竖起容器并轻抖纸槽，试剂便落入器底，如图 1-11(a)所示。块状固体用镊子，送入容器时，务必先使容器倾斜，使之沿器壁慢慢滑入器底，如图 1-11(b)所示。

(a) 粉末状固体用药勺或纸槽放入

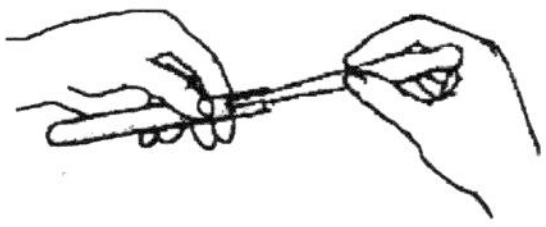
(b) 块状固体用镊子取用

图 1-11　固体试剂的取用

“少量”固体试剂对一般常量实验指半颗黄豆粒大小的体积，对微型实验为常量体积的1/10～1/5。

需要称量的固体试剂可放在称量纸上称量；具有腐蚀性、强氧化性、易潮解的固体试剂要用小烧杯、称量瓶、表面皿等分装后进行称量。根据称量精确度的要求，选用不同精度的称量天平。

若实验中无规定剂量时，所取试剂量以刚能盖满试管底部为宜。

2. 液体试剂的取用

液体试剂装在细口瓶或滴瓶内，试剂瓶上的标签要写清名称、浓度。

取用少量液体试剂时，常使用胶头滴管吸取。用量较多时则采用倾泻法。具体操作方法如下。

1) 从滴瓶中取用试剂

从滴瓶中取试剂时，应先提起滴管离开液面，捏瘪胶帽后赶出空气，再插入溶液中吸取试剂。滴加溶液时滴管要垂直，这样滴入液滴的体积才能准确；滴管口应距接收容器口(如试管口)0.5 cm 左右，以免与器壁接触沾染其他试剂，使滴瓶内试剂受到污染。如要从滴瓶取出较多溶液时，可直接倾倒。先排除滴管内的液体，然后把滴管夹在食指和中指间倒出所需量的试剂。滴管不能倒持，以防试剂腐蚀胶帽使试剂变质。不能用自己的滴管取公用试剂，如试剂瓶不带滴管又需取少量试剂，则可把试剂按需要量倒入小试管中，再用自己的滴管取用。

2) 从细口瓶中取用试剂

从细口瓶中取用试剂时，要用倾注法取用(图 1-12)。先将瓶塞反放在桌面上，倾倒时瓶上的标签要朝向手心，以免瓶口残留的少量液体顺瓶壁流下而腐蚀标签。瓶口靠紧容器，使倒出的试剂沿玻璃棒或器壁流下。倒出需要量后，慢慢竖起试剂瓶，使流出的试剂都流入容器中，一旦有试剂流到瓶外，要立即擦净。切记不允许试剂沾染标签。

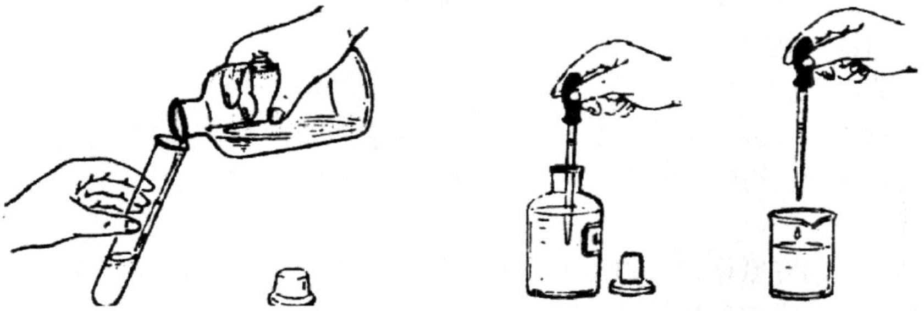

图 1-12　液体试剂的取用

3) 取试剂的量

在试管实验中经常要取“少量”溶液，这是一种估计体积，对常量实验是指 0.5～1.0 mL，对微型实验一般指 3～5 滴，根据实验的要求灵活掌握。

定量使用时，则根据准确度和量的要求，选用量筒、移液管或滴定管。

3. 部分特殊试剂的存放和使用

1) 易燃固体试剂

(1) 白磷。白磷又名黄磷，应存放于盛水的棕色广口瓶里，水面应保持将磷全部浸没；再将试剂瓶埋在盛硅石的金属罐或塑料筒里。取用时，因其易氧化，燃点又低，有剧毒，能灼伤皮肤，故应在水下面用镊子夹住，小刀切取。掉落的碎块要全部收回，防止抛撒。

(2) 红磷。红磷又名赤磷，应存放在棕色广口瓶中，务必保持干燥。取用时要用药匙，勿近火源，避免与灼热物体接触。

(3) 钠、钾。金属钠、钾应存放于盛有无水煤油、液体石蜡或甲苯的广口瓶中，瓶口用塞子塞紧。若用软木塞，还需涂石蜡密封。取用时切勿与水或水溶液接触，否则易引起火灾。取用方法与白磷相似。

2) 易散发出有腐性蚀气体的试剂

(1) 液溴。液溴密度较大，极易挥发，蒸气极毒，皮肤溅上溴液后会造成灼伤。故应将液溴储存在密封的棕色磨口细口瓶内，为防止其扩散，一般要在溴的液面上加水起到封闭作用。并且，将液溴的试剂瓶盖紧放于塑料筒中，置于阴凉不易碰翻处。取用时，要用胶头滴管伸入水面下液溴中迅速吸取少量后，密封放回原处。

(2) 浓氨水。浓氨水极易挥发，要用塑料塞和螺旋盖的棕色细口瓶储放于阴凉处。使用时，开启浓氨水的瓶盖要十分小心。因瓶内气体压力较大，有可能冲出瓶口使氨液外溅。要用塑料薄膜等遮住瓶口，使瓶口不要对着任何人，再开启瓶塞。特别是气温较高的夏天，先用冷水降温后再启用。

(3) 浓盐酸。浓盐酸极易放出氯化氢气体，具有强烈刺激性气味。应盛放于磨口细口瓶中，置于阴凉处，要远离浓氨水储放。取用或配制这类试剂的溶液时，若量较大，接触时间又较长时，在通风橱中进行，还应戴上防毒口罩。

3) 易燃液体试剂

乙醇、乙醚、二硫化碳、苯、丙醇等沸点很低，极易挥发又易着火，应盛于既有塑料塞又有螺旋盖的棕色细口瓶里，置于阴凉处，取用时勿近火源。其中常在二硫化碳的瓶中注少量水，起“水封”作用。因为二硫化碳沸点极低，为 46.3 ℃，密度比水大，为 1.26 $g·cm^{-3}$，且不溶于水，水封保存能防止挥发。而常在乙醚的试剂瓶中加少量铜丝，则是防止乙醚因变质而生成易爆的过氧化物。

4) 易升华的物质

易升华的物质，如碘、干冰、萘、蒽、苯甲酸等。其中碘片升华后，其蒸气有腐蚀性，且有毒。这类固体物质均应存放于棕色广口瓶中，密封放置于阴凉处。

5) 剧毒试剂

剧毒试剂常见的有氰化物、砷化物、汞化合物、铅化合物、可溶性钡的化合物以及汞、白磷等。这类试剂要求与酸类物质隔离，存放于干燥、阴凉处，专柜加锁。取用时在教师指导下进行。

实验需取用少量汞时，用拉成毛细管的滴管吸取，倘若不慎将汞溅落地面，先用涂上盐酸的锌片去沾拾，汞可与锌形成锌汞齐，然后用盐酸或稀硫酸将锌溶解后，即可把汞回收。残留在地面上的微量汞用硫磺粉逐一盖上或洒上氯化铁溶液将其除去，否则汞蒸气遗留在空气中将造成危害性事故。

6) 易变质的试剂

(1) 固体烧碱极易潮解并可吸收空气中的二氧化碳而变质，应保存在广口瓶或塑料瓶中，塞子用蜡涂封。特别要注意避免使用玻璃塞子，以防黏结。

(2) 碱石灰、生石灰、碳化钙(电石)、五氧化二磷、过氧化钠等都易与水蒸气或二氧化碳发生作用而变质，它们均应密封储存。特别是取用后，注意将瓶塞塞紧，放置干燥处。

(3) 硫酸亚铁、亚硫酸钠、亚硝酸钠等具有较强的还原性，易被空气中的氧气等氧化而变质，要密封保存，并尽可能减少与空气的接触。

(4) 过氧化氢、硝酸银、碘化钾、浓硝酸、亚铁盐等受光照后会变质，有的还会产生有毒物质。它们均应按其状态保存在不同的棕色试剂瓶中，且避免光线直射。

1.2.3 常用量器及其使用技术

1. 量筒的使用

量筒是量度液体体积的仪器。规格以所能量度的最大容积(mL)表示，常用的有 10 mL、25 mL、50 mL、100 mL、250 mL、500 mL、1000 mL 等。外壁刻度都是以 mL 为单位，10 mL 量筒每小格表示 0.2 mL，而 50 mL 量筒每小格表示 1 mL。可见量筒越大，管径越粗，其精确度越小，由视线的偏差造成的读数误差也越大。因此，实验中应根据所取溶液的体积，选用合适规格的量筒。分次量取也会引起误差，如量取 70 mL 液体，应选用 100 mL 量筒，而不能用 50 mL 量筒量取两次。

向量筒里注入液体时，应用左手拿住量筒，使量筒略微倾斜，右手拿试剂瓶，使瓶口紧挨着量筒口，让液体缓缓流入。待注入的量比所需要的量稍少时，把量筒放平，改用胶头滴管滴加到所需要的量。

量筒没有“0”的刻度，一般起始刻度为总容积的 1/10。取用液体时，要求视线应该对着刻度。

量筒中加入液体后，需静置片刻(1～2 min)再读数。其目的是使附着在内壁上的液体流下来，再读出刻度值。否则，读出的数值偏小。

读数时应该把量筒放在平整的桌面上，观察刻度时，视线与量筒内液体的凹液面的最低处保持水平，再读出所取液体的体积数。否则，读数会偏高或偏低。

量筒上标识的刻度是指温度在 20 ℃时的体积数。温度升高，量筒发生热膨胀，容积会增大。通常，量筒是不能加热的，也不能用于量取过热的液体，更不能在量筒中进行化学反应或配制溶液。

从量筒中倒出液体后是否要用水冲洗视具体情况而定。如果为了使所取的液体量准确，不需要用水冲洗并倒入所盛液体的容器中，因为在制造量筒时已经考虑到有残留液体这一点，如果冲洗反而使所取体积偏大。如果使用同一量筒再量别的液体，必须用水冲洗干净，以防止杂质的污染。

2. 容量瓶的使用

容量瓶主要用于准确地配制一定浓度的溶液。它是一种细长颈、梨形的平底玻璃瓶，配有磨口塞。瓶颈上刻有标线，当瓶内液体在所指定温度下达到标线处时，其体积即为瓶上所注明的容积数。一种规格的容量瓶只能量取一个量。常用的容量瓶有 100 mL、250 mL、500 mL、1000 mL 等规格。

1）使用容量瓶配制溶液的方法

(1)使用前检查瓶塞处是否漏水。具体操作方法是：在容量瓶内装入一定量的水，塞紧瓶塞，用右手食指顶住瓶塞，另一只手五指托住容量瓶底，将其倒立(瓶口朝下)，观察容量瓶是否漏水，如图 1-13(a)所示。若不漏水，将瓶正立且将瓶塞旋转 180°后，再次倒立，检查是否漏水，若两次操作容量瓶瓶塞周围均无水漏出，即表明容量瓶不漏水。经检查不漏水的容量瓶才能使用。

(2)把准确称量的固体溶质放在小烧杯中，用少量溶剂溶解，然后把溶液转移到容量瓶里。为保证溶质能全部转移到容量瓶中，要用溶剂按照少量多次的原则(5～10 mL/次，2～3 次)洗涤烧杯，并把洗涤溶液全部转移至容量瓶中。转移时要用玻璃棒引流。方法是将玻璃棒一端靠近容量瓶颈内壁，注意不要让玻璃棒其他部位触及容量瓶口，防止液体流到容量瓶外壁上，如图 1-14 所示。加入溶液至 2/3 刻度处，直立摇匀(不盖容量瓶盖子)。

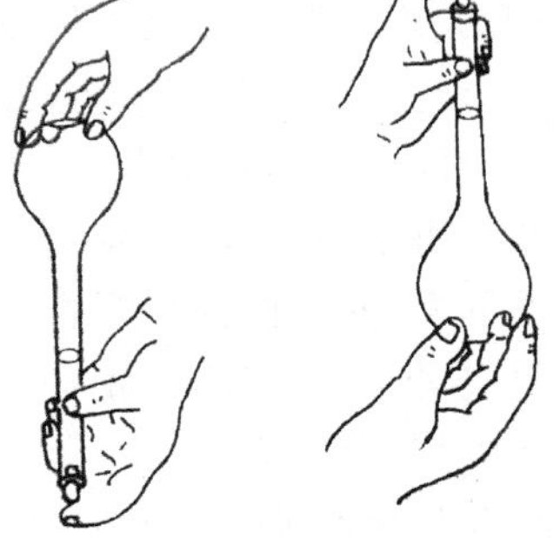

(a)　(b)

图 1-13　容量瓶的拿法

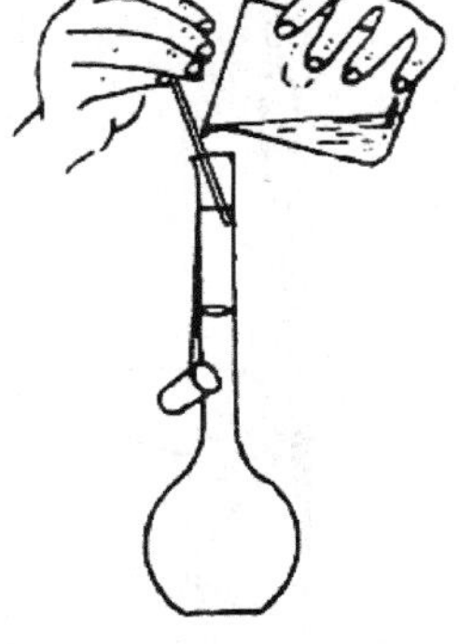

图 1-14　定量转移操作

(3)继续向容量瓶内加入液体，当液面离标线 1 cm 左右时，应改用滴管小心滴加，最后使液体的弯月面与标线正好相切。若加水超过刻度线，则需重新配制。

(4) 盖紧瓶塞，用倒转和摇动的方法使瓶内的液体混合均匀。静置后如果发现液面低于刻度线，这是因为容量瓶内极少量溶液在瓶颈处润湿所损耗，所以并不影响所配制溶液的浓度，故不要在瓶内添水，否则将使所配制的溶液浓度降低。

2) 使用容量瓶时的注意事项

(1) 容量瓶的容积是特定的，刻度不连续，所以一种型号的容量瓶只能配制同一体积的溶液。在配制溶液前，先要弄清楚需要配制的溶液的体积，然后再选用相应规格的容量瓶。

(2) 易溶解且不发热的物质可直接用漏斗加入容量瓶中溶解，其他物质基本不能在容量瓶里进行溶质的溶解，应将溶质在烧杯中完全溶解后再转移到容量瓶里。

(3) 用于洗涤烧杯的溶剂总量不能超过容量瓶的标线。

(4) 容量瓶不能进行加热。如果溶质在溶解过程中放热，要待溶液冷却后再进行转移，因为一般的容量瓶是在 20 ℃的温度下标定的，若将温度较高或较低的溶液注入容量瓶，容量瓶则会热胀冷缩，所量体积不准确，导致所配制的溶液浓度不准确。

(5) 容量瓶只能用于配制溶液，不能长时间储存溶液，因为溶液(特别是碱性的试剂) 可能会对瓶体进行腐蚀，从而使容量瓶的精度受到影响。

(6) 容量瓶用毕应及时洗涤干净，塞上瓶塞，并在塞子与瓶口之间夹一条纸条，防止瓶塞与瓶口黏结。

3. 移液管、吸量管的使用

移液管是准确移取一定量溶液的量器。它是一根细长而中间膨大的玻璃管，在管的上端有一环形标线，膨大部分标有它的容积和标定时的温度(一般为 20 ℃)。常用的移液管有 10 mL、25 mL、50 mL、100 mL 等规格。

(1) 移液管使用时要注意以下几点：

①使用时，应先将移液管分别用自来水、蒸馏水洗涤干净，自然沥干，使用前用少许待量取的溶液润洗 2～3 次。

②然后以右手大拇指及中指捏住管颈标线以上的地方，将移液管插入供试品溶液液面下约 1 cm，不应伸入太多，以免管尖外壁沾有过多溶液，也不应伸入太少，以免液面下降后而吸空。这时，左手拿橡皮吸球(一般用洗耳球) 轻轻将溶液吸上，眼睛注意液面位置，移液管应随容器内液面下降而下降，当液面上升到刻度标线以上约 1 cm 时，迅速用右手食指堵住管口，使移液管离开液面，用滤纸条拭干移液管下端外壁，并使之与地面垂直，稍微松开右手食指，使液面缓缓下降，此时视线应平视标线，直到弯月面与标线相切，立即按紧食指，使液体不再流出，并使出口尖端接触容器内壁，以除去尖端外残留溶液。

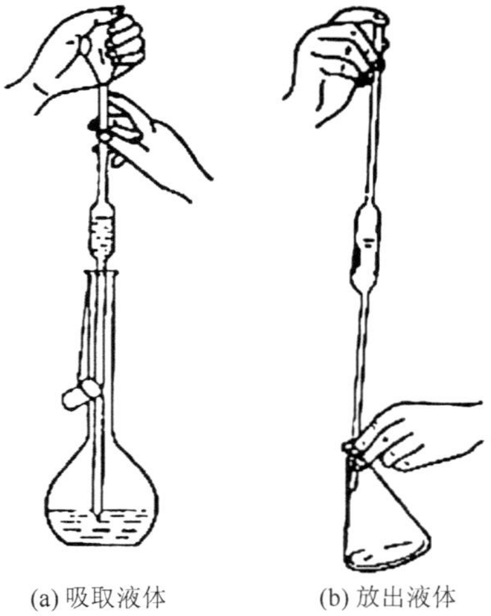

(a) 吸取液体　　(b) 放出液体

图 1-15　移液管的使用

③再将移液管移入准备接收溶液的容器中，使其出口尖端接触容器内壁，使容器微倾斜，而使移液管直立，然后放松右手食指，使溶液自由地顺壁流下，待溶液停止流出后，一般停顿 15 s(图 1-15)，转动移液管再取出。

④注意此时移液管尖端部分仍残留少许液体，视具体情况决定是否将移液管中液体吹出。

移液管上有“吹”或“快”字则应吹出，否则不吹出。

(2) 吸量管的全称是分度吸量管，又称为刻度移液管。它是带有分度线的量出式玻璃量器，用于移取非固定量的溶液。吸量管的其他操作方法同移液管。吸量管可分为以下四类：

①规定等待时间 15 s 的吸量管。这类吸量管零位在上，完全流出式，它的任一分度线的容量定义为：在 20 ℃时，从零线排放到该分度线所流出 20 ℃水的体积(mL)。当液面降到该分度线以上几毫米时，应按紧管口停止排液 15 s，再将液面调到该分度线。在量取吸量管的全容量溶液时，排放过程中水流不应受到限制，液面降至流液口处静止后，要等待 15 s 再移走吸量管。

②不完全流出式吸量管。不完全流出式吸量管均为零点在上形式，最低分度线为标称容量。这类吸量管的任一分度线相应的容量定义为：20 ℃时，从零线排放到该分度线所流出的 20 ℃水的体积(mL)。

③完全流出式吸量管。这类吸量管有零点在上和零点在下两种形式。其任一分度线相应的容量定义为：在 20 ℃时，从分度线排放到流液口时所流出 20 ℃水的体积(mL)，液体自由流下，直到确定弯月面已降到流液口静止后，再脱离容器(指零点在下)；或者从零线排放到该分度线或流液口所流出 20 ℃水的体积(指零点在上)。

④吹出式吸量管。这类吸量管流速较快，且不规定等待时间。有零点在上和零点在下两种形式，均为完全流出式。吹出式吸量管的任一分度线的容量定义为：在 20 ℃时，从该分度线排放到流液口(指零点在下)所流出的或从零线排放到该分度线(指零点在上)所流出的 20 ℃水的体积(mL)。使用过程中液面降至流液口并静止时，应随即用洗耳球将最后一滴残留液一次吹出。

目前市场上还有一种标“快”字的吸量管，其容量精度与吹出式吸量管近似。吹出式及快流速吸量管的精度低、流速快，适于在仪器分析实验中加试剂用，最好不用其移取标准溶液。

使用吸量管和移液管的注意事项：①在精密分析中使用的移液管和吸量管都不允许在烘箱中烘干。②移液管与容量瓶常配合使用，因此使用前常做两者相对体积的校准。③为了减少测量误差，吸量管每次都应从最上面刻度为起始点，往下放出所需体积，而不是放出多少体积就吸取多少体积。

4. 滴定管的使用

滴定管是容量分析中最基本的测量仪器，它是由具有准确刻度的细长玻璃管及开关组成，是在滴定时用来测定自管内流出溶液的体积。常量分析用的滴定管为 50 mL 或 25 mL，刻度精确至 0.1 mL，读数可估计到 0.01 mL，一般有±0.02 mL 的读数误差，所以每次滴定所用溶液体积最好在 20 mL 以上，若滴定所用体积过小，则滴定管刻度读数误差影响增大。

滴定管分为酸式滴定管(玻璃塞滴定管)和碱式滴定管。

酸式滴定管的玻璃活塞是固定配合该滴定管的，所以不能任意更换。要注意玻璃活塞是否旋转自如，通常是取出活塞，拭干，在活塞较大端沿圆周抹一薄层凡士林，滴定管活塞套较小端内壁涂薄层凡士林作润滑剂，如图 1-16 所示，然后将活塞插入，顶紧，顺时针(或逆时针)旋转几圈使凡士林分布均匀(几乎透明)即可，再在活塞尾端套一橡皮圈，使之固定。注意凡士林不要涂得太多，否则易使活塞中的小孔或滴定管下端管尖堵塞。滴定管在使用前应检漏。

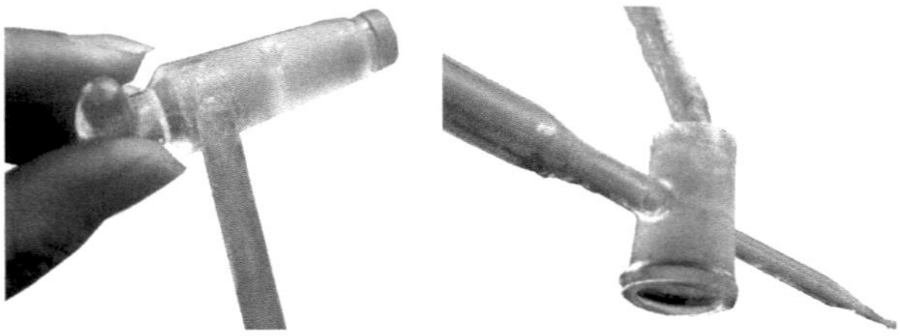

图 1-16　涂抹凡士林的方法

一般的标准溶液均可用酸式滴定管，但因碱性滴定液常使玻璃活塞与玻璃孔黏结，长时间放置后以致难以转动，故碱性滴定液宜用碱式滴定管。但碱性滴定液只要使用时间不长，用毕后立即用水冲洗，也可使用酸式滴定管。

碱式滴定管的管端下部连有橡皮管，管内装一玻璃珠控制开关，一般用作碱性标准溶液的滴定。其准确度不如酸式滴定管，主要是由于橡皮管的弹性会造成液面的变动。具有氧化性的溶液或其他易与橡皮起作用的溶液，如高锰酸钾、碘、硝酸银等不能使用碱式滴定管。在使用前，应检查橡皮管是否破裂或老化及玻璃珠大小是否合适，无渗漏后才可使用。经检漏后，滴定管使用方法如下。

1) 滴定管的使用方法

(1) 洗涤。使用滴定管前若有油污应使用铬酸洗液洗涤。酸式滴定管洗涤时，应将滴定管内的水尽量放出，关闭活塞，倒入 10～15 mL 铬酸洗液于管内，两手平端滴定管，边转边向管口倾斜，直至洗液布满全部管壁为止。打开活塞，将洗液放回原瓶。如滴定管油污严重，可将洗液充满全管，浸泡十几分钟或更长时间。洗液放出后，先用自来水冲洗，再用蒸馏水冲洗 2～3 次后备用。碱式滴定管的洗涤方法：将碱式滴定管倒插入盛铬酸洗液的玻璃瓶或杯中，用洗耳球取洗液，打开，待洗液徐徐上升至近胶管处为止，让洗液浸泡一段时间后放回原瓶中。用自来水冲洗干净，再用蒸馏水洗涤 2～3 次备用。如果没有油污则先用自来水洗，再用少量蒸馏水润洗 2～3 次，每次 5～6 mL，洗净后，管内壁上不应附有液滴，如果有液滴需用肥皂水或洗液洗涤，再用自来水、蒸馏水洗涤，最后用少量 5～10 mL 待装溶液洗涤 2～3 次，以免加入滴定管内的待装溶液被附于壁上的蒸馏水稀释而改变浓度。

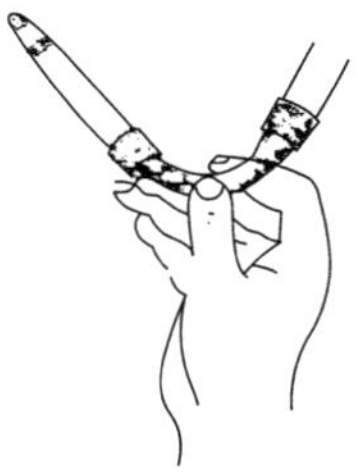

图 1-17　碱式滴定管排除气泡

(2) 装液。将待装溶液加入滴定管中到刻度“0”以上，开启活塞或挤压玻璃珠，使滴定管下端的气泡排出，然后把管内液面的位置调节到刻度“0”附近。滴定管下端的气泡排出的方法如下：如果是酸式滴定管，使滴定管竖直，开启活塞，气泡就容易被流出的溶液赶出；如果是碱式滴定管，可使滴定管倾斜(但不要使溶液流出)，把橡皮管稍弯向上，然后挤压玻璃珠，气泡也可被逐出，如图 1-17 所示。

(3) 读数。常用滴定管的容积为 50 mL，每一大格为 1 mL，每一小格为 0.1 mL，管中液面位置的读数必须读到小数点后两位，如 34.43 mL。读数时，滴定管应保持垂直，视线应与管内无色液体凹面的最低处保持水平，偏高偏低都会带来误差。读数时，可以在滴定液体凹面的后面衬一张白纸，以便于观察(图 1-18)。注意：滴定前后均需记录读数。

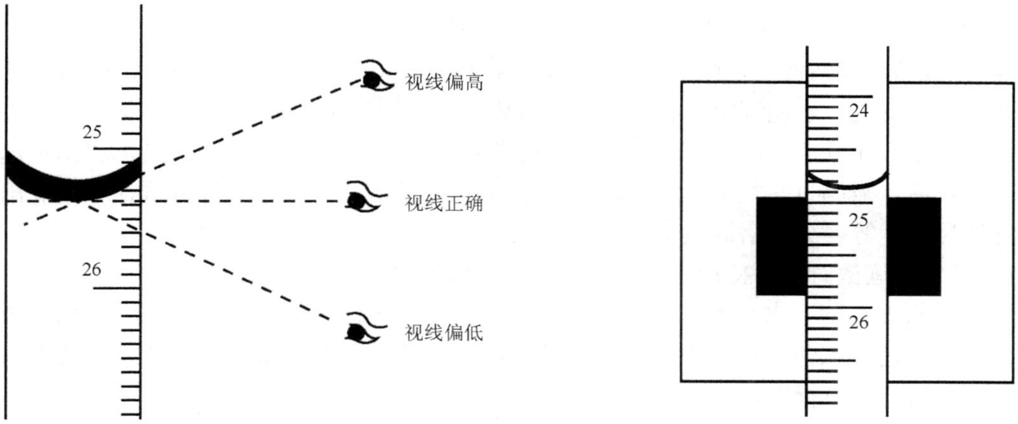

图 1-18　滴定管读数

(4) 滴定。滴定开始前，先把悬挂在滴定管尖端的液滴除去，滴定时用左手控制活塞，右手持锥形瓶，利用手腕的力旋摇锥形瓶，使溶液均匀混合(图 1-19)。

临近滴定终点时，滴定速度要慢，最后要一滴一滴地滴入，控制半滴到终点，防止过量，并且要用洗瓶冲洗锥形瓶内壁，以免有残留的液滴未完全反应。为了便于判断终点时指示剂颜色的变化，可把锥形瓶放在白色瓷板或白纸上观察。最后，必须待滴定管内液面完全稳定后方可读数(在滴定刚完毕时，常有少量沾在滴定管壁上的溶液仍在继续下流)。

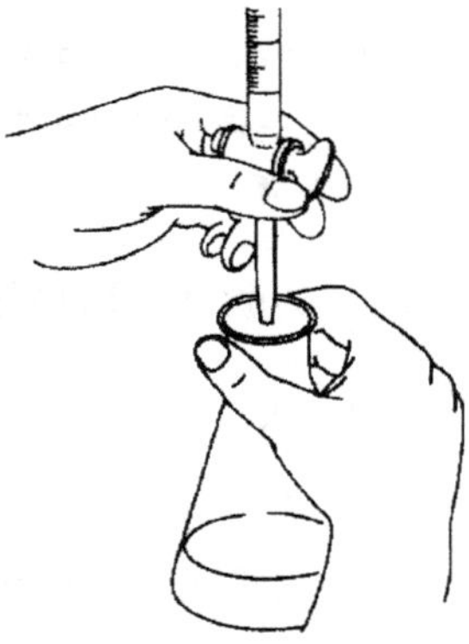

图 1-19　滴定操作

2) 滴定管操作注意事项

(1) 滴定管在装满标准溶液后，管外壁的溶液要擦干，以免流下或溶液挥发而使管内溶液降温(在夏季影响尤大)。手持滴定管时，也要避免手心紧握装有溶液部分的管壁，以免手温高于室温(尤其在冬季)而使溶液的体积膨胀，造成读数误差。

(2) 使用酸式滴定管时，应将滴定管固定在滴定管架上，活塞柄向右，左手从中间向右伸出，大拇指在管前，食指及中指在管后，三指平行地轻轻拿住活塞柄，无名指及小拇指向手心弯曲，食指及中指由下向上顶住活塞柄一端，大拇指在上面配合动作(图 1-20)。在转动时，中指及食指不要伸直，应该微微弯曲，轻轻向左扣住，这样既容易操作，又可防止把活塞顶出。使用碱式滴定管时，用大拇指和食指挤压(而不是“捏”)橡皮管中的玻璃珠，使玻璃珠和橡皮管间产生缝隙，溶液即可流下，具体操作如图 1-21 所示。

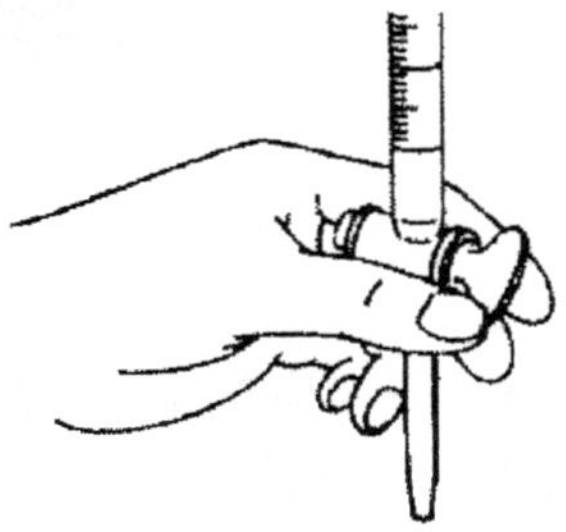

图 1-20　控制活塞的方法

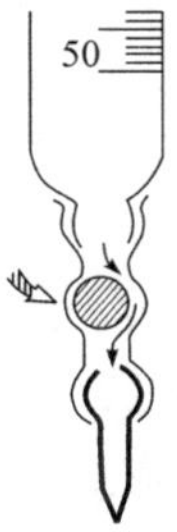

图 1-21　碱式滴定管溶液的流出

(3) 每次滴定必须从刻度“0”附近开始，以使每次测定结果能抵消滴定管的刻度误差。

(4) 在装满标准溶液后，滴定前“初读数”在刻度“0”附近，应静置 1～2 min 再读一次，如液面读数无变化，才能滴定。滴定时不应太快，每秒钟放出 3～4 滴为宜，更不应呈液柱流下，尤其在接近计量点时，应逐滴加入，控制半滴到终点(在计量点前可适当加快滴定速度)。滴定至终点后，需等 1～2 min，使附着在内壁的标准溶液流下来以后再读数，如果放出滴定液速度较慢时，等半分钟后读数即可。

(5) 滴定管读数时，手持滴定管上端，使其自由地垂直读取刻度，读数时还应该注意眼睛的位置与液面处在同一水平面上，否则将会引起误差。无色溶液读数应该在弯月面下缘最低点，但遇标准溶液颜色太深，不能观察下缘时，可以读液面两侧最高点，“初读数”与“终读数”应用执行同一标准。

(6) 滴定管有无色、棕色两种，一般需避光的滴定液(如硝酸银标准溶液、硫代硫酸钠标准溶液等)用棕色滴定管。

【补充】微量滴定法中仪器的使用

为减少试剂用量、节约药品、降低废弃物的排放、保护环境，微量滴定分析法在实验教学中得到了推广。微型滴定管和微型移液管的使用方法与酸式滴定管相似，只是滴定管的装液方式不同。微型滴定管在装液时，是将滴定管插入到装有滴定剂的小烧杯中，打开活塞，用洗耳球吸取溶液到滴定管上端的玻璃球中，排除管内气泡后再将刻度调至“0”刻度附近，关闭活塞，再进行滴定。滴定时为减少误差，通常会在滴定管尖端安装一个尖嘴。

1.2.4 实验室常用加热技术

1. 热源

1) 酒精灯

酒精灯是实验室最常用的加热器具，加热温度在 400～500 ℃，适用于温度不需太高的实验。酒精灯由灯帽、灯芯、灯壶三部分组成，如图 1-22(a)所示。

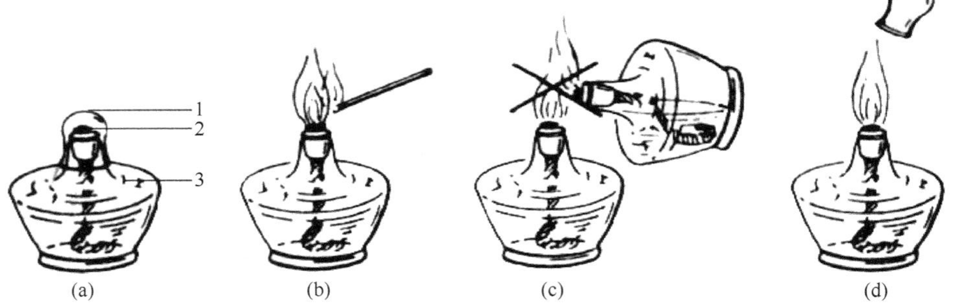

图 1-22 酒精灯的使用

1. 灯帽；2. 灯芯；3. 灯壶

酒精灯的使用(图 1-22)具体步骤如下：①点燃酒精灯前，先要检查灯芯是否平整、完好，如果灯芯顶端不平或已烧焦，需修剪平整；②然后检查灯壶中的酒精量是否合乎要求，酒精的体积应占酒精灯容积的 1/2～2/3，不可过多或过少，需要添加酒精时必须借助小漏斗，以免将酒精洒出且必须熄灭酒精灯；③在使用酒精灯时，绝对禁止用燃着的酒精灯引燃另一盏酒精灯，而应用火柴棍引燃；④使用完酒精灯后，必须用灯帽将火焰盖灭，不可用嘴吹灭，否则可能使高温的空气倒流入壶中，导致着火或爆炸，盖灭片刻后，将灯帽打开，再重新盖上，以免冷却后盖内形成负压而不易打开；⑤酒精灯不用时，应盖上灯帽。如长期不用，灯内的酒精应倒出，以免挥发，同时在灯帽与灯颈之间应夹小纸条，以防黏连；不要碰倒酒精灯，万一酒精洒出并在桌上燃烧起来，不要惊慌，应立即用湿抹布或沙土扑灭。

酒精灯灯焰分为外焰、内焰、焰心三部分，在给物质加热时，应用外焰加热，因为外焰温度最高。若要使灯焰平稳且适当提高温度，可加金属网罩。在加热液体时可以使用试管、烧瓶、烧杯、蒸发皿等容器，在加热固体时可以使用干燥的试管、蒸发皿等，一些仪器(如量筒、漏斗、集气瓶等)不允许用酒精灯加热(烧杯不能直接放在火焰上加热，需使用石棉网)；如果被加热的玻璃容器外壁有水，应在加热前擦拭干净，以免容器炸裂；加热时，玻璃容器的底部距灯焰的距离要合适，距离太近或太远都会影响加热效果；烧得很热的玻璃容器，不要立即用冷水冲洗，以免发生破裂，也不要立即放在实验台上，否则可能烫坏实验台。

用酒精灯加热试管中的固体时，应先进行预热，预热的方法是：在火焰上来回移动试管，对已固定的试管，可移动酒精灯，待试管均匀受热后，再把灯焰固定在放固体的部位加热；加热时，必须使试管口稍微向下倾斜，以免凝结在试管上的水珠倒流到灼热的试管底部，使试管炸裂。加热较多的固体时，可把固体放在蒸发皿中进行，但应注意充分搅拌，使固体受热均匀。蒸发皿、坩埚灼热时，可放在石棉网上。如需移动，则必须用坩埚钳夹取。

加热试管中的液体时，也要进行预热，先加热液体的中上部，再慢慢往下移动，同时注意液体体积最好不要超过试管容积的 1/2。加热时，使试管倾斜一定角度(45°左右)，同时不停地上下移动，防止液体因局部受热骤然产生蒸气冲出管外。加热时不可将试管口对着他人或自己，以免试管里的液体沸腾喷出伤人。试管夹应夹在试管的中上部，手应该持试管夹的长柄部分，以免大拇指将短柄按下，造成试管脱落。

2) 酒精喷灯

酒精喷灯是实验室中常用的热源，主要用于需加强热的实验、玻璃加工等。酒精喷灯按形状可分为挂式喷灯和座式喷灯两种(图 1-23)，温度可达 800～900 ℃。

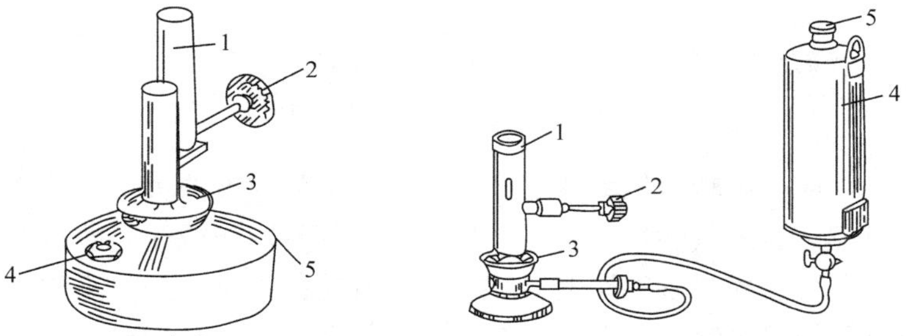

(a) 座式
1. 灯管；2. 空气调节器；
3. 预热盘；4. 铜帽；
5. 酒精储罐

(b) 挂式
1. 灯管；2. 空气调节器；
3. 预热盘；4. 酒精储罐；
5. 盖子

图 1-23　酒精喷灯的类型和构造

座式喷灯主要由灯管、空气调节器、预热盘、酒精储罐等部分构成。座式喷灯的酒精储罐在预热盘的下方，使用前，先在预热盘中注入酒精，点燃后铜质灯管受热。当倒入预热盘中的酒精接近烧干时，开启灯管上的开关(逆时针旋转)。酒精储罐中的酒精因受热而气化，与来自气孔的空气混合后在管口燃烧，产生高温火焰。火焰的大小可以通过空气调节器控制。加热完毕，用石棉网盖住管口，同时用湿抹布盖在灯座上，使它降温。

挂式喷灯的酒精储罐悬挂于高处。使用时，先将酒精储罐悬挂于高处，然后在预热盘中装满酒精并点燃。当倒入预热盘中的酒精接近烧干时，灯管已被烧热，此时打开空气调节器和储罐下部开关，从储罐流入灯管的酒精立即气化，并与空气混合，在管口燃烧。火焰的大小同样可以通过空气调节器控制。加热完毕，关闭酒精储罐开关使火焰熄灭。

座式喷灯一般不能连续使用超过半小时，如果超过半小时，灯壶的温度逐渐升高，导致灯壶内部压力过大，喷灯会有崩裂的危险。此时必须先熄灭喷灯，待冷却后再添加酒精使用。挂式喷灯由于酒精储罐悬挂在旁边，可随时往罐内添加酒精，因此该酒精喷灯可连续长时间工作。喷灯使用完毕，应将剩余酒精倒出。

3) 煤气灯

煤气灯是化学实验室常用的加热器具。其样式虽然多，但构造原理基本相同，由灯座和金属灯管两部分组成，如图 1-24 所示。灯的下部有螺旋针并与灯座相连，灯管下部的几个圆孔为空气入口，螺旋金属管既可完全关闭也可不同程度地开启圆孔，以调节空气的进入量。灯座侧面有煤气入口，可用橡皮管把它和煤气的气门相连，将煤气导入灯内。灯座下面有一螺旋针，用以调节煤气的进入量。向下旋转螺旋针，煤气的进入量增加。

(a) 煤气灯的构造　(b) 正常火焰　(c) 临空火焰　(d) 侵入火焰

1. 灯管；2. 空气入口；3. 煤气入口；4. 螺旋针；5. 灯座

1. 氧化焰；2. 还原焰；3. 焰心；4. 最高温区

图 1-24　煤气灯的构造和各种火焰

点燃煤气灯时，应先旋转金属管使圆孔关闭，然后将燃着的火柴移近灯口，再慢慢打开煤气开关，即可点燃。若煤气燃烧不完全，便会产生碳粒，形成光亮的黄色火焰，此时应调节空气和煤气的进入量，使二者的比例合适，形成分层的正常火焰。正常火焰可分为三层：内层为焰心，是煤气和空气的混合物，并未燃烧，温度低，约为 300 ℃；中层为空气与煤气燃烧不完全，并分解为含碳的产物，所以这部分火焰具有还原性，称为还原焰，温度较高，火焰呈淡蓝色，可用于直接加热试管中的液体(或固体)、蒸发浓缩溶液以及干燥晶体等；外层为煤气完全燃烧，由于含有过量的空气，具有氧化性，称为氧化焰，温度最高，1000 ℃以上，火焰呈淡紫色，主要用于灼烧和加工玻璃制品等。

如果空气或煤气的进入量调节不当，将会产生不正常的火焰。当煤气和空气进入量均很大时，火焰在灯管上空燃烧，称为临空火焰，它只在点燃的瞬时产生，随着用于引燃的火柴离开灯管口，它也随之熄灭；当空气进入量很大而煤气进入量很小时，火焰在灯管内燃烧，这时会看到一根细长的火焰并伴有特殊的“嘶嘶”声，称为侵入火焰。一旦产生不正常火焰，应关闭煤气开关，重新点燃并调节空气和煤气的进入量。侵入火焰会将灯管烧得很烫，切勿立即用手去碰，冷却后再进行调节，以免烫伤。

由于煤气中含有大量的 CO，使用前应先检查装置有无漏气现象，使用中切勿让煤气逸散到室内，以免发生中毒和引起火灾；灯的周围不能有易燃、易爆等危险品；煤气灯使用完毕后，应先关闭煤气龙头，使火焰熄灭，再拧紧灯座上的螺旋针。

4) 电炉

实验室中常见的电加热设备主要有电炉、电加热套、马弗炉等，如图 1-25 所示，其中最常见的是电炉和电加热套。电炉是一种将电能转化为热能的装置，种类很多，通常实验室是用电炉丝加热的。电炉丝是由镍铬合金制得，根据用电量的大小，有 500 W、800 W、1000 W、2000 W 等规格。电炉的优点是加热面积大、受热均匀、温度可控，因此在实验室中可代替酒精灯或煤气灯加热容器中的液体。

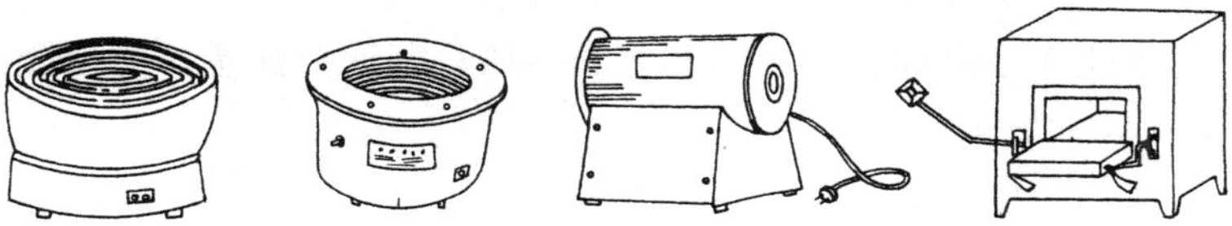

(a) 电炉　(b) 电加热套　(c) 管式炉　(d) 马弗炉

图 1-25　常用的电加热设备

加热玻璃仪器时，容器与电炉之间应垫上一块石棉网，以使溶液受热均匀并保护电炉丝；加热金属容器时不能触及电炉丝，以免发生短路和触电事故；炉盘凹槽内应保持清洁，及时清除灼烧焦糊物。

5) 电加热套

电加热套是实验室通用的加热仪器，由半球形加热内套和控制电路组成，具有升温快、温度高、操作简便、经久耐用的特点，可取代油浴、砂浴对圆底玻璃容器进行精确控温加热。电加热套型号很多，使用时应根据容器的大小选择合适的型号，以免影响加热效果。电加热套是比较好的空气浴，最高加热温度可达 450～500 ℃，有时为有效地保温，可在套口和容器之间用玻璃布围住。加热时，受热容器应悬置在加热套的中央，不能接触电热套的内壁，以防止局部过热。电加热套常用于回流加热。

6) 管式炉

管式炉有一管状炉膛，采用电热丝或硅碳棒作为加热元件，温度可控，最高温度可达 1000 ℃。炉膛中插入一根瓷管或石英管，用来抽真空或通入保护性气体以利于反应进行，管内放入盛有反应物的反应舟，反应物可在空气、氢气、氩气等气氛中受热反应。管式炉通常用来焙烧少量物质或对气氛有一定要求的试样，具有安全可靠、操作简单、控温精准、保温效果好、炉膛温度均匀性高、温区多、可选配气氛等优点。

7) 马弗炉

马弗炉也称为箱式炉，是实验室常用的高温加热仪器，主要用于灼烧沉淀、灰分测定等，温度可达 1000 ℃以上，具有升温速度快、保温性能好、炉温均匀等特点。马弗炉有一长方形炉膛，采用电阻丝、硅碳棒或硅钼棒作为加热元件，打开炉门即可放入需要加热的器皿和样品，炉内配有温度控制器，利用热电偶自动调温和控温。使用马弗炉时，注意炉温最高不得超过额定温度，以免烧毁电热元件；使用完毕后，切断电源，不要立即打开炉门，以免炉膛骤冷破碎，待温度降至 400 ℃左右时，才能打开炉门用坩埚钳取出物品；炉膛内应经常保持清洁，及时清除炉内氧化物等；炉子周围禁止放置易燃、易爆物品。

8）微波炉

微波炉是一种使用微波加热物体的仪器，由电源、磁控管、控制电路和炉腔等部分组成。微波是一种电磁波，其对应的频率为 30000 MHz 到 300 MHz。它的能量不仅比通常的无线电波大得多，而且微波一碰到金属就发生反射，金属对其不产生吸收或传导；微波可以穿过塑料、玻璃、陶瓷等绝缘材料，但不会消耗能量；而含有水分的物体，微波不但不能穿过，其能量反而会被吸收。微波炉正是利用微波的这些特性工作的：当微波辐射到物体上时，能穿透待加热物体达 5 cm 深，物体中极性分子的取向将随微波场而变动。由于物体中极性分子的这种运动，以及相邻分子间的相互作用，产生了大量的能量，使水温升高，因此物体的温度也随之上升。用微波加热的物体，因为热量直接深入物体内部，所以升热速度比其他方法快 4～10 倍，这是其他各种加热仪器无法相比的。使用微波炉时，首先应使用专门的微波炉器皿盛放待加热物体，而不能使用普通塑料容器和金属器皿；其次要注意不能使微波炉空载运行，以免损坏磁控管。

2. 加热技术

温度的变化对化学反应的速率有很大影响。一般情况下，升高温度能够使化学反应速率加快，有研究表明，温度每升高 10 ℃，反应速率增加 2～4 倍。因此，为了加快反应速率，往往需要加热。此外，化学实验的很多基本操作（如蒸发、回流等）都需要用到加热。从加热方式来看有直接加热和间接加热。实验室里一般不采用直接加热的方式，以防止玻璃仪器因受热不均匀而损坏。同时，局部过热还可能引起化合物（特别是有机物）的部分分解。因此，为了保证加热均匀，实验室中常根据具体情况采用不同的间接加热方式，作为传热的介质有空气、水、油、熔融的盐等，如图 1-26 所示。

(a) 空气浴　(b) 水浴　(c) 砂浴

图 1-26　实验室常用的加热技术

1）空气浴

空气浴是利用热空气间接加热，对于沸点在 80 ℃以上的液体均可适用。最简单的空气浴就是把加热容器放在石棉网上，用酒精灯或煤气灯在下面加热。但是这种加热方式仍然很不均匀，故不能用于减压蒸馏或回流低沸点易燃物等操作中。电加热套是比较好的空气浴，能从室温加热到 300 ℃左右，并可保持温度恒定。安装电加热套时，要使反应瓶的外壁与电加热套内壁保持 2 cm 左右的距离，防止局部过热。

2) 水浴

水浴是常用的热浴方法之一。当需要加热的温度在 100 ℃以下时，可采用水浴加热。如果加热温度稍高于 100 ℃，可选用适当无机盐类的饱和水溶液作为热浴液。与空气浴相比，水浴加热均匀，温度易控，适合于低沸点物质的回流加热。使用水浴时，不能使容器接触水浴锅的底部，以免局部过热。在使用过程中，由于水分不断蒸发，应及时向水浴锅中加水，使水浴中水面高于容器内的液面。但是，必须强调指出，有关金属钾或钠的操作，绝不能在水浴上进行。

3) 油浴

油浴也是很常用的热浴，其适用的加热范围是 100～250 ℃。油浴的优点在于温度容易控制，反应物受热均匀。使用时，油浴所能达到的最高温度取决于加热油的种类，反应物的温度一般低于油浴液 20 ℃左右。常用的油浴液有甘油、植物油、石蜡、石蜡油、硅油、真空泵油等。甘油可以加热到 140～150 ℃，温度过高时则会分解。由于甘油吸水性强，因此放置过久的甘油，使用前应先加热除去所吸收的水分，然后再用于油浴。常见的植物油包括菜油、蓖麻油和花生油等，可以加热到 220 ℃，由于植物油在高温下易分解，使用时常在其中加入 1%的对苯二酚，以便增加其热稳定性；固体石蜡可以加热到 200 ℃左右，且在室温下为固体，保存方便。石蜡油可加热到 220 ℃，温度稍高也不会分解，但较易燃烧。硅油和真空泵油加热到 250 ℃仍可保持长时间的稳定，且透明度好、不易燃烧，但价格比较贵，在普通实验室中并不常用。

在使用油浴加热时应注意在油浴锅内放置温度计，以便随时观察和调节温度；加热油使用较长时间后应及时更换，防止出现溢油着火；油浴中应防止水溅入，以免产生泡沫或引起飞溅。

4) 砂浴

砂浴适合于加热沸点在 80 ℃以上的液体，其加热温度可高达数百摄氏度。砂浴一般是将洁净、干燥的细砂平铺在铁盘上，然后将反应容器半埋在砂中，加热铁盘，反应物间接受热。由于砂浴传热慢，散热快，因此容器底部与砂浴接触处的砂层要薄一些，以便于受热；而容器周围与砂浴接触的部分，砂层要厚一些，使其不易散热。由于砂浴升温很慢，且不易控制，因而使用范围不广。

5) 熔盐浴

当物质需要高温加热，还可以考虑熔盐浴。例如，等量的硝酸钠和硝酸钾混合，在 218 ℃熔融，可加热到 700 ℃；40%亚硝酸钠、7%硝酸钠和 53%硝酸钾混合，在 142 ℃熔融，可在 500 ℃以下安全使用。熔盐浴在室温下为固体，储存方便。但使用熔盐浴时要注意，若熔融的盐触及皮肤，会引起严重的烧伤。所以使用时要加倍小心，防止烫伤。

6) 微波

见 1.2.4 中的热源部分。

1.2.5 试纸和滤纸的使用

1. 试纸

试纸具有制作简单、使用方便、反应快速等特点，因此在实验室里经常被用于定性分析溶液的特性或检验某些物质的存在。试纸的种类很多，常用的试纸主要有以下几种。

1) 石蕊试纸

石蕊试纸是由石蕊溶液浸渍滤纸，晾干得到，用于检验溶液的酸碱性。石蕊试纸有红色石蕊试纸和蓝色石蕊试纸两种。碱性溶液使红色石蕊试纸变蓝，酸性溶液使蓝色石蕊试纸变红。

2) pH 试纸

pH 试纸用于指示溶液的 pH，显示不同溶液的酸碱度。纸上载有几种指示剂，在不同 pH 时呈现不同的颜色。pH 试纸分为广泛 pH 试纸和精密 pH 试纸两种。广泛 pH 试纸可以测定的 pH 范围为 1～14，范围较宽，但所测结果较粗略；精密 pH 试纸可以将 pH 精确到小数点后 1 位，但只能精确地测定一定范围的 pH，如 0.5～5.0、5.4～7.0、6.9～8.4、8.2～10.0、9.5～13.0。超过测量的范围，精密 pH 试纸就无效了。因此，在使用时，可以先用广泛 pH 试纸初测溶液的酸碱性，再用合适范围的精密 pH 试纸进行精确测量。

3) 专用试纸

(1) 淀粉碘化钾试纸：是由滤纸浸入含有碘化钾的淀粉溶液中晾干后而制得的白色试纸。其原理是碘化钾能被氧化剂氧化而释放出单质碘，而碘遇淀粉变蓝。用于检验氯气、亚硝酸等氧化剂的存在。

(2) 乙酸铅试纸：是由滤纸浸入乙酸铅溶液中，取出晾干后制得。乙酸铅试纸主要用于定性地检验硫化氢气体和硫离子的存在。湿润的乙酸铅试纸遇到硫化氢气体和硫离子时，产生黑色的硫化铅，白色的试纸立即变黑。

(3) 酚酞试纸：湿润的酚酞试纸遇氨气变红，因此主要用于检测氨气。

(4) 品红试纸：品红遇到有漂白性的物质时会褪色，因此可以用来定性地检验某些具有漂白性的物质，如 SO_2、Cl_2 等。

2. 试纸的使用方法

(1) 先将试纸剪成大小合适的小纸条，然后将小纸条放在干燥洁净的表面皿或白色点滴板上。

(2) 当用试纸检验挥发性物质及气体时，石蕊试纸、淀粉碘化钾试纸、乙酸铅试纸、酚酞试纸都应该事先用蒸馏水润湿；但使用 pH 试纸测定溶液 pH 时，不能用蒸馏水润湿，以防止待测液浓度被稀释；用试纸检验气体性质时，将试纸润湿后粘在玻璃棒的一端，放于待测气体的试管口或集气瓶口附近。

(3) 试纸不能浸泡在待测液中，也不能直接接触试管口、瓶口、导管口等，以免造成误差或污染溶液。

(4) 试纸要密闭保存，用镊子取用，取出试纸后，应将盛放试纸的容器盖严，防止被实验室的一些气体污染。

3. 滤纸的使用

1) 滤纸的选择

滤纸是一种具有良好过滤性能的纸，纸质疏松，大多数由棉质纤维制成，对液体有强烈的吸收能力。分析实验室常用滤纸作为过滤介质，使溶液与固体分离。滤纸一般可分为定性分析滤纸和定量分析滤纸两种。定性滤纸和定量滤纸的区别主要在于灰化后产生灰分的量。定性滤纸不超过 0.13%，定量滤纸不超过 0.0009%。由于定性滤纸残留灰分较多，因此主要用于过滤溶液，仅供一般的定性分析而不能用于质量分析；定量滤纸又称“无灰滤纸”，主要用于精密计算时的过滤操作，如化学分析中重量法分析实验等，一般定量滤纸过滤后，还需进入高温炉作灰化处理。目前国内生产的定量分析滤纸，按孔隙的大小可分为快速、中速、慢速三类，在滤纸盒上分别用白带(快速)、蓝带(中速)、红带(慢速)为标志进行分类。而定性分析滤纸通常在盒上印上快速、中速、慢速字样来进行区分。在实验中，要根据沉淀的性质选择不同类型的滤纸，对于晶形沉淀，应选用慢速或中速滤纸过滤；对于胶状沉淀，则必须选用快速滤纸过滤。滤纸的大小应根据沉淀量的多少进行选择。

2) 滤纸的折叠和使用

在实验中，滤纸多连同漏斗一同使用。过滤前，需要把滤纸折成合适的形状，常见的折法是四折法或折成菊花的形状(图 1-27)。菊花状滤纸增加了过滤面积，使过滤速度加快，过滤时间缩短，经常用于热过滤。但注意不要过度折叠而导致滤纸破裂，四折法折叠方法如下：

(1) 用洁净的双手将圆形滤纸对折，然后再对折，折叠成四层。为了使滤纸和漏斗密合，第二次对折时不要折死。

(2) 将叠好的滤纸按一侧一层、另一侧三层打开，展开后成 60°角的圆锥形。

(3) 把折好的滤纸放入漏斗中，滤纸应低于漏斗边缘约 1 cm，并且与漏斗密合。如果上边缘不密合，可以稍微改变滤纸折叠的角度，直到与漏斗紧贴为止。然后用手轻按滤纸，将第二次的折边折死。随后取出滤纸，将三层厚的紧贴漏斗的外层撕下一角，保存于干燥的表面皿上，备用。

(4) 将调整好的滤纸重新放入漏斗中，且三层的一边应放在漏斗出口短的一边。用手按住三层滤纸的一边，从洗瓶中吹出少量蒸馏水润湿滤纸并用玻璃棒轻压滤纸，赶走气泡，使滤纸锥体上部与漏斗内壁密合。然后，加蒸馏水至滤纸边缘，这时漏斗颈内应全部充满水并形成水柱。液柱的重力可起到抽滤作用，使过滤速度加快。若漏斗颈内没有形成水柱，可以用手指堵住漏斗下口，将滤纸三层的一边稍掀起，用洗瓶向滤纸与漏斗间的空隙里加水，直到漏斗颈和锥体的大部分被水充满，然后压紧滤纸边，松开堵住下口的手指，即可形成水柱。

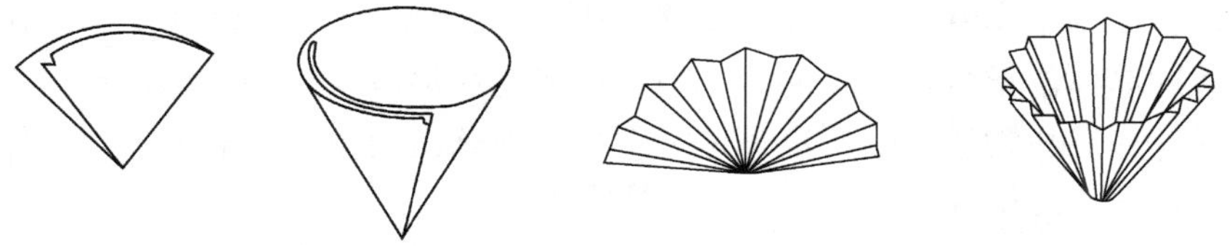

(a) 四折法　　(b) 菊花状滤纸

图 1-27　滤纸的折叠

1.2.6　物质的分离与提纯

1. 固体溶解

溶解是指将固体物质溶于水、酸、碱等试剂中制备成溶液。溶解固体要根据固体物质的性质选择适当的溶剂，溶剂的用量也要适宜。

一般情况下，加热可加速溶解过程。应根据物质对热的稳定性选用直接用火加热或水浴等间接加热方法。

搅拌也可加速溶解过程。搅拌时注意手持搅拌棒转动手腕使玻璃棒在溶液中做圆周运动，搅拌棒不要触及容器底部及器壁。

在小口径容器中溶解固体时，也可用振荡的方法加速溶解，振荡时不能上下振荡，应用手持容器上部，用手腕的力量进行振荡操作。

如果固体颗粒较大不易溶解时，应先在洁净干燥的研钵中将固体研细，研钵中盛放固体的量不要超过其容积的 1/3。

2. 蒸发、浓缩

当溶液很稀而欲制备的物质的溶解度又较大时，为了能从溶液中析出该物质的晶体，就需对溶液进行蒸发、浓缩。

根据物质对热的稳定性可以选用在石棉网上用酒精灯直接加热或用水浴间接加热。常用的蒸发容器是蒸发皿，在蒸发皿内所盛液体不得超过其容积的 2/3，以防液体溅出。如果液体量较多，蒸发皿一次盛不下，可随水分的不断蒸发而继续添加液体。注意不要使蒸发皿骤冷，以免炸裂。蒸发浓缩的程度取决于溶质溶解度的大小及对晶粒大小的要求。若物质的溶解度随温度变化较小，应加热到溶液表面出现晶膜时停止加热。若物质的溶解度随温度的变化很大，不必蒸发到液面出现晶膜就可以冷却。

3. 结晶与重结晶

溶质从溶液中析出晶体的过程称为结晶。结晶是提纯固态物质的重要方法之一。结晶时要求物质溶液的浓度达到饱和程度。若物质溶解度随温度改变而变化不大可采用蒸发法，即通过蒸发或气化减少一部分溶剂，使溶液达到饱和而析出晶体。若物质的溶解度随温度下降而明显减小可采用冷却法，即通过降低温度使溶液冷却达到饱和而析出晶体。有时需将两种方法结合使用。

析出晶体颗粒的大小与结晶条件有关，如果溶液浓度不高，结晶的晶核少，溶液慢慢冷却则得到较大的晶体。反之，如果溶液浓度较高，结晶的晶核多，溶质在溶剂中的溶解度随温度下降明显减小时，冷却速度越快，得到的晶体越细小。

当第一次得到的晶体纯度不符合要求，可进行重结晶。重结晶是提纯固体物质常用的重要方法之一，它适用于溶解度随温度有显著变化的化合物的提纯。其方法是：在加热的情况下使初次形成的晶体溶于尽可能少的溶剂中，形成饱和溶液，趁热过滤，除去不溶性杂质；待滤液冷却后，被纯化物质再次析出晶体，而可溶性杂质则留在母液中，过滤便得到较纯净的物质。一些物质的纯化需要经过多次重结晶才能完成。

4. 固液分离技术

溶液与沉淀的分离方法主要有三种：倾析法、过滤法、离心分离法。

图 1-28　倾析法分离与洗涤

1) 倾析法(也称倾注法)

当沉淀(晶体)的颗粒较大或相对密度较大，静置后容易沉降至容器底部时，常用倾析法进行沉淀的分离与洗涤，如图 1-28 所示。先把烧杯倾斜地静置片刻，待沉淀充分沉降后，将沉淀上部的清液沿玻璃棒缓慢倾入另一容器内，使固液两相分离。洗涤沉淀时，可向盛有沉淀的容器中加入少量洗涤液，充分搅拌后静置、沉降，再倾出上层清液，如此重复洗涤 2～3 次即可洗净沉淀。

2) 过滤法

过滤法是最常用的固液分离方法。当沉淀和溶液经过过滤器时，沉淀留在过滤器上，溶液通过过滤器流入容器中，所得溶液称为滤液。常用的过滤方法有常压过滤、减压过滤及热过滤三种。

(1) 常压过滤。

常压过滤是指在常压下用普通漏斗过滤的方法，又称普通过滤(图 1-29)。该方法适合于过滤胶体或细小的晶体，但过滤速度较慢。使用该方法要注意以下几点：

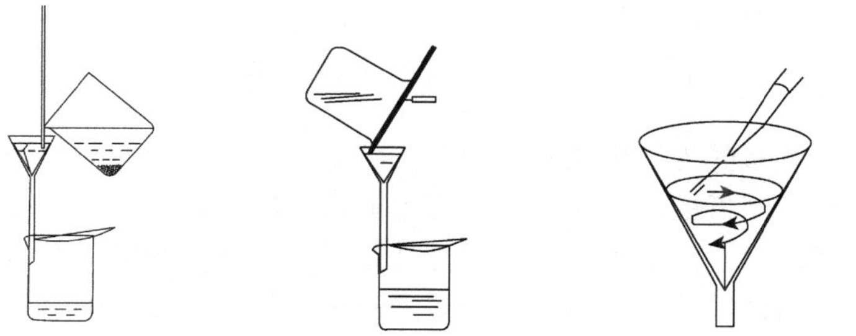

图 1-29　常压过滤操作

①滤纸的选择。滤纸有定性滤纸与定量滤纸两种，按孔隙大小又分为快速、中速和慢速三种，按直径大小分为 7 cm、9 cm 和 11 cm。需根据沉淀的性质选择滤纸的类型，例如，$BaSO_4$ 细晶形沉淀，应选择慢速滤纸；$MgNH_4PO_4$ 等粗晶形沉淀，则选用中速滤纸过滤；而 $Fe_2O_3 \cdot nH_2O$ 等胶体沉淀，则选用快速滤纸过滤。而滤纸的大小则需要根据沉淀量的多少选择，一般要求沉淀的体积不超过滤纸容积的一半。除要考虑沉淀量的多少外，还应考虑漏斗的大小，一般滤纸上沿应比漏斗边缘低约 1 cm。

②漏斗的选择。普通漏斗一般是玻璃做的，通常分为长颈漏斗与短颈漏斗。在重量分析时，必须选用长颈漏斗；在热过滤时，则必须选用短颈漏斗。

③滤纸的折叠。详见 1.2.5。

④过滤。过滤时，漏斗放在漏斗架上，漏斗颈长的一侧紧贴盛滤液的容器内壁，使滤液沿容器壁流下，不致溅出。漏斗位置的高低应以漏斗颈的下出口不接触滤液为准。

为了避免沉淀堵塞滤纸的空隙，过滤操作多采用倾析法，即烧杯中沉淀静置沉降后，先将上层清液倾入漏斗中，而不是一开始就将沉淀和溶液搅浑后过滤。溶液应从烧杯尖嘴处沿着玻璃棒流入漏斗中，而玻璃棒的下端对着滤纸三层厚的一边，并尽可能接近滤纸，但不接触滤纸。倾入的溶液液面应低于滤纸上沿 0.5 cm。暂停倾析时，应将烧杯嘴沿玻璃棒向上提起 1～2 cm，使烧杯逐渐直立，防止烧杯嘴上的溶液流到烧杯外壁造成损失。

⑤洗涤沉淀。若沉淀需要洗涤，待溶液全部转移完毕，往装沉淀的容器加入少量洗涤液，充分搅拌，并静置待沉淀沉降后，将上层清液转移至漏斗过滤，重复洗涤 2～3 次，最后将沉淀转移到滤纸上。洗涤沉淀时，应遵循“少量多次”的原则，提高洗涤效率。

(2) 减压过滤。

减压过滤又称抽滤。减压过滤可缩短过滤时间，并可以把沉淀抽得比较干燥，但不适用于过滤颗粒太小的沉淀和胶体沉淀。

减压过滤装置如图 1-30 所示，由循环水泵、抽滤瓶和布氏漏斗(有的还包括安全瓶)组成。其原理是利用循环水泵抽出抽滤瓶中的空气，使抽滤瓶内压力减小，这样在布氏漏斗的液面与抽滤瓶内形成一个压力差，从而提高过滤速度。

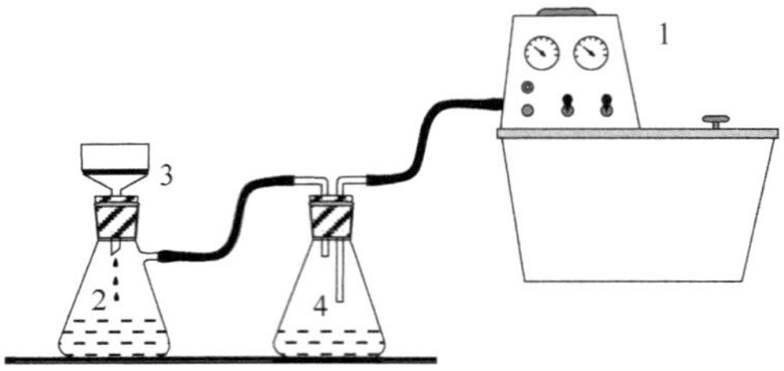

图 1-30　减压过滤装置

1. 循环水泵；2. 抽滤瓶；3. 布氏漏斗；4. 安全瓶

减压过滤前将抽滤瓶的支管用橡皮管和循环水泵连接，布氏漏斗下端的斜面与抽滤瓶的支管相对，放入滤纸，滤纸的大小应比布氏漏斗的内径略小，以能恰好盖住瓷板上的所有小孔为宜。先用少量蒸馏水润湿滤纸，再开启循环水泵，使滤纸紧贴在漏斗的瓷板上，然后开始抽滤。抽滤时，采用倾析法，先将澄清的溶液沿玻璃棒倒入漏斗中，每次倒入量不要超过漏斗高度的 2/3。滤完后再将沉淀移入滤纸的中间部分。若需洗涤沉淀，应停止抽滤，让少量洗涤剂缓慢通过沉淀，然后再进行抽滤。抽滤完后，应先将抽滤瓶支管的橡皮管拆下，关闭循环水泵，再取下漏斗。将漏斗的颈口朝上，轻轻敲打漏斗边缘，或用洗耳球在漏斗颈口用力一吹，即可使沉淀脱离漏斗，落入预先准备的容器中。

若过滤的溶液呈强酸性或氧化性，为避免腐蚀滤纸，可采用玻璃砂芯漏斗（又称微孔玻璃漏斗）过滤。

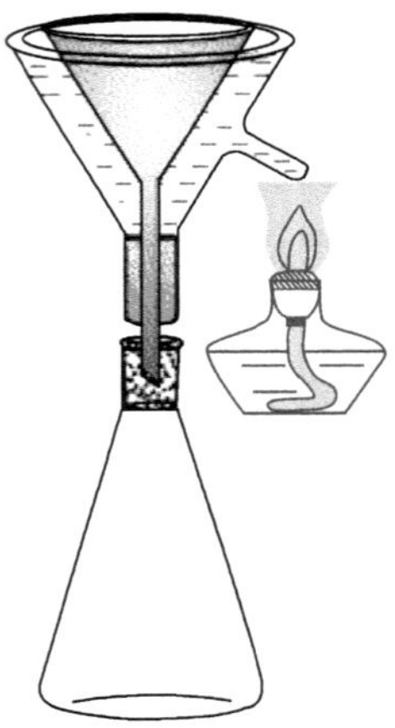

图 1-31　热过滤装置

(3) 热过滤。

如果溶液中溶质在温度下降时很容易析出晶体，为防止晶体在过滤过程中结晶留在滤纸上，应采用趁热过滤。过滤时，可把普通玻璃漏斗放在铜制热漏斗内，热漏斗内装有热水，以维持溶液的温度。热过滤装置如图 1-31 所示。也可以在过滤前把玻璃漏斗放在水浴上用蒸汽预热再使用。热过滤时最好选用短颈的玻璃漏斗，以免过滤时溶液在漏斗颈内停留过久，因降温析出晶体而堵塞。热过滤常用折叠式滤纸，其折叠方法如图 1-27 所示。

3) 离心分离法

当被分离的沉淀量很少或沉淀颗粒极小时，可用离心分离法，该方法操作简单迅速，使用的离心机一般为电动离心机。操作时，将要分离的混合物装入离心管中，再将离心管放入离心机的套管内。为使离心机的两臂保持平衡，在与之相对称的另一试管套内也要装入一支盛有相等质量水的离心管。将盖头盖好，设置离心转速和离心时间，然后启动离心机离心。离心结束后取出离心管，用滴管小心地吸出上层清液，完成离心分离操作。

沉淀若需洗涤，可用洗瓶吹入少量洗涤液，混匀后离心分离，再将上层清液尽可能地吸尽。洗涤时每次用沉淀体积 2～3 倍的洗涤液。重复洗涤沉淀 2～3 次，即可洗去沉淀里的溶液和吸附的杂质。

1.2.7　天平

天平是用来称量物质质量的仪器，主要分为托盘天平、半自动电光天平（现在使用较少）、电子天平（图 1-32）。托盘天平是采用杠杆平衡原理，使用前必须先调节调平螺丝调平，称量误差较大，一般用于对质量精度要求不太高的场合。半自动电光天平是一种较精密的分析天平，称量时可以准至 0.0001 g。调节 1 g 以上质量用砝码，10～990 mg 用圈码，尾数从光标处读出。使用前必须先检查圈码状态，再预热半小时。称量必须小心，轻拿轻放。由于半自动电光天平操作烦琐，使用复杂，大多数单位一般不采用。电子天平是最新一代的天平，它是根据电磁力平衡原理，直接称量，全量程不需要砝码，放上被测物质后，在几秒钟内达到平衡，直接显示读数，具有称量速度快、精度高的特点。它的支撑点采取弹簧片代替机械天平的玛瑙刀口，用差动变压器取代升降枢装置，用数字显示代替指针刻度。因此具有体积小、使用寿命长、性能稳定、操作简便和灵敏度高的特点。此外，电子天平还具有自动校正、自动去皮、超载显示、故障报警等功能。目前各高校、科研院所及工厂里使用得最多的是电子天平。

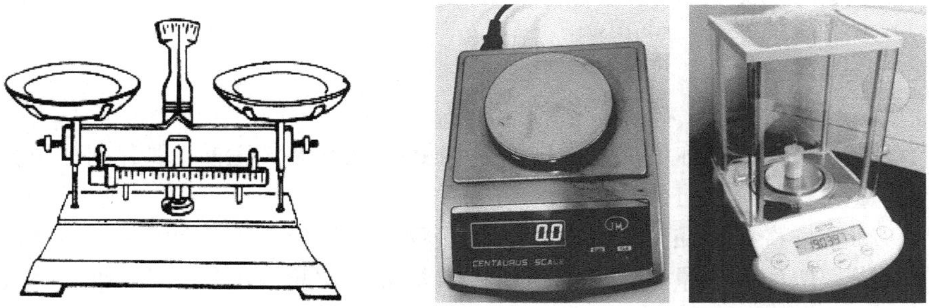

(a) 托盘天平　　(b) 电子天平

图 1-32　常见的托盘天平和电子天平

1. 电子天平的使用方法

电子天平具有使用寿命长、性能稳定、操作简便和灵敏度高的特点。此外，电子天平还具有自动校正、自动去皮、超载指示、故障报警等功能以及具有质量电信号输出功能，且可与打印机、计算机联用，进一步扩展其功能，如统计称量的最大值、最小值、平均值及标准偏差等。电子天平具有机械天平无法比拟的优点，其价格稍贵，但目前越来越广泛地应用于各个领域并逐步取代机械天平。

电子天平按结构可分为上皿式和下皿式两种。秤盘在支架上面为上皿式，秤盘吊挂在支架下面为下皿式。目前，广泛使用的是上皿式电子天平。尽管电子天平种类繁多，但其使用方法大同小异，具体操作可参看各仪器的使用说明书。下面简要介绍电子天平的使用方法。

(1) 水平调节。观察水平仪，如水平仪水泡偏移，需调整水平调节脚，使水泡位于水平仪中心。

(2) 预热。接通电源，预热至规定时间后，开启显示器进行操作。

(3) 开启显示器。轻按“ON/Power”键，显示器全亮，约 2 s 后，显示天平的型号，然后是称量模式 0.0000 g。读数时应关上天平门。

(4) 天平基本模式的选定。天平通常为“通常情况”模式，并具有断电记忆功能。使用时若改为其他模式，使用后按“OFF”键，天平即恢复“通常情况”模式。称量单位的设置等可按说明书进行操作。

(5) 校准。天平安装后，第一次使用前应对天平进行校准。因存放时间较长、位置移动、环境变化或未获得精确测量，天平在使用前一般都应进行校准操作。

(6) 称量。按“TARE”键(或“O/T”键)，显示为零后，置称量物于秤盘上，待数字稳定即显示器左下角的“0”标志消失后，即可读出称量物的质量值。

(7) 去皮称量。按“TARE”键(或者“O/T”键)清零，置容器于秤盘上，天平显示容器质量，再按“TARE”键(或者“O/T”键)，显示零(0.0000)，即去除皮重。再置称量物于容器中，或将称量物(粉末状物或液体)逐步加入容器中直至达到所需质量，待显示器左下角“0”消失，这时显示的是称量物的净质量。将秤盘上的所有物品拿开后，天平显示负值，按“TARE”键(或者“O/T”键)，天平显示“0.0000 g”。若称量过程中秤盘上的总质量超过最大载荷(电子天平为 200 g)时，天平仅显示上部线段，此时应立即减小载荷。

(8) 称量结束后，若较短时间内还使用天平(或其他人还使用天平)，一般不用按“OFF”键关闭显示器，若不使用，则长按“OFF”键 5 s，天平会自动关闭。实验全部结束后，关闭显示器，切断电源，若短时间内(如 2 h 内)还使用天平，可不必切断电源，再用时可省去预热时间。若当天不再使用天平，应拔下电源插头。

2. 称量方法

常用的称量方法有直接称量法、固定质量称量法和递减称量法，现分别介绍如下。

1) 直接称量法

此法是将称量物直接放在天平盘上直接称量物体的质量。用于称量不易潮解(或升华)的固体或液体试样。例如，称量小烧杯的质量，重量分析实验中称量某坩埚的质量等，都使用这种称量方法。

2) 固定质量称量法

此法又称增量法。这种称量操作的速度很慢，适于称量不易吸潮、在空气中能稳定存在的粉末状或小颗粒(最小颗粒应小于 0.1 mg，以便容易调节其质量)样品。

固定质量称量法如图 1-33(a)所示。注意：若不慎加入试剂超过指定质量，严格要求时需要重称，取出的试剂应弃去，不要放回原试剂瓶中。操作时不能将试剂散落于天平盘等容器以外的地方，称好的试剂必须定量地由表面皿等容器直接转入接收容器，此即“定量转移”。

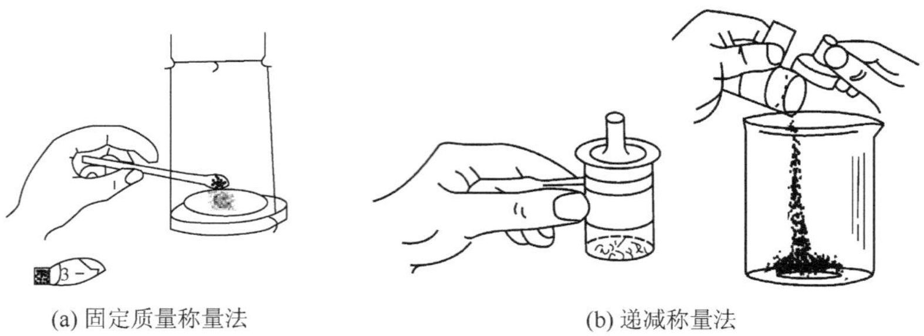

(a) 固定质量称量法　　(b) 递减称量法

图 1-33　称量方法

3) 递减称量法

此法又称减量法或差减法，如图 1-33(b)所示，此法用于称量一定质量范围的样品或试剂。在称量过程中样品易吸水、易氧化或易与 CO_2 等反应时，可选择此法。由于称取试样的质量是由两次称量之差求得，故也称差减法。

称量步骤如下：从干燥器中用纸带(或纸片)夹住称量瓶后取出称量瓶(注意：不要让手指直接触及称量瓶和瓶盖)，称出称量瓶加试样后的准确质量(或者将装有试样的称量瓶置于天平盘上，按一下“TARE”或者“O/T”键，使天平示数为 0.0000 g）。将称量瓶从天平上取出，在接收容器的上方倾斜瓶身，用称量瓶盖轻敲瓶口上部使试样慢慢落入容器中，瓶盖始终不要离开接收器上方。当倾出的试样接近所需量(可从体积上估计或试重得知)时，一边继续用瓶盖轻敲瓶口，一边逐渐将瓶身竖直，使黏附在瓶口上的试样落回称量瓶，然后盖好瓶盖，准确称其质量。两次质量之差即为试样的质量。按上述方法连续递减，可称量多份试样。有时一次很难得到合乎质量范围要求的试样，可重复上述称量操作多次。

3. 电子天平的维护与保养

(1)将天平置于稳定的工作台上，避免振动、气流及阳光照射。

(2)在使用前调整水平仪气泡至中间位置。

(3)电子天平应按说明书的要求进行预热。

(4)称量易挥发和具有腐蚀性的物品时，要盛放在密闭的容器中，以免腐蚀和损坏电子天平。

(5)经常对电子天平进行自校或定期外校，保证其处于最佳状态。

(6)如果电子天平出现故障应及时检修，不可带“病”工作。

(7)操作天平不可过载使用以免损坏天平。

(8)若长期不用电子天平时应暂时收藏为好。

1.2.8　酸度计

测量溶液 pH 的方法很多，主要有化学分析法、试纸法、电位法。酸度计是利用电位法对溶液中的氢离子活度产生选择性响应的一种电化学传感器。理论上，溶液的酸度可以这样测得：以参比电极、指示电极和溶液组成工作电池，测量出电池的电动势。用已知 pH 的标准缓冲溶液为基准，比较标准缓冲溶液所组成的电池的电动势，从而得出待测溶液的 pH，因此酸度计也称 pH 计(PHS-3C 型酸度计如图 1-34 所示)。

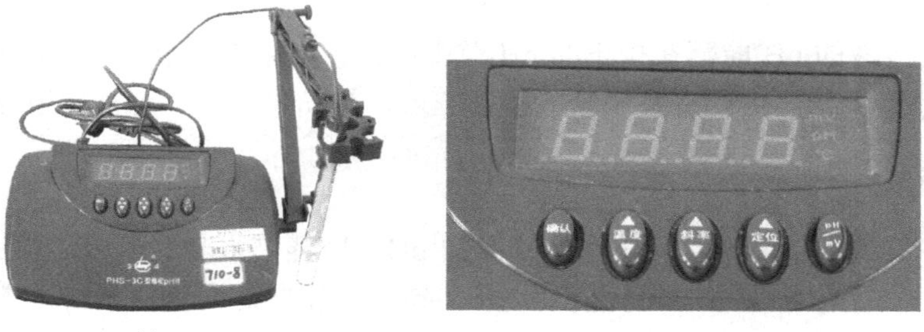

(a)　(b)

图 1-34　PHS-3C 型酸度计(a)及其面板(b)

1. 原理

酸度计的主体是精密的电位计。测定时把复合电极插在被测溶液中，由于被测溶液的酸度(氢离子浓度)不同而产生不同电动势，将它通过直流放大器放大，最后由读数指示器(电压表)指出被测溶液的 pH。用酸度计进行电位测量是测量 pH 最精密的方法。酸度计由三个部件构成：①一个参比电极；②一个玻璃电极，其电位取决于周围溶液的 pH(现在使用的复合电极包含玻璃电极和参比电极)；③一个电流计(能在电阻极大的电路中测量出微小的电位差)。

由于采用最新的电极设计和固体电路技术，现在最好的酸度计可分辨出 0.005pH 单位。参比电极的基本功能是维持一个恒定的电位，作为测量各种偏离电位的对照。玻璃电极的功能是建立一个对所测量溶液的氢离子活度发生变化作出反应的电位差。把对 pH 敏感的玻璃电极和参比电极放在同一溶液中，就组成一个原电池。因其电动势非常小，且电路的阻抗又非常大(1～100 MΩ)，因此必须把信号放大。电流计的功能就是将原电池的电动势放大若干倍，放大了的信号通过电表显示出来，电表指针偏转的程度表示信号的强度，根据需要，pH 电流表的表盘刻有相应的 pH 数值；而数字式酸度计则直接以数字显出 pH。

2. 酸度计的校准

任何一种酸度计都必须经过 pH 标准溶液的校准后才可测量样品的 pH，对于测量精度在 0.1pH 以下的样品，可以采用一点校准方法调整仪器，一般选用 pH 6.86 或 pH 7.00 标准缓冲溶液。有些仪器本身精度只有 0.2pH 或 0.1pH，因此仪器只设有一个“定位”调节旋钮。具体操作步骤如下：①测量标准缓冲溶液温度，查表确定该温度下缓冲溶液的 pH，将温度补偿旋钮调节到该温度下；②用蒸馏水冲洗电极并擦干；③将电极浸入缓冲溶液中，静置片刻，待读数稳定后，调节定位旋钮使仪器显示该标准缓冲溶液的 pH；④取出电极用蒸馏水冲洗并擦干备用。

对于精密的酸度计，除设有“定位”和“温度补偿”调节外，还设有电极“斜率”调节，这就需要用两种标准缓冲溶液进行校准。一般先以 pH 6.86 或 pH 7.00 标准缓冲溶液进行“定位”校准，然后根据测试溶液的酸碱情况，选用 pH 4.00(酸性)或 pH 9.18 和 pH 10.01(碱性)标准缓冲溶液进行“斜率”校正。具体操作步骤为：①电极洗净并擦干，浸入 pH 6.86 或 pH 7.00 标准缓冲溶液中，仪器温度补偿旋钮置于溶液温度处，待示值稳定后，调节定位旋钮使仪器示值为标准缓冲溶液的 pH；②取出电极洗净擦干，浸入第二种标准缓冲溶液中，待示值稳定后，调节仪器斜率旋钮，使仪器示值为第二种标准缓冲溶液的 pH。若显示斜率小于 90%，则需重复①、②步操作。如果大于 90%，则冲洗干净擦干备用。

任何酸度计，pH＝7.00(或 6.86)这个点是必须校正的，而且在两点校正的时候要先校正 pH=7(或 6.86)这个点。做校正时从 7.00(或 6.86)开始，选择的标准缓冲溶液与要测定的溶液的 pH 有关，使溶液的 pH 能落在校正的 pH 范围内。一般采用两点就可以满足要求，如果对其要求很高，才考虑第三点。有些仪器能校正三点，有模式可选，可直接用该模式。

3. pH 的测定

经过 pH 校准的仪器，即可用来测定样品的 pH。用蒸馏水清洗电极，用滤纸吸干电极球部后，把电极插在待测溶液中，轻轻摇动烧杯，待读数稳定后，就显示待测溶液的 pH。

4. 电极保养

目前实验室使用的电极都是复合电极，其优点是使用方便，不受氧化性或还原性物质的影响，且平衡速度较快。但使用过程中要注意以下几点：

(1) 复合电极不用时，要浸泡在 3 $mol \cdot L^{-1}$ 氯化钾溶液中。

(2) 使用前，检查玻璃电极前端的球泡。正常情况下，电极应该透明而无裂纹；球泡内要充满溶液，不能有气泡存在。

(3) 测量浓度较大的溶液时，尽量缩短测量时间，用后仔细清洗，防止被测液黏附在电极上而污染电极。

(4) 蒸馏水清洗电极后，不要用滤纸直接擦拭玻璃膜，而应用滤纸或吸水纸吸干，避免损坏玻璃薄膜，影响测量精度。

(5) 电极不能用于高浓度的强酸、强碱或其他腐蚀性溶液 pH 的测定。

5. 酸度计的操作步骤

1) 开机前的准备

打开电源开关，预热 30 min。

2) 仪器的标定

(1) 在测量电极插座处拔去短路插头，插上复合电极。

(2) 按下“pH”键(测定电压时按下“mV”键)。

(3) 调节“温度”调节器使指示的温度与溶液的温度相同。

(4) 把“斜率”旋钮顺时针旋到底。

(5) 先用蒸馏水冲洗电极，用滤纸或吸水纸吸干，再将电极插入 pH=6.86 的标准缓冲溶液中。

(6) 调节“定位”按钮使仪器显示读数与该标准缓冲溶液当时温度下的 pH 一致。

(7) 用蒸馏水清洗电极，再插入 pH=4.00(或 pH=9.18) 的标准缓冲溶液中，调节“斜率”按钮使仪器显示读数与该标准缓冲溶液的 pH 一致。

(8) 重复上述步骤(5)～(7)，直至不用再调节“定位”或“斜率”两调节按钮为止。

(9) 仪器完成标定，“定位”按钮及“斜率”按钮不应再有变动。

3) 测量被测溶液的 pH

(1) 被测溶液和定位溶液温度相同时：

①将电极夹向上移出，用蒸馏水清洗电极头部，并用被测溶液清洗一次。

②将电极插在被测溶液中，用玻璃棒将溶液搅拌均匀。

③溶液均匀后在显示屏上读出该溶液的 pH。

(2) 被测溶液和定位溶液温度不同时：

①用蒸馏水清洗电极头部，并用滤纸吸干。

②用温度计测出被测溶液的温度值。

③调节“温度”调节按钮，使示数对准被测溶液的温度值。

④将电极插在被测溶液内，用玻璃棒将溶液搅拌均匀。

⑤溶液均匀后读出该溶液的 pH。

1.2.9　分光光度计

可见分光光度法是基于分子内电子跃迁产生的吸收光谱进行分析的光谱分析法，分子在可见光区的吸收与其电子结构紧密相关。可见光区指的是波长为 380～780 nm 的光谱。可见分光光度法研究对象大多为在 380～780 nm 的可见光区有吸收的物质。可见吸收测定的灵敏度取决于产生光吸收分子的摩尔吸光系数。该法仪器设备简单，应用十分广泛。例如，医院的常规化验中，95%的定量分析都用紫外-可见分光光度法。在化学研究中，如平衡常数的测定、求配合物结合常数等都离不开紫外-可见吸收光谱。

1. 光的吸收定律

物质对光的吸收遵循朗伯-比尔(Lambert-Beer)定律，即当一定波长的光通过某物质的溶

液时，入射光强度 I_0 与透过光强度 I_t 之比的对数与该物质的浓度及液层厚度成正比。其数学表达式为

$$A = \lg(I_0/I_t) = \varepsilon bc$$

式中，A 为吸光度；b 为液层厚度，cm；c 为被测物质浓度，$mol \cdot L^{-1}$；ε 为摩尔吸光系数，$L \cdot mol^{-1} \cdot cm^{-1}$。

摩尔吸光系数 ε 的大小与吸光物质的性质、入射光的波长及温度等因素有关，在数值上等于在 1 cm 光程中所测得的单位物质的量浓度溶液的吸光度。它是表示物质吸光能力量度的一个特征常数，可作定性分析的参数。

朗伯-比尔定律是紫外-可见吸收光谱法定量分析的依据。当温度、比色皿及入射光源等条件一定时，即可根据所测吸光度值和朗伯-比尔定律计算吸光物质的浓度。

2. 分光光度计的组成

紫外-可见吸收光谱法所采用的仪器称为分光光度计。分光光度计主要由五部分组成，即光源、单色器、样品吸收池、检测器、信号显示系统。

1) 光源

可见分光光度计常用的光源为热光源。热光源有钨灯和卤钨灯。钨灯是可见光区和近红外区最常用的光源，其波长范围为 320～2500 nm。钨灯靠电能加热发光，钨灯内常填充有一些稀有气体，以提高其使用寿命。卤钨灯是在钨灯中加入适量的卤化物或卤素，灯泡用石英制成。卤钨灯具有较长的寿命和高的发光效率，不少分光光度计已采用这种光源代替钨灯。

2) 单色器

单色器是将光源的混合光分解为单色光的光学装置，它是分光光度计的心脏部分。单色器主要由狭缝、色散元件、聚焦元件和准直元件等部分组成，其中色散元件是关键部分，棱镜和光栅是最常使用的色散元件。

3) 样品吸收池(也称比色皿)

紫外-可见分光光度计常用的吸收池由石英和玻璃两种材料制成。熔融石英池可用于紫外光区，可见光区用硅酸盐玻璃。常用吸收池有 0.5 cm、1 cm、2 cm 等规格，形状有方形、长方形和圆柱形等。

4) 检测器

检测器的作用是对透过样品池的光作出响应，并将它转变成电信号输出。其输出电信号大小与透过光的强度成正比。分光光度计中常用的检测器有硒光电池、光电管和光电倍增管。

硒光电池由可透光的金属薄膜、具有光电效应的半导体硒和铁片或铝片等三层构成。当光照到硒光电池上时，由硒表面逸出的电子只能单向流动，使金属薄膜表面带负电，底层铁片就带正电，电路接通就会产生光电流。光电池应注意防潮。

光电管由阴极和阳极构成。当光照射在光电管阴极时，阴极就会发射出电子并被引向阳极而产生电流。入射光越强，光电流越大。光电管的灵敏度比硒光电池的大。

光电倍增管是检测弱光最常用的光电元件，它的灵敏度比光电管高 200 多倍。

5) 信号显示系统

分光光度计信号显示常采用检流计、微安表、电位计、数字电压表、X-Y 记录仪、示波器、数据台等。简单分光光度计常采用前三种，近代的分光光度计多采用后四种。

3. 722 型分光光度计构造原理

1) 构造原理

722 型分光光度计由光源室、单色器、试样室、光电管暗盒、电子系统及数字显示器等部件组成。光源为卤钨灯，波长范围为 330～800 nm。单色器中的色散元件为光栅，可获得波长范围狭窄的接近于一定波长的单色光，其外部结构如图 1-35 所示。722 型分光光度计能在可见光谱区域对样品物质进行定性和定量分析，其灵敏度、准确性和选择性都较高，因而在教学、科研和生产上得到广泛使用。

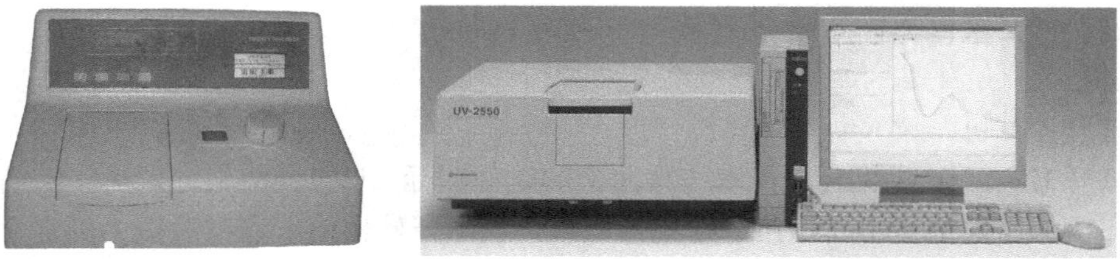

(a)　　(b)

图 1-35　722 型可见分光光度计(a)和 UV-2550 型紫外-可见分光光度计(b)

722 型分光光度计主要包括：数字显示器、100%T 按钮、0%T 按钮、模式选择按钮、浓度按钮、波长旋钮、波长刻度窗、光源室、样品室、试样架拉手、电源开关等。

2) 使用方法

(1) 预热仪器。将选择开关置于“透光率(或者 T)”，打开电源开关，使仪器预热 20 min。为了防止光电管疲劳，不要连续光照，预热仪器时和不测定时应将试样室盖打开，使光路切断。

(2) 选定波长。根据实验要求，转动波长旋钮，调至所需要的单色波长。

(3) 调节 T=0%。调节“0%”按钮，使数字显示为“0.0”(此时试样室是打开的，光路被切断)。

(4) 调节 T=100%。将盛蒸馏水(或空白溶液，或纯溶剂)的比色皿放入比色皿座架中的第一格内，并对准光路，把试样室盖轻轻盖上，调节透过率“100%”按钮，使数字显示正好为“100.0”。

(5) 吸光度的测定。将选择开关置于“吸光度(或者 A)”，盖上试样室盖，将空白液置于光路中，调节吸光度调节旋钮，使数字显示为“0.000”。将盛有待测溶液的比色皿放入比色皿座架中的其他格内，盖上试样室盖，轻轻拉动试样架拉手，使待测溶液进入光路，此时数字显示值即为该待测溶液的吸光度值。读数后，打开试样室盖，切断光路。重复上述测定操作 1～2 次，读取相应的吸光度值，取平均值。

(6) 浓度的测定。选择开关由“吸光度(或者 A)”旋置“浓度(或者 c)”，将已标定浓度的样品放入光路，调节浓度旋钮，使数字显示为标定值，将被测样品放入光路，此时数字显示值即为该待测溶液的浓度值。

(7) 关机。实验完毕，切断电源，将比色皿取出洗净，并将比色皿座架用软纸擦净。

3) 注意事项

(1) 为了防止光电管疲劳，不测定时必须将试样室盖打开，使光路切断，以延长光电管的使用寿命。

(2) 取拿比色皿时，手指只能捏住比色皿的毛玻璃面，避免碰比色皿的光学表面。

(3) 比色皿不能用碱溶液或氧化性强的洗涤液洗涤，也不能用毛刷清洗。比色皿外壁附着的水或溶液应用擦镜纸或细而软的吸水纸吸干，不要擦拭，以免损伤它的光学表面。

4. 紫外-可见分光光度计操作规程

以 UV-2550 型紫外-可见光光度计为例说明，仪器如图 1-35(b) 所示。

1) 开机前准备

(1) 实验室温度应保持在 15～30 ℃，相对湿度应保持在 45%～80%。

(2) 确认样品室内无样品。

2) 开机

(1) 打开计算机。

(2) 打开 UV-2550 主机开关，双击桌面上的软件图标“UVProbe”进入操作系统。

(3) 在操作界面上点击“连接”与仪器联机，仪器开始自检，通过后按“确定”。

3) 操作过程

(1) 测定方式：选择“窗口”→“光谱”，打开光谱模块。

(2) 参数设定：选择“编辑”→“方法”，设定测定波长范围、扫描速率(高)、采样间隔(1.0 nm)、扫描方式(自动/单个)、测定方式(吸光度/透光率/反射率)。

(3) 基线校正：点击光度计按键条中的“基线”，启动基线校正操作，点击“确定”。

注：在开始基线校正之前，确认样品或参比光束无任何障碍物，并且样品室中没有样品。

4) 光谱测量

(1) 在空白池架中放入样品空白比色皿，样品池架中放入样品池。点击仪器条中的“开始”，启动扫描。

(2) 扫描完成后，在弹出的新数据集对话框中输入样品名，点击“确定”。

(3) 保存数据，选择“文件”→“另存为”，在对话框顶部的保存位置中选择适当的路径，并根据需要选择输出文件类型。

5) 关机

先点击断开，然后关闭仪器主机，最后关闭计算机。

5. 注意事项

(1) 样品池内溶液不超过样品池容积的 4/5，样品池放入样品室前外部用软纸擦干。

(2) 禁止改动自己不清楚的参数设置。

(3) 及时保存数据。为避免出错，最好先保存光谱原始数据.spc 文件格式，最后再转化为.tex 文本格式。

(4) 使用完后如实记录仪器使用情况。

1.2.10　电导率仪

1. 用途

DDS-11A 型电导率仪是实验室用电导率测量仪表。它除能测定一般液体的电导率外，还能测定高纯水的电导率。信号输出为 0～10 mV，可接自动电子电位差计进行连续记录。

2. 结构

仪器的元件全部安装在面板上，电路元件集中安装在一块印刷板上，印刷板固定在面板的反面。仪器的外观如图 1-36 所示。

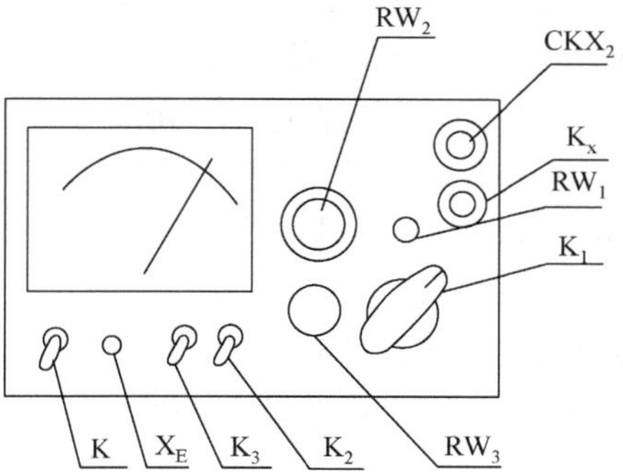

图 1-36 DDS-11A 型电导率仪外观结构

K_3：高周、低周开关；K_2：校正、测量开关；RW_3：校正调节器；RW_2：电极常数补偿调节器；K_1：量程选择开关；RW_1：电容补偿调节器；K_x：电极插口；CKX_2：10 mV 输出插口；K：电源插口；X_E：电源指示灯

3. 使用方法

(1) 打开电源开关前，观察表针是否指零，如不指零，可调整表头上的螺丝，使表针指零。

(2) 将校正、测量开关 K_2 放在“校正”位置。

(3) 插接电源线，打开电源开关，并预热数分钟(待指针完全稳定为止)，调节校正调节器 RW_3 使电表指至满度。

(4) 当使用 1～8 量程测量电导率低于 300 $\mu S \cdot cm^{-1}$ 的液体时，选用“低周”，这时将 K_3 指向“低周”即可。当使用 9～12 量程测量电导率在 300～10^5 $\mu S \cdot cm^{-1}$ 范围内的液体时，即将 K_3 指向“高周”。

(5) 将量程选择开关 K_1 指到所需要的测量范围，如预先不知被测液体电导率的大小，应先将其放在较大电导率测量挡上，然后逐挡下降，以防表针打弯。

(6) 使用电极时用电极夹夹紧电极的胶木帽，并通过电极夹把电极固定在电极杆上。

当被测液的电导率低于 10 $\mu S \cdot cm^{-1}$，使用 DJS-1 型光亮电极。这时应把 RW_2 调节在与所配套的电极常数相对应的位置上。例如，若配套的电极常数为 0.95，则应把 RW_2 调节在 0.95 处；若配套的电极常数为 1.1，则应把 RW_2 调节在 1.1 的位置上。

当被测液的电导率为 10～10^4 $\mu S \cdot cm^{-1}$，则使用 DJS-1 型铂黑电极。把 RW_2 调节在与所配套的电极常数相对应的位置。

当被测液的电导率大于 10^4 $\mu S \cdot cm^{-1}$，以致用 DJS-1 型铂黑电极测不出时，则选用 DJS-10 型铂黑电极。这时应把 RW_2 调节在所配套的电极常数的 1/10 位置上。例如，若电极常数为 9.8，则应把 RW_2 指在 0.98 位置上，再将测得的读数乘以 10，即为被测液的电导率。

(7) 将电极插头插入电极插口内，旋紧插口上的紧固螺丝，再将电极浸在待测溶液中。

(8) 校正(当用 1～8 量程测量时，校正时 K_3 指在“低周”)，将 K_2 指在“校正”，调节 RW_3 指向“正满度”。注意：为了提高测量精度，当使用“$\times 10^3$” $\mu S \cdot cm^{-1}$、“$\times 10^4$” $\mu S \cdot cm^{-1}$ 两挡时，校正必须在电导池接妥(电极插头插入插孔，电极浸入待测溶液中)的情况下进行。

(9) 此后，将 K_2 指向“测量”，这时指示数乘以量程开关 K_1 的倍率即为被测液的实际电导率。例如，K_1 指在 0～0.1 μS·cm^{-1} 挡，指示针指向 0.6，则被测液的电导率为 0.06 μS·cm^{-1}；又如，K_1 指在 0～100 μS·cm^{-1} 挡，指示针指向 0.9，则被测液的电导率为 90 μS·cm^{-1}；依此类推。

(10) 当用 0～0.1 μS·cm^{-1} 或 0～0.3 μS·cm^{-1} 挡测量高纯水时(10 MΩ 以上)，先把电极引线插入插孔，在电极未浸入溶液之前，调节 RW_1 使电表指示为最小值(此最小值为电极铂片间的漏电阻，由于此漏电阻的存在，调 RW_1 时电表指针不能达到零点)，然后开始测量。

(11) 当量程开关 K_1 指在“×0.1”，K_3 指在“低周”，但电导池插口未插接电极时，电表就有指示，这是正常现象，因电极插口及接线有电容存在，只需待电极引线插入插口后，再将指示调至最小值即可。

(12) 在使用量程选择开关的 1、3、5、7、9、11 各挡时，应读取表头上行的数值(0～1.0)；使用 2、4、6、8 各挡时，应读取表头下行的数值(0～3)。

4. 注意事项

(1) 电极的引线不能潮湿，否则将不准；盛被测溶液的容器必须清洁，无离子沾污。

(2) 高纯水加入容器后应迅速测量，否则电导率增加很快(水的纯度越高，电导率越低)，因为空气中的二氧化碳溶解在水里，生成 CO_3^{2-}，影响水的电导率。

第 2 章　基 础 实 验

基础实验主要包括无机物质的制备及提纯、物理常数的测定、化合物的性质、定量分析基础(滴定分析、简单仪器分析)等内容。本章内容以具体的实验为载体，将化学实验的基本理论、基本知识和操作规范融入相关的实验中，全面培养学生的实验动手能力。

无机物质的制备及提纯实验包括简单化合物、复盐、配位化合物的制备与提纯等，主要训练学生称量、加热、过滤、重结晶等基本操作技能和规范。物理常数的测定及化合物的性质实验主要包括阿伏伽德罗常量的测定、解离度和解离常数的测定、凝固点和摩尔质量的测定、反应速率的测定等，主要训练学生掌握精密温度计和酸度计等基本仪器的使用方法，提高观察、记录实验结果以及收集、整理实验数据的能力。定量分析基础实验包括酸碱滴定分析、配位滴定分析、氧化还原滴定分析、沉淀滴定分析、重量分析及分光光度分析，每种分析方法都提供了 2～5 个相应的基础实验，可以根据学生的专业、兴趣及实验室的条件进行选择。定量分析部分主要训练学生掌握容量瓶、移液管、滴定管、比色管、分光光度计等常见分析仪器的使用，使学生建立“量”的概念，学会分析和处理数据的方法，掌握基本的分析实验技能。

基础实验部分不仅系统训练学生的基本操作技能、科学规范的操作方法，更重要的是培养学生观察实验现象、分析推理判断、处理数据和撰写实验报告的能力和科学精神。

实验一　五水硫酸铜的制备与提纯(4 学时)

【实验目的】

(1) 了解重结晶法提纯物质的原理。

(2) 练习并掌握溶解、过滤、加热、蒸发、重结晶等基本操作技能。

【预备知识】

(1) 了解不同物质溶解度的区别。

(2) 了解物质提纯的基本方法及其操作。

【实验原理】

因浓硫酸与单质铜制备硫酸铜会产生有害气体 SO_2，所以本实验采用氧化铜与硫酸作用制取硫酸铜粗晶体。其反应为

$$CuO+H_2SO_4 = CuSO_4+H_2O \tag{2-1}$$

将得到的硫酸铜粗晶体在水中结晶，即得到五水硫酸铜晶体：

$$CuSO_4+5H_2O = CuSO_4\cdot 5H_2O \tag{2-2}$$

由于反应物纯度不高，反应产物中有可能存在少量杂质。其中不溶性杂质可用过滤的方法除去。硫酸铜的溶解度随温度的变化显著，其中可溶性杂质可用重结晶法除去。所以，在重结晶时，应先制成浓的热溶液，冷却时硫酸铜易达到饱和而优先析出晶体，少量杂质难以达到饱和而残留在母液中，从而达到分离杂质、提纯产品的目的。硫酸铜在不同温度下的溶

解度见表 2-1。

表 2-1 硫酸铜晶体在不同温度下的溶解度

温度/℃	20	40	60	80	100
溶解度/[g·(100 g H_2O)$^{-1}$]	32.0	44.6	61.8	83.8	114

【仪器和试剂】

仪器：电子天平(0.01 g)、玻璃棒、酒精灯、石棉网、三脚架、烧杯(500 mL)、蒸发皿、表面皿、量筒(10 mL、50 mL)、滤纸、漏斗、漏斗架、布氏漏斗、抽滤瓶、锥形瓶(100 mL)。

试剂和其他用品：浓 H_2SO_4(A.R.)、CuO(s，A.R.)、95%乙醇(A.R.)。

【实验内容】

1. 稀硫酸溶液的配制

根据实验的用量，将浓 H_2SO_4(约 18 mol·L^{-1})稀释配制成 3 mol·L^{-1}(切勿将水注入浓硫酸中)。

2. 硫酸铜粗晶体的制备

(1) 称样。在电子天平上称取约 2.0 g CuO 粉末于洁净、干燥的蒸发皿中(或者用称量纸称量后转移至蒸发皿中)。

(2) 反应。用量筒量取 20 mL 3 mol·L^{-1} H_2SO_4 于上述蒸发皿中，将蒸发皿置于石棉网上用酒精灯加热，同时用玻璃棒不停搅拌，以防止 CuO 结块，待 CuO 全部溶解后，继续加热至有大量结晶出现(防止蒸干)，停止加热。用坩埚钳将蒸发皿取下，待其充分冷却，即有晶体析出，如有母液，将上层母液倾析倒入回收瓶中，即得硫酸铜粗晶体。

3. $CuSO_4·5H_2O$ 的提纯

(1) 溶解。用量筒量取 15 mL 纯水，倒入盛有硫酸铜粗晶体的蒸发皿中，加热搅拌，待晶体全部溶解后停止加热。

(2) 过滤。将上述 $CuSO_4$ 溶液趁热过滤(滤液冷却后会在滤纸上析出晶体)，用另一蒸发皿盛接滤液。

(3) 重结晶。将盛有滤液的蒸发皿置于石棉网上，用酒精灯加热，当蒸发的水分约占全部体积的 1/4(3～4 mL)后，即制得浓、热的 $CuSO_4$ 溶液(此时尚未饱和)，停止加热。此时溶液不应该析出晶体，如有大量晶体出现，应加入少许纯水溶解，并适当蒸发(为什么？)。自然冷却，即有晶体析出。待其充分结晶后，小心倾出母液，即得纯度较高的 $CuSO_4·5H_2O$ 晶体。因硫酸铜溶液浓度不同以及冷却的速度不同，析出晶体的颗粒大小会有区别。

若要得到纯度更高的产品，重复进行重结晶操作。

4. 称量

用少量 95%乙醇(5 mL)洗涤晶体 1～2 次(为什么用乙醇？)，将晶体置于表面皿上用吸水纸(或滤纸)轻压以吸干母液，晾干，称量。将纯 $CuSO_4·5H_2O$ 晶体倒在干净的已知质量的表面皿上，称量，记录数据。将产品全部倒入回收瓶中，严禁将晶体携带出实验室。

【数据处理】

m(CuO)/g	
表面皿 m(表)/g	
产品与表面皿 m(总)/g	
实际产量 $m(CuSO_4 \cdot 5H_2O)$/g	
产品理论产量 m/g	
产率/%	

【思考题】

(1) 重结晶的过程有哪些关键步骤和注意事项？
(2) 常压过滤时，其基本要点有哪些？
(3) 除重结晶法外，还有哪些方法可以提纯物质？

实验二　硫酸铜晶体制备氧化铜(4 学时)

【实验目的】

(1) 了解利用硫酸铜晶体制备氧化铜的原理和方法。
(2) 熟练掌握 pH 调节、结晶干燥和减压过滤等基本操作。

【预备知识】

(1) 物质的沉淀溶解平衡原理。
(2) 湿法合成化合物的原理方法。
(3) 固液分离技术。

【实验原理】

氧化铜(CuO)是黑色至棕黑色无定形结晶性粉末，有吸湿性，易溶于稀酸、氰化钠、碳酸铵、氯化铵溶液，缓慢溶于氨水，不溶于水和乙醇。在氨、一氧化碳或一些有机溶剂的蒸气流中加热，易还原为金属铜。铜用于蓝绿色素、人造宝石、气体分析测定碳，制有色玻璃、陶瓷釉彩、铜化合物，以及作油类脱硫剂、有机合成催化剂等。

氧化铜可由煅烧硝酸铜或碳酸铜制得。本实验采用湿法制备氧化铜，制备过程分为两步。

1. 制备氢氧化铜

根据溶度积原理，难溶氢氧化物的沉淀溶解平衡受溶液 pH 影响，对于氢氧化铜来说，在 pH=6～7 时，沉淀基本完全。过量的氢氧化钠会使生成的氢氧化铜溶解，生成四羟基铜酸钠：

$$Cu(OH)_2+2NaOH = Na_2[Cu(OH)_4] \tag{2-3}$$

可通过控制溶液 pH 来防止氢氧化铜沉淀不完全或氢氧化铜重新溶解的情况发生。所以，控制反应液的 pH 是关键的一步。

在室温下，向硫酸铜溶液中加入浓碱液(如氢氧化钠)，立刻有胶状蓝色氢氧化铜生成，反应式如下：

$$CuSO_4+2NaOH = Cu(OH)_2\downarrow+Na_2SO_4 \tag{2-4}$$

氢氧化钠溶液过稀或硫酸铜溶液过浓、过多时，可能生成蓝绿色的碱式硫酸铜沉淀，这种沉淀物不但颜色与氢氧化铜不同，而且化学性质也不同；氢氧化铜加热即分解，析出氧化铜，而碱式硫酸铜加热时不易分解。本实验中选取高浓度的氢氧化钠溶液，反应要在充分搅拌下进行，控制溶液 pH 在 6～7，即可制备氢氧化铜。

2. 氧化铜的制备

将氢氧化铜溶液水浴加热到 80 ℃(氢氧化铜在 70～80 ℃脱水分解)，向热溶液中滴加少许氢氧化钠溶液，即可直接得到氧化铜，且氧化铜的过滤速度较快。反应如下：

$$Na_2[Cu(OH)_4] = Cu(OH)_2\downarrow+2NaOH \tag{2-5}$$

$$Cu(OH)_2 \stackrel{\triangle}{=} CuO+H_2O \tag{2-6}$$

过滤，然后直接将滤饼放在蒸发皿上加热，得到固体黑色粉末。

【仪器和试剂】

仪器：电子天平(0.01 g)、恒温水浴锅、酒精灯、石棉网、三脚架、抽滤瓶、布氏漏斗、真空泵、蒸发皿、表面皿、量筒(50 mL)、烧杯(100 mL、250 mL、500 mL)。

试剂和其他用品：硫酸铜晶体(s，A.R.)、NaOH(s，A.R.)、$BaCl_2$(1.0 mol·L^{-1})、HNO_3(1.0 mol·L^{-1})，以及广泛 pH 试纸。

【实验内容】

1. 制备 $Cu(OH)_2$ 粗产物

用电子天平称取约 5 g $CuSO_4\cdot5H_2O$ 粗晶体，加入 20 mL 水溶解，制成硫酸铜溶液，向其中逐滴加入高浓度氢氧化钠(可用 5 mol·L^{-1} NaOH 溶液代替)溶液，边加边搅拌，并测定溶液的 pH(加入 3 mL NaOH 溶液以后开始检测 pH)。控制最后的 pH 为 6～7，此时生成蓝色 $Cu(OH)_2$ 胶状沉淀。

2. 制备 CuO

在上述含 $Cu(OH)_2$ 沉淀的悬液中加入 20 mL 水，适当搅拌，然后将溶液加热到 80 ℃，向热溶液中滴加几滴高浓度氢氧化钠(同上)溶液，待其生成灰黑色的氧化铜后，悬液静置，加适量的去离子水，倾析法洗涤沉淀 3～5 次，再进行减压抽滤，得到滤饼。

3. 抽滤、干燥产物

抽滤后得到的氧化铜滤饼放在蒸发皿中加热(不要捣碎滤饼)，烘干，捣碎，称量，计算产率。

4. 产品检验

设计方案检验氧化铜中是否含有 SO_4^{2-}。

【数据处理】

$CuSO_4·5H_2O$ 质量/g	
CuO 产品质量/g	
理论产量/g	
产率/%	

【思考题】

(1) 在生成氢氧化铜的过程中，为何要选用高浓度氢氧化钠溶液控制溶液的 pH 为 7？

(2) 氢氧化铜悬液加热前需加入适量蒸馏水，而在氧化铜悬液抽滤前，也需要加入适量水洗涤，其作用分别是什么？

(3) 查阅资料，说明在氢氧化铜悬液加热过程中加入几滴氢氧化钠的作用。

实验三　明矾的制备及其单晶的培养(4 学时)

【实验目的】

(1) 练习和掌握溶解、过滤、结晶以及沉淀的转移和洗涤等无机制备中常用的基本操作。

(2) 了解明矾的制备方法；认识铝和氢氧化铝的两性性质。

(3) 学习从溶液中培养晶体的原理和方法。

【预备知识】

(1) 化合物的制备基本操作。

(2) 复盐、铝的基本性质。

【实验原理】

明矾［水合硫酸铝钾(Alum)］又称白矾、钾矾、钾铝矾、钾明矾，是含结晶水的硫酸钾和硫酸铝的复盐。无色立方晶体，外表常呈八面体，或与立方体、菱形十二面体形成聚形，有时以(111)面附于容器壁上而形似六方板状，属于 α 型明矾类复盐，有玻璃光泽。相对分子质量 474.39，在 20 ℃、$p^{\ominus}$ 下，明矾在水中的溶解度约为 5.90 $g·L^{-1}$。密度 1.757 $g·cm^{-3}$，熔点 92.5 ℃。64.5 ℃时失去 9 分子结晶水，200 ℃时失去 12 分子结晶水，溶于水，不溶于乙醇。

明矾的主要用途有：①净水剂。明矾在水中产生胶状氢氧化铝，氢氧化铝胶体颗粒有较大的表面积和很强的吸附能力，可以吸附水中悬浮的杂质，并形成沉淀，可作为净水剂。②灭火剂。泡沫灭火器内盛有约 1 $mol·L^{-1}$ 的明矾溶液和约 1 $mol·L^{-1}$ 的 $NaHCO_3$(小苏打)溶液(还有起泡剂)，两种溶液混合后，释放出足量的二氧化碳，以达到灭火的目的。③膨化剂。炸油条(饼)或膨化食品时，若在面粉里加入小苏打后再加入明矾，则会使等量的小苏打释放出比单独放小苏打多一倍的二氧化碳，这样就可以使油条(饼)在热油锅中一下子膨胀起来。④作为药物。明矾性寒味酸涩，具有较强的收敛作用。中医认为，明矾具有解毒杀虫、燥湿止痒、止血止泻、清热消痰的功效。近年来的研究证实，明矾还具有抗菌、抗阴道滴虫等作用。一些中医用明矾治疗高脂血症、十二指肠溃疡、肺结核咯血等疾病。⑤其他作用，明矾还可用于制备铝盐、油漆、鞣料、媒染剂、造纸、防水剂等。

1. 制备明矾的原理

铝屑溶于浓氢氧化钾溶液，生成可溶性的四羟基合铝(III)酸钾 $K[Al(OH)_4]$，用稀硫酸调节溶液的 pH，将其转化为氢氧化铝，使氢氧化铝溶于硫酸，溶液浓缩后经冷却有较小的同晶复盐，此复盐称为明矾$[KAl(SO_4)_2 \cdot 12H_2O]$。小晶体经过数天的培养，明矾就可以以大块晶体结晶出来。制备中的化学反应如下：

$$2Al+2KOH+6H_2O = 2K[Al(OH)_4]+3H_2\uparrow \tag{2-7}$$

$$2K[Al(OH)_4]+H_2SO_4 = 2Al(OH)_3\downarrow+K_2SO_4+2H_2O \tag{2-8}$$

$$2Al(OH)_3+3H_2SO_4 = Al_2(SO_4)_3+6H_2O \tag{2-9}$$

$$Al_2(SO_4)_3+K_2SO_4+24H_2O = 2KAl(SO_4)_2 \cdot 12H_2O \tag{2-10}$$

2. 明矾单晶培养的原理

晶体有一定的几何外形、有固定的熔点、有各向异性等特点，而无定形固体不具有上述特点。晶体生成的一般过程是先生成晶核，而后再逐渐长大。一般认为晶体从液相或气相中的生长有三个阶段：①介质达到过饱和、过冷却阶段；②成核阶段；③生长阶段。晶体在生长的过程中要受外界条件的影响，如涡流、温度、杂质、黏度、结晶速度等因素的影响。晶体生长的方法有多种，对于溶液而言，只需蒸发掉水分就可以；对于气体而言，需要降低温度，直到它的凝固点；对于液体，也是采取降温方式变成固体。因为明矾的溶解度受温度的影响很大，所以本实验主要采用的是降温法，重结晶得到明矾大晶体，即冷却热饱和溶液的方法。

【仪器和试剂】

仪器：电子天平(0.01 g)、烘箱、布氏漏斗、抽滤瓶、烧杯(100 mL、500 mL)、表面皿、蒸发皿、酒精灯、三脚架、石棉网。

试剂和其他用品：$KOH(1.5\ mol \cdot L^{-1})$、硫酸(浓，A.R.)、$K_2SO_4$(s，A.R.)、易拉罐、凡士林。

【实验内容】

1. 明矾的制备

一定质量废铝(约 2 g)加入盛有 50 mL $1.5\ mol \cdot L^{-1}$ KOH 溶液的烧杯中(注意：此反应剧烈)，同时在酒精灯上加热至不再有气泡产生且铝片呈透明状，抽滤，取上层清液，然后边加热边滴加 $9\ mol \cdot L^{-1}$ H_2SO_4 溶液(1∶1 H_2SO_4，体积比)至沉淀全部溶解，浓缩溶液至 50 mL 左右，再自然冷却至室温，然后用冰水浴冷却，抽滤，将固体放置于干燥箱中烘干，即可得到明矾。同时将滤液稍微浓缩，自然冷却。

2. 明矾单晶的培养

称取两份明矾各 6 g 于两只小烧杯中，分别加入 30 mL 蒸馏水，微热至固体全部溶解，然后自然冷却至室温。一只放入晶种，另一只则不放晶种。系有晶种的棉线上要涂上凡士林，以防止棉线上出现结晶。

晶种一定要悬挂在溶液的中心位置，若离烧杯底部太近，由于有沉底晶体生成，会与晶体长在一起。同样，若离溶液表面太近或靠近烧杯壁，都会产生同样的结果，使得晶体形状不规则。

另外，进行单晶培养时，应将烧杯放置到平稳处，避免烧杯振动。

【思考题】

(1)复盐和简单盐的性质有什么不同？

(2)明矾在工农业和日常生活中有何用途？

(3)若在饱和溶液中，籽晶（也称晶种）长出一些小晶体或烧杯底部出现少量晶体时，对大晶体的培养有何影响？应如何处理？

实验四　三氯化六氨合钴(III)的制备(4学时)

【实验目的】

(1)通过三氯化六氨合钴(III)的制备，进一步理解配位化合物的形成。

(2)掌握水浴加热、减压过滤等基本操作。

(3)了解合成三氯化六氨合钴(III)的基本原理。

【预备知识】

(1)配位平衡基本原理。

(2)水溶液中的沉淀溶解平衡原理。

(3)固液分离技术。

【实验原理】

在通常情况下，二价钴盐较三价钴盐稳定得多，而在它们的配合物状态下却正好相反，三价钴反而比二价钴稳定。因此，通常采用空气或过氧化氢氧化二价钴的方法制备三价钴的配合物。

氯化钴(III)的氨配合物有多种，主要是三氯化六氨合钴(III)$[Co(NH_3)_6]Cl_3$，橙黄色晶体；三氯化五氨·一水合钴(III)$[Co(NH_3)_5(H_2O)]Cl_3$，砖红色晶体；二氯化一氯·五氨合钴(III)$[Co(NH_3)_5Cl]Cl_2$，紫红色晶体，等等。它们的制备条件各不相同。在有活性炭为催化剂时，主要生成三氯化六氨合钴(III)；在没有活性炭存在时，主要生成二氯化一氯·五氨合钴(III)。

本实验中采用H_2O_2作为氧化剂，活性炭作为催化剂，在大量氨和氯化铵存在的条件下，将Co(II)氧化为Co(III)，从而制备三氯化六氨合钴(III)配合物。反应式为

$$2CoCl_2+2NH_4Cl+10NH_3+H_2O_2 = 2[Co(NH_3)_6]Cl_3+2H_2O \tag{2-11}$$

得到的固体粗产品中混有大量活性炭，将产物溶解在较稀盐酸溶液中，抽滤除去活性炭，然后在较浓盐酸中使产物结晶析出。

$$[Co(NH_3)_6]^{3+}+3Cl^- = [Co(NH_3)_6]Cl_3 \tag{2-12}$$

三氯化六氨合钴(III)为橙黄色单斜晶体，20 ℃时在水中的溶解度为0.26 $mol \cdot L^{-1}$。

【仪器和试剂】

仪器：电子天平(0.01 g)、锥形瓶(100 mL)、抽滤瓶、布氏漏斗、量筒(50 mL、100 mL)、

烧杯(100 mL)。

试剂和其他用品：$CoCl_2·6H_2O$(s，A.R.)、NH_4Cl(s，A.R.)、HCl(6 mol·L^{-1})、H_2O_2(6%)、浓氨水(A.R.)、活性炭、乙醇(A.R.)、冰。

【实验内容】

1. 制备粗产品

分别称取 4.5 g 研细的二氯化钴($CoCl_2·6H_2O$)和 3.0 g 氯化铵并转移至 100 mL 锥形瓶中，加入 5 mL 水，加热溶解。溶解完毕后加入 0.3 g 活性炭，将试液冷却至室温，再加入 10 mL 浓氨水。用冰水将试液冷却至 10 ℃以下，缓慢加入 10 mL 10%的 H_2O_2，在水浴上加热至 60 ℃左右，恒温 20 min(适当摇动锥形瓶)。然后冷却至 2 ℃即有晶体析出(粗产品)，用布氏漏斗抽滤，收集沉淀即制得粗产品。

2. 产品纯化

将粗产品溶于含有 1.5 mL 浓盐酸(6 mol·L^{-1})的 40 mL 沸水中，趁热过滤除掉活性炭。加 5 mL 浓盐酸于滤液中，以冰水冷却至 2 ℃，即有晶体析出。抽滤，用 10 mL 无水乙醇洗涤，抽干，将滤饼连同滤纸一并取出放在一张纸上，置于干燥箱中，在 105 ℃以下烘 25 min，冷却称量，计算产率。

【数据处理】

$CoCl_2·6H_2O$ 质量/g	
$[Co(NH_3)_6]Cl_3$ 产品质量/g	
理论产量/g	
产率/%	

【思考题】

(1) 在$[Co(NH_3)_6]Cl_3$的制备过程中，氯化铵、活性炭、过氧化氢溶液各起什么作用？

(2) 本实验中分两次加入浓盐酸，各起什么作用？

(3) 产物制备过程中，加入过氧化氢溶液后，在水浴上加热 20 min 的目的是什么？

(4) 要使本实验制备的产品产率高，哪些步骤比较关键？为什么？

实验五　粗食盐的提纯(4 学时)

【实验目的】

(1) 了解盐类溶解度知识及沉淀溶解平衡原理的应用。

(2) 练习并掌握离心、减压过滤、蒸发浓缩、pH 试纸的使用、无机盐的干燥等基本操作。

(3) 练习并掌握杂质的鉴定方法。

【预备知识】

(1) 过滤、离心、抽滤等基本操作。

(2) 查阅氯化钠的溶解度。

【实验原理】

氯化钠试剂或氯碱工业所用的盐都是以粗食盐为原料进行提纯得到的。一般粗食盐中含有泥沙等不溶性杂质以及 Ca^{2+}、Mg^{2+}、K^+和 SO_4^{2-} 等可溶性杂质。

粗食盐中不溶性杂质可以用溶解和过滤等方法除去。

氯化钠的溶解度受温度的影响不大，故不能使用重结晶的方法提纯，而应该采用化学方法处理，使其中可溶性的杂质转化为难溶性物质，过滤除去。可溶性杂质的除去方法是：利用稍微过量的 $BaCl_2$ 与食盐中的 SO_4^{2-} 反应，使之转化为难溶的 $BaSO_4$ 而除去。

$$Ba^{2+} + SO_4^{2-} \xlongequal{} BaSO_4\downarrow \tag{2-13}$$

将溶液过滤，在滤液中加入稍过量的 Na_2CO_3，则有

$$Ba^{2+} + CO_3^{2-} \xlongequal{} BaCO_3\downarrow \tag{2-14}$$

$$Ca^{2+} + CO_3^{2-} \xlongequal{} CaCO_3\downarrow \tag{2-15}$$

$$2Mg^{2+} + 2CO_3^{2-} + H_2O \xlongequal{} [Mg_2(OH)_2]CO_3\downarrow + CO_2\uparrow \tag{2-16}$$

过滤，即除去 Ca^{2+}、Mg^{2+}和过量的 Ba^{2+}。再向滤液中加入 HCl，以除去过量的 Na_2CO_3。

$$CO_3^{2-} + 2H^+ \xlongequal{} H_2O + CO_2\uparrow \tag{2-17}$$

少量的可溶性杂质(如 KCl)，由于含量较少，其溶解度比 NaCl 大，所以将母液蒸发浓缩后，NaCl 析出，KCl 则留在母液中与 NaCl 晶体分开，少量多余的盐酸在干燥氯化钠时会逸出。

【仪器和试剂】

仪器：电子天平(0.01 g)、离心机、普通漏斗、布氏漏斗、抽滤瓶、蒸发皿、烧杯(100 mL)、玻璃棒、滴管。

试剂和其他用品：粗食盐、$BaCl_2$(1 mol·L^{-1})、Na_2CO_3(1 mol·L^{-1})、HCl(2 mol·L^{-1})、$(NH_4)_2C_2O_4$(0.5 mol·L^{-1})、NaOH(1 mol·L^{-1})、HCl(1 mol·L^{-1})、HAc(6 mol·L^{-1})、镁试剂；pH 试纸、滤纸。

【实验内容】

1. 粗食盐的提纯

1) 粗食盐的溶解

用小烧杯称取 5 g 粗食盐，加蒸馏水 25～30 mL，用玻璃棒搅拌加热使之溶解，溶液中的少量不溶性杂质保留，下一步过滤时一并除去。

2) 化学处理

(1) 除去 SO_4^{2-}。

将粗食盐的溶解液加热至沸腾，用小火保持微沸，边搅拌边逐滴加入 1 mol·L^{-1} $BaCl_2$ 溶液至沉淀完全。可用两种方法检验沉淀是否完全：①用离心试管取 2 mL 溶液，在离心机上离心分离，然后向上层清液中加入 1 滴 $BaCl_2$ 溶液，如有沉淀产生，表明 SO_4^{2-} 未被除尽；继续向烧杯中滴加 $BaCl_2$ 溶液，直至上层清液加 1 滴 $BaCl_2$ 溶液后不再有沉淀为止。②待上述溶液静置分层后，向上层清液中滴加 1 滴 $BaCl_2$ 溶液，如果有沉淀生成，继续向其中滴加直至上层

清液中滴加 1 滴 $BaCl_2$ 溶液不再有沉淀生成为止。沉淀完全后，继续加热约 5 min，以使沉淀颗粒长大而易于沉降。冷却，用倾析法常压过滤。

(2) 除去 Ca^{2+}、Mg^{2+}和 Ba^{2+}。

将 (1) 中的滤液加热至沸腾，用小火维持微沸，边搅拌边滴加 1 $mol \cdot L^{-1}$ Na_2CO_3 溶液，使 Ca^{2+}、Mg^{2+}和 Ba^{2+}都转化为难溶的碳酸盐或碱式碳酸盐沉淀，采用 (1) 中的方法检验 Ca^{2+}、Mg^{2+}和 Ba^{2+}是否完全生成沉淀。此过程中适当补充蒸馏水，保持原体积，防止 NaCl 晶体析出。当沉淀完全后，用倾析法常压过滤。

(3) 除去 CO_3^{2-}。

向 (2) 中的滤液滴加 2 $mol \cdot L^{-1}$ HCl 溶液，调节 pH 至 2～3。将滤液转入蒸发皿中，微火蒸发使 CO_3^{2-} 转化为 CO_2 逸出。

3) 蒸发、浓缩

将 HCl 处理过的溶液蒸发，当液面出现晶体时，改用小火并不断搅拌，以免溶液溅出。蒸发后期，再检查溶液的 pH，必要时可加 1～2 滴 2 $mol \cdot L^{-1}$ HCl 溶液，保持溶液微酸性(pH=6)，当溶液蒸发至稀糊状时(切勿蒸干)，停止加热。充分冷却，减压抽滤，尽可能将 NaCl 晶体抽干。

4) 干燥

将晶体转入蒸发皿中，在石棉网上用小火烘炒，用玻璃棒不断搅动，以防结块。直至无水蒸气逸出后，改用大火烘炒数分钟，即得洁白、松散的 NaCl 晶体，冷却至室温，在电子天平上称量，计算产率。

2. 产品纯度的检验

称取约 1.0 g 粗食盐和精制食盐各一份，分别用 5 mL 蒸馏水溶解，然后各自分别盛于 3 支试管中组成 3 组试样，对照检验它们的纯度。

(1) SO_4^{2-} 的检验。

在第一组溶液中分别加入 2 滴 1 $mol \cdot L^{-1}$ $BaCl_2$ 和 2 滴 2 $mol \cdot L^{-1}$ HCl，比较两种溶液中的现象。

(2) Ca^{2+}的检验。

在第二组溶液中分别加入 2 滴 0.5 $mol \cdot L^{-1}$ $(NH_4)_2C_2O_4$ 溶液和 2 滴 6 $mol \cdot L^{-1}$ HAc，对比两种溶液中的现象。

(3) Mg^{2+}的检验。

在第三组溶液中各加入 2～3 滴 1 $mol \cdot L^{-1}$ NaOH 溶液，使溶液呈碱性(用 pH 试纸检验)，再各加入 2～3 滴镁试剂，比较两种溶液中的现象。

【数据处理】

粗食盐质量/g	
提纯后的质量/g	
产率/%	

【思考题】

(1) 粗食盐中不溶性杂质和可溶性杂质如何除去？

(2) 本实验方法中，除去可溶性杂质的先后次序是否可以任意改变？为什么？
(3) 为什么往粗食盐溶液中加 $BaCl_2$ 和 Na_2CO_3 后，均要加热至沸腾？
(4) 固液分离有哪些方法？根据什么条件选择固液分离的方法？

实验六　凝固点降低法测定物质的摩尔质量(4 学时)

【实验目的】

(1) 了解凝固点降低法测定溶质摩尔质量的原理和方法，加深对稀溶液依数性的认识。
(2) 练习移液管和刻度分值为 0.1 ℃的温度计的使用。

【预备知识】

(1) 稀溶液的依数性。
(2) 冰盐浴的组成及其可控温度。

【实验原理】

当溶剂中溶解溶质时，溶剂的凝固点会下降，这是稀溶液依数性之一。难挥发非电解质溶液的凝固点下降与溶液的质量摩尔浓度 b(B) 成正比：

$$\Delta T_f = T_f^* - T_f = K_f b(\mathrm{B}) \tag{2-18}$$

式中，ΔT_f 为凝固点降低值；T_f^* 为纯溶剂的凝固点；T_f 为溶液的凝固点；K_f 为摩尔凝固点降低常数，$\mathrm{K \cdot kg \cdot mol^{-1}}$。

式(2-18)可改写为

$$\Delta T_f = K_f \frac{m_2}{M \times m_1} \times 1000 \tag{2-19}$$

式中，m_1 和 m_2 分别为溶液中溶剂和溶质的质量，g；M 为溶质的摩尔质量，$\mathrm{g \cdot mol^{-1}}$。由式(2-19)可得

$$M = K_f \frac{m_2}{\Delta T_f m_1} \times 1000 \tag{2-20}$$

要测定 M，需求得 ΔT_f，即需通过实验测得溶剂的凝固点和溶液的凝固点。

凝固点的测定可采用过冷法。将纯溶剂逐渐降温至过冷，促使其结晶。当晶体生成时，释放的热量使体系温度保持相对恒定，直至全部冷凝成固体后才会再下降(图 2-1)。相对恒定的温度即为该纯溶剂的凝固点。

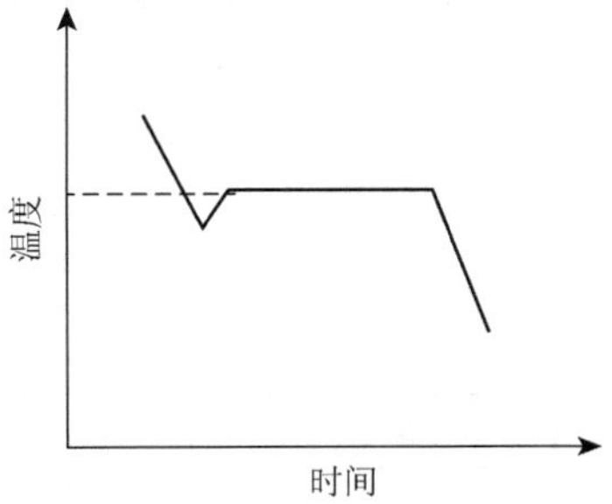

图 2-1　纯液体的冷却曲线

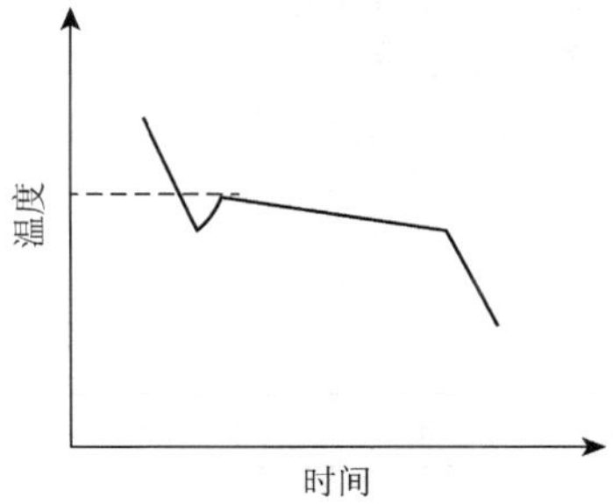

图 2-2　溶液的冷却曲线

溶液和纯液体的冷却曲线不完全相同(图 2-2)。这是因为在溶液中，当达到凝固点时，随着溶剂凝结为晶体从溶液中析出，溶液的浓度不断增大，所以水平段向下倾斜。可将斜线反向延长使其与过冷以前的冷却曲线线段相交，此交点的温度即为溶液的凝固点。

为了保证凝固点测定的准确性，每次测定要尽可能控制到相同的过冷程度。这样才能使析出晶体的量差不多，才有可能使回升温度一致，从而测得较为准确的凝固点。

【仪器和试剂】

仪器：精密温度计(–20～30 ℃)、酒精温度计、电子天平(0.01 g)、磨口大试管、烧杯(500 mL)、移液管(25 mL)、洗耳球。

试剂和其他用品：尿素(s，A.R.)、粗食盐、碎冰。

【实验内容】

1. 纯水凝固点的测定

实验装置如图 2-3 所示。用移液管吸取 25.00 mL 蒸馏水于干燥的磨口大试管中，插入温度计和搅拌棒，调节温度计高度，使水银球距离管底约 1 cm，记录水的温度。然后将试管插入装有冰盐混合物的大烧杯中(试管内的液面必须低于冰盐混合物的液面)。开始记录时间并上下移动试管中的搅拌棒，每隔 30 s 记录一次温度。当温度降至 1～2 ℃时，停止搅拌，待水过冷至凝固点以下约 0.5 ℃开始快速搅拌(当开始有晶体析出时，由于有热量放出，水的温度将略有上升)，直至温度不再随时间而变化。温度回升后所达到的最高温度即为纯水的凝固点。

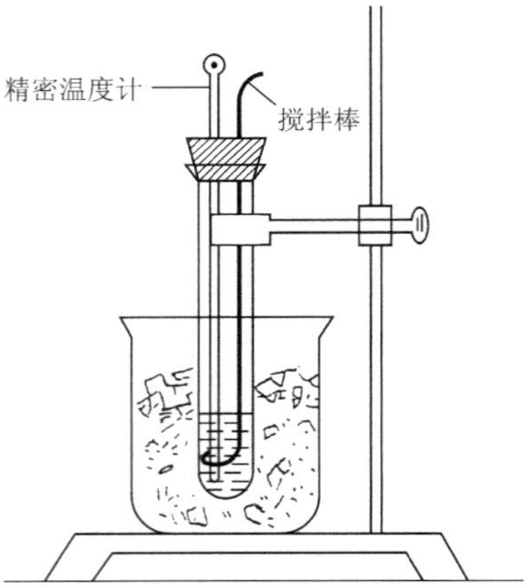

图 2-3　凝固点测定装置

取出大试管，用手捂热试管下部，待冰完全熔化后，再放入冰盐浴中，重复测定一次。两次所测定的凝固点之差不应超过 0.1 ℃，取其平均值(该蒸馏水勿倒，留做后面实验，为什么？)。

2. 尿素-水溶液凝固点的测定

在电子天平上称取尿素约 0.75 g，倒入上述 1 中装有 25.00 mL 水的大试管中，插入温度计和搅拌棒，充分搅拌，使尿素完全溶解。按上述实验方法和要求，测定尿素-水溶液的凝固点。回升后的温度并不像水那样保持恒定，而是缓慢下降，一直记录到温度明显下降。

重复测定尿素-水溶液的凝固点，取其平均值。

【数据处理】

1. 纯水

时间	0.5 min	1.0 min	1.5 min	2.0 min	2.5 min	…
温度						

2. 尿素-水溶液

时间	0.5 min	1.0 min	1.5 min	2.0 min	2.5 min	…
温度						

以温度为纵坐标、时间为横坐标，在坐标纸上作出冷却曲线图，求出纯水及尿素-水溶液的凝固点 T_f^*及 T_f。

3. 计算尿素的摩尔质量 M

由求得的 T_f^*和 T_f 计算尿素的摩尔质量 M。

【思考题】

(1)为什么纯溶剂和溶液的冷却曲线不同？如何根据冷却曲线确定凝固点？

(2)测定凝固点时，大试管中的液面必须低于还是高于冰盐浴的液面？当溶液温度接近凝固点时为何不能搅拌？

(3)实验中所配的溶液浓度太高会给实验结果带来什么影响？为什么？

(4)定性讨论，当溶质在溶液中有解离、缔合和生成配合物的现象时，将对相对分子质量测定值有何影响？

实验七 阿伏伽德罗常量的测定(4 学时)

【实验目的】

(1)熟悉理想气体状态方程和分压定律的应用。

(2)掌握置换法测定阿伏伽德罗常量的原理。

(3)学习测量气体体积的操作。

(4)学会正确使用电子天平。

【预备知识】

(1)复习理想气体状态方程和分压定律。

(2)预习碱式滴定管的使用方法。

【实验原理】

通过测定金属镁与硫酸反应置换出氢气的体积确定阿伏伽德罗常量 L。反应式为

$$Mg+H_2SO_4 = MgSO_4+H_2\uparrow \qquad (2\text{-}21)$$

准确称取一定质量的金属镁[m(Mg)]与过量的稀 H_2SO_4 反应，在一定的温度、压力下，测定置换出的 H_2 的体积 V，根据理想气体状态方程，将此体积换算为标准状况下的体积 V_0，利用标准状况下 H_2 的密度(0.089 g·L^{-1})求得 H_2 的质量，利用 Mg 的质量求得 H_2 的物质的量。已知每个 H_2 分子的质量(3.34×10^{-24} g)，即可求得每摩尔 H_2 的分子数，即阿伏伽德罗常量 L。

H_2 的物质的量：

$$n(H_2)=\frac{m(Mg)}{24.3} \tag{2-22}$$

标准状况下 H_2 的体积 V_0 可根据式(2-23)计算：

$$V_0=\frac{273.15\times[p-p(H_2O)]\times V(H_2)}{1.013\times10^5\times T} \tag{2-23}$$

由于氢气是在水面上收集的，氢气中含有水蒸气，根据分压定律，产生的氢气分压可以表示为：$p(H_2)=p-p(H_2O)$，p 为大气压力，由气压计测得。

阿伏伽德罗常量 L 由式(2-24)计算：

$$L=\frac{0.089V_0}{3.34\times10^{-24}n(H_2)} \tag{2-24}$$

【仪器和试剂】

仪器：电子天平(0.0001 g)、量气管(碱式滴定管，50 mL)、橡皮塞、反应试管、长颈漏斗、橡皮连接管、气压计、温度计(0～150 ℃)、滴定台、砂纸。

试剂和其他用品：H_2SO_4(1 mol·L^{-1})、镁条(s，A.R.)。

【实验内容】

1. 称量样品

准确称取 0.025～0.030 g(准确至 0.0001 g)镁条 3 份。

2. 连接装置并检查气密性

(1) 按图 2-4 所示连接装置后，取下量气管上端的反应试管，从漏斗中注入自来水，使水面保持在“0”刻度附近(低于“0”刻度，示数为 0～10)，然后装好反应试管。

(2) 降低漏斗高度，若量气管中水面有少许下降后即保持恒定，则表明装置不漏气；若水面不断下降，表明装置漏气，检查各接口是否严密，查找漏气原因，调试至装置不漏气。

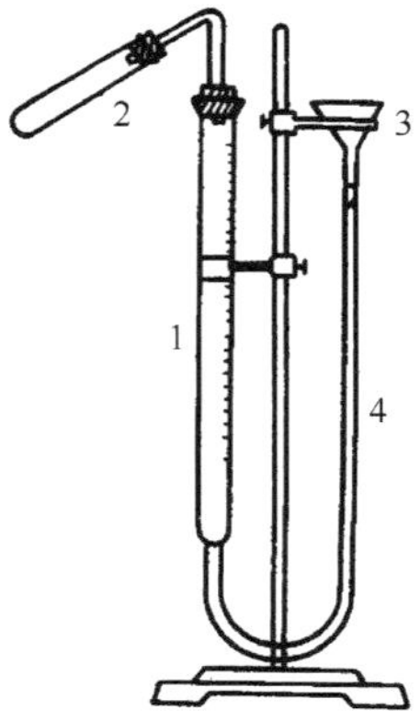

图 2-4　气体体积测定装置

1. 量气管；2. 反应试管；3. 漏斗；4. 橡胶管

3. 测定前准备

(1) 小心取下反应试管，用长颈漏斗向反应试管底部注入 5 mL 浓度为 1 mol·L^{-1} H_2SO_4 溶液，勿使管壁上端沾有 H_2SO_4 溶液。

(2) 倾斜反应管，将已称量的 Mg 条蘸少许蒸馏水贴在反应试管的上部(勿与 H_2SO_4 溶液接触)，塞紧管塞，将反应试管按图 2-4 连接。

(3) 再次检查装置气密性。

(4) 调整漏斗位置，使漏斗中水面与量气管中水面平齐，记录量气管水面读数 V_1(准确至 0.01 mL)。

4. 测定并记录数据

(1) 轻轻托起反应试管底部，使 H_2SO_4 溶液与 Mg 条接触，反应产生 H_2。此时量气管内水面开始下降，不断调整漏斗高度，使漏斗内水面与量气管内水面保持同等高度(为什么？)，待反应停止后，将反应管冷至室温，再将漏斗内水面与量气管水面平齐，读取量气管水面位置 V_2，1～2 min 后，再读一次量气管水面位置，若两次读数相同，则表明管内气体温度与室温相同，记录数据。

(2) 再重复测定 2 次，记录数据。

【数据处理】

实验序号	I	II	III
镁条质量 $m(Mg)/g$			
反应前量气管液面位置 V_1/mL			
反应后量气管液面位置 V_2/mL			
氢气体积 $V(H_2)/mL$			
大气压力 p/Pa			
室温 T 时水的饱和蒸气压 $p(H_2O)/Pa$			
氢气分压 $p(H_2)/Pa$			
室温 T/K			
标准状况下氢气的体积 V_0/mL			
阿伏伽德罗常量 L			
L 的平均值($L_{测}$)			
相对误差=($L_{测}-L_{理}$)/$L_{理}$×100%			

【思考题】

(1) 本实验中，量气管内气压是管中氢气的压力吗？为什么？

(2) 当 H_2SO_4 与 Mg 作用完毕，必须待试管冷却后方可读数，为什么？

(3) 本实验中的 Mg 可用 Al 代替吗？H_2SO_4 可以用 HCl 代替吗？为什么？

(4) 实验时，若漏斗中的水向外溢出一部分，读数时使漏斗水面与量气管水面平齐，会不会影响测定结果？为什么？

(5) 除本实验外，还有什么方法可以测定阿伏伽德罗常量？

实验八　化学反应速率及活化能的测定(4 学时)

【实验目的】

(1) 了解浓度、温度和催化剂对反应速率的影响。

(2) 测定过二硫酸铵与碘化钾反应的速率，并计算反应级数、反应速率常数和反应的活化能。

(3) 水浴恒温控制的操作。

【预备知识】

(1) 质量作用定律、基元反应、复杂反应、反应级数等概念。

(2) 速率方程的确定方法。

(3) 影响反应速率的因素。

【实验原理】

在水溶液中过二硫酸铵与碘化钾反应为

$$(NH_4)_2S_2O_8+3KI = (NH_4)_2SO_4+K_2SO_4+KI_3 \tag{2-25}$$

其离子反应为

$$S_2O_8^{2-}+3I^- = 2SO_4^{2-}+I_3^- \tag{2-26}$$

反应速率方程可以表示为

$$v = kc^m(S_2O_8^{2-})c^n(I^-) \tag{2-27}$$

式中，v 为瞬时速率。若 $c(S_2O_8^{2-})$、$c(I^-)$ 是初始浓度，v 表示初始速率，k 表示速率常数，m、n 分别表示 $S_2O_8^{2-}$ 和 I^- 的反应级数。在实验中只能测定出一段时间内反应的平均速率 $\bar{v}$。

$$\bar{v} = \frac{-\Delta c(S_2O_8^{2-})}{\Delta t} \tag{2-28}$$

反应(2-25)进行缓慢，在不太长的一段时间内，浓度变化较小。所以，初始阶段的平均速率近似等于初始时的瞬时速率，实验中近似地用平均速率代替初速率：

$$v = kc^m(S_2O_8^{2-})c^n(I^-) = \frac{-\Delta c(S_2O_8^{2-})}{\Delta t} \tag{2-29}$$

为了能测出反应在 Δt 时间内 $S_2O_8^{2-}$ 浓度的改变量，需要在混合 $(NH_4)_2S_2O_8$ 和 KI 溶液的同时，加入一定体积已知浓度的 $Na_2S_2O_3$ 溶液和淀粉溶液，在反应(2-25)进行的同时还进行着另一反应：

$$2S_2O_3^{2-}+I_3^- = S_4O_6^{2-}+3I^- \tag{2-30}$$

反应(2-30)几乎是瞬间完成，反应(2-25)比反应(2-30)慢得多。因此，反应(2-25)生成的 I_3^- 立即与 $S_2O_3^{2-}$ 反应，生成无色 $S_4O_6^{2-}$ 和 I^-，而观察不到碘与淀粉呈现的特征蓝色。当 $S_2O_3^{2-}$ 消耗完毕，反应(2-30)停止，反应(2-25)还在进行，则生成的 I_3^- 遇淀粉呈蓝色。

从反应开始到溶液出现蓝色这一段时间 Δt 里，$S_2O_3^{2-}$ 浓度的改变值为

$$\Delta c(S_2O_3^{2-}) = c(S_2O_3^{2-})_{终} - c(S_2O_3^{2-})_{始} = -c(S_2O_3^{2-})_{始} \tag{2-31}$$

对比反应(2-25)和反应(2-30)，得到如下关系：

$$-\Delta c(S_2O_8^{2-}) = \frac{c(S_2O_3^{2-})_{始}}{2} \tag{2-32}$$

$$v = kc^m(S_2O_8^{2-})c^n(I^-) = \frac{c(S_2O_3^{2-})_{始}}{2\Delta t} \tag{2-33}$$

在相同的温度下，通过改变 $S_2O_8^{2-}$ 和 I^- 的初始浓度，测定消耗等量的 $S_2O_8^{2-}$ 的物质的量浓度 $\Delta c(S_2O_8^{2-})$ 所需的不同时间，即可计算反应物在不同初始浓度时的初速率 v_0。再根据不同浓度下得到的速率即可计算该反应速率表达式中的 $(m+n)$ 和反应速率常数 k，最终确定速率方程。

根据阿伦尼乌斯(Arrhenius)方程，反应常数与反应温度之间存在如下关系：

$$\lg k = \lg A - \frac{E_a}{2.303RT} \tag{2-34}$$

式中，E_a 为反应的活化能；R 为摩尔气体常量，8.314 $J \cdot mol^{-1} \cdot K^{-1}$；$T$ 为热力学温度，K；A 为给定反应的特征常数。

测得不同温度时的 k 值，以 $\lg k$ 对 $1/T$ 作图，可得到一条直线，其斜率为 $-\dfrac{E_a}{2.303R}$，即可求出该反应的活化能 E_a。

【仪器和试剂】

仪器：量筒(5 mL、10 mL)、烧杯(100 mL)、锥形瓶(100 mL)、秒表、温度计、恒温水浴锅。

试剂和其他用品：KI(0.20 mol·L^{-1})、$(NH_4)_2S_2O_8$(0.20 mol·L^{-1})、$(NH_4)_2SO_4$(0.20 mol·L^{-1})、$Cu(NO_3)_2$(0.02 mol·L^{-1})、$CuSO_4$(0.10 mol·L^{-1})、$Na_2S_2O_3$(0.010 mol·L^{-1})、KNO_3(0.20 mol·L^{-1})、淀粉(0.4%)。

【实验内容】

1. 浓度对化学反应速率的影响

在室温条件下，用量筒分别量取 10.0 mL 0.20 mol·L^{-1} KI 溶液、4.0 mL 0.010 mol·L^{-1} $Na_2S_2O_3$ 溶液和 1.0 mL 0.20 mol·L^{-1} 0.4%淀粉溶液，全部注入小锥形瓶中，混合均匀。

然后用另一量筒取 10.0 mL 0.20 mol·L^{-1} $(NH_4)_2S_2O_8$ 溶液，迅速倒入上述混合溶液中，立即计时，并不断摇动小锥形瓶，仔细观察。

当混合溶液刚出现蓝色时，立即按停秒表，记录反应时间和室温，平行测定 3 次，此为编号 I 的实验。

用相同的方法按照下表进行实验 II～V。为使每次实验中溶液的总体积和离子强度保持不变，不足的量分别用 0.20 mol·L^{-1} KNO_3 溶液或 0.20 mol·L^{-1} $(NH_4)_2SO_4$ 溶液补充。

室温________℃

实验编号		I	II	III	IV	V
试剂用量/mL	0.20 mol·L^{-1} $(NH_4)_2S_2O_8$	10.0	5.0	2.5	10.0	10.0
	0.20 mol·L^{-1} KI	10.0	10.0	10.0	5.0	2.5
	0.010 mol·L^{-1} $Na_2S_2O_3$	4.0	4.0	4.0	4.0	4.0
	0.4%淀粉溶液	1.0	1.0	1.0	1.0	1.0
	0.20 mol·L^{-1} KNO_3	0	0	0	5.0	7.5
	0.20 mol·L^{-1} $(NH_4)_2SO_4$	0	5.0	7.5	0	0
混合液中反应物的起始浓度/(mol·L^{-1})	$(NH_4)_2S_2O_8$					
	KI					
	$Na_2S_2O_3$					
反应时间 Δt/s						
反应平均时间/s						
反应平均速率 v/(mol·L^{-1}·s^{-1})						
反应速率常数 k/[k]						
反应级数		m=	，n=		，$m+n$=	

2. 温度对化学反应速率的影响

按上表实验Ⅳ中的药品用量，将装有 KI、$Na_2S_2O_3$、KNO_3 和淀粉混合溶液的烧杯和装有 $(NH_4)_2S_2O_8$ 溶液的小锥形瓶，放在冰水浴中冷却，待温度低于室温 10 ℃时，将两种溶液迅速混合，同时计时并不断摇动，出现蓝色时记录反应时间。

用同样方法，在高于室温 10 ℃时水浴中进行实验Ⅳ。

实验编号	Ⅵ			Ⅳ			Ⅶ		
反应温度 T/℃									
反应时间 Δt/s									
反应速率 v									

3. 催化剂对化学反应速率的影响

按实验Ⅳ药品用量进行实验，在 $(NH_4)_2S_2O_8$ 溶液加入 KI 混合液之前，先在两份 KI 混合液中分别加入 1 滴 $Cu(NO_3)_2$ (0.02 $mol \cdot L^{-1}$) 溶液、2 滴 $Cu(NO_3)_2$ (0.02 $mol \cdot L^{-1}$) 溶液，混匀，其他操作同实验Ⅰ。比较它们的反应速率。

实验编号	Ⅰ			Ⅷ			Ⅸ		
反应温度 T/℃									
反应时间 Δt/s									
反应速率 v									

4. 数据处理

(1) 根据所得实验数据计算反应级数和反应速率常数。

$$v = kc^m(S_2O_8^{2-})c^n(I^-) \tag{2-35}$$

式 (2-35) 两边取对数：

$$\lg v = m\lg c(S_2O_8^{2-}) + n\lg c(I^-) + \lg k \tag{2-36}$$

当 $c(I^-)$ 不变（实验Ⅰ、Ⅱ、Ⅲ）时，根据式 (2-36) 以 $\lg v$ 对 $\lg c(S_2O_8^{2-})$ 作图，得直线，斜率为 m。同理，当 $c(S_2O_8^{2-})$ 不变（实验Ⅰ、Ⅳ、Ⅴ）时，以 $\lg v$ 对 $\lg c(I^-)$ 作图，得 n，此反应级数为 $m+n$。利用实验内容 1 中一组实验数据即可求出反应速率常数 k。

也可以根据以下方法求得 m、n 和 k：

当 $c(I^-)$ 不变，由实验Ⅰ和Ⅱ（或者Ⅲ和Ⅱ）可知：

$$\frac{\Delta t_2}{\Delta t_1}=2^m \tag{2-37}$$

同理，当 $c(S_2O_8^{2-})$ 不变，由实验Ⅰ和Ⅳ(或者Ⅴ和Ⅳ)可知：

$$\frac{\Delta t_4}{\Delta t_1}=2^n \tag{2-38}$$

分别求得 m 和 n 的平均值，此反应级数为 $m+n$。利用实验内容 1 中的实验数据即可求出反应速率常数 k 的平均值。

(2) 根据实验数据计算反应活化能 E_a。

$$\lg k=\lg A-\frac{E_a}{2.303RT} \tag{2-39}$$

测出不同温度下的 k 值，根据式(2-39)，以 $\lg k$ 对 $\frac{1}{T}$ 作图，得直线，斜率为 $-\frac{E_a}{2.303R}$，可求出反应的活化能 E_a。

【思考题】

(1) 本实验中，当反应溶液出现蓝色之后，反应是否终止了？

(2) 在测定反应速率的过程中，反应液中加入 KNO_3、$(NH_4)_2SO_4$ 的作用是什么？

(3) 查阅资料，试说明催化剂 $Cu(NO_3)_2$ 加快该化学反应速率的机理。

(4) 除本实验外，还有哪些方法可以确定一个化学反应的反应速率？

实验九　乙酸解离度和解离常数的测定(4 学时)

【实验目的】

(1) 掌握酸度计法测定 HAc 解离常数的原理和方法，加深对解离度和解离常数的理解。

(2) 学习酸度计的使用方法。

(3) 掌握酸式滴定管(移液管)和比色管(容量瓶)的正确使用。

【预备知识】

(1) 酸度计法测定乙酸解离常数的原理。

(2) 酸度计的使用和注意事项。

【实验原理】

HAc 是一元弱电解质，在水溶液中存在下列平衡：

$$HAc(aq) \rightleftharpoons H^+(aq)+Ac^-(aq) \tag{2-40}$$

HAc 溶液解离达平衡时：

$$K_a^\ominus(HAc)=\frac{[c(H^+)/c^\ominus][c(Ac^-)/c^\ominus]}{c(HAc)/c^\ominus} \tag{2-41}$$

式中各浓度均为平衡浓度，$c^\ominus$ 为标准浓度。

以 c_0 表示 HAc 的起始浓度，则 $c(\text{HAc})=c_0-c(\text{H}^+)$，而 $c(\text{H}^+)=c(\text{Ac}^-)$。

当解离度 $\alpha<5\%$，$c_0-c(\text{H}^+)\approx c_0$，$c^\ominus=1.0\ \text{mol}\cdot\text{L}^{-1}$。

HAc 的解离度 α 可以表示为

$$\alpha=\frac{c(\text{H}^+)}{c_0(\text{HAc})} \tag{2-42}$$

HAc 的解离常数 $K_a^\ominus(\text{HAc})$ 可以表示为

$$K_a^\ominus(\text{HAc})=\frac{(c_0\alpha)^2}{c_0(1-\alpha)}=c_0\alpha^2 \tag{2-43}$$

通过测定不同浓度乙酸溶液的 pH，由式(2-42)和式(2-43)即可求得不同浓度下乙酸的解离度和室温下乙酸的解离常数。

【仪器和试剂】

仪器：酸度计、酸式滴定管(50 mL)或移液管(25.00 mL)、比色管(50 mL)或容量瓶(50 mL)、烧杯(50 mL)、温度计、滴定台。

试剂和其他用品：HAc 溶液(准确标定浓度，约 $0.10\ \text{mol}\cdot\text{L}^{-1}$)、pH 标准溶液(pH=4.00，pH=6.86)。

【实验内容】

1. 不同浓度乙酸溶液的配制

用酸式滴定管(或移液管)分别取 25.00 mL、10.00 mL、5.00 mL 已知准确浓度的 $0.10\ \text{mol}\cdot\text{L}^{-1}$ HAc 溶液于三个 50 mL 比色管(或者容量瓶)中，用蒸馏水稀释到刻度，摇匀，编号为 2、3、4，计算其准确浓度。未稀释的 $0.10\ \text{mol}\cdot\text{L}^{-1}$ HAc 溶液编号为 1。

2. 乙酸溶液 pH 的测定

将上述四种浓度(浓度由低到高)的 HAc 溶液倒入小烧杯中，用酸度计按照由稀到浓的顺序测定它们的 pH。

【数据处理】

计算每份溶液的 $c(\text{H}^+)$、HAc 的 $K_a^\ominus$ 和 α。

T=________℃

HAc 溶液的编号	初始浓度 $c/(\text{mol}\cdot\text{L}^{-1})$	pH	$c(\text{H}^+)/(\text{mol}\cdot\text{L}^{-1})$	α	$K_a^\ominus$	
					测定值	平均值
1						
2						
3						
4						

【思考题】

(1) 还有哪些方法可以测定弱电解质的解离常数？

(2) 设计方案测定 25 ℃时 $NH_3 \cdot H_2O$ 的解离常数。

(3) 如果原始乙酸溶液浓度改为 1 $mol \cdot L^{-1}$，试推测其解离度和解离常数测定值与本实验条件下的测定值是否相同？为什么？

(4) 由实验结果说明乙酸浓度与解离度、解离常数的关系。强电解质乙酸钠的存在对解离度、解离常数有何影响？在乙酸-乙酸钠的体系中如何计算乙酸的 $K_a^\ominus$ 、α？

实验十 胶体及其性质(4 学时)

【实验目的】

(1) 掌握水解法制备氢氧化铁溶胶的原理和方法。

(2) 加深理解固体在溶液中的吸附作用。

(3) 观察丁铎尔效应、电泳现象及胶体的凝聚作用。

(4) 了解溶胶的制备、保护和聚沉的方法，以及胶体溶液的性质。

【预备知识】

(1) 胶体溶液的光学、电学及热力学性质以及常见的胶体聚沉方法。

(2) 固体在溶液中的吸附作用：离子选择吸附、离子交换吸附。

【实验原理】

胶体是分散相粒子尺寸在 1～100 nm 范围的多相分散体系，性质介于粗分散体系与溶液之间，从热力学角度看具有不稳定性，通常需要加入保护试剂才能稳定存在。

比较稳定的胶体溶液的制备方法原则上有两种：一种是分散法，即将大颗粒在一定条件下进一步分散获得胶体；另一种是凝聚法，即将溶液中的分子或离子等凝聚成胶体颗粒。

凝聚法通常分为两大类：

(1) 物理凝聚法。常用的物理凝聚法有蒸气凝聚法和过饱和法。蒸气凝聚法是利用适当的物理过程将某些物质的蒸气凝聚成胶体；过饱和法是指改变溶剂或实验条件(如降低温度)，使溶质溶解度降低，溶质由溶解变为不溶，从而凝聚为胶体。

(2) 化学凝聚法。化学凝聚法是最常用的制备胶体的方法。它是利用可以生成不溶性物质的化学反应，控制析晶过程，使其达到胶体粒子大小范围。本实验采用化学凝聚法制备 $Fe(OH)_3$ 胶体和 Sb_2S_3 胶体。

溶胶具有三大特性：丁铎尔效应、布朗运动和电泳。常用丁铎尔效应区别溶胶与真溶液，用电泳验证胶粒所带的电性。

胶体微粒的表面积较大，有吸附离子的能力，其吸附的离子是有选择性的。当吸附阳离子时，胶粒就带正电；吸附阴离子时就带负电。在外电场作用下，带正电的胶粒向负极移动，带负电的胶粒向正极移动。

胶团的扩散双电层结构及溶剂化膜是溶胶稳定的原因。若溶胶中加入电解质、加热或加入带异电荷的溶胶，都会破坏胶团的双电层结构及溶剂化膜，导致溶胶的聚沉。电解质使溶胶聚沉的能力主要取决于与胶粒所带电荷相反的离子的电荷数，电荷数越大，聚沉能力越强，凝结值越小。

液体中固体小颗粒具有比较大的表面能，易吸引液体中的分子或离子落到它的表面以降低自己的表面能，此过程称为吸附。

【仪器和试剂】

仪器：U 形电泳仪、直流稳压电源、观察丁铎尔效应装置、普通过滤装置一套、锥形瓶（100 mL）、量筒（10 mL、100 mL）、吸量管（5 mL、10 mL）、秒表、烧杯（10 mL）、碳棒。

试剂和其他用品：HAc（6 mol·L^{-1}）、H_2S 饱和溶液、$(NH_4)_2C_2O_4$（0.5 mol·L^{-1}）、NaOH（6 mol·L^{-1}）、NaCl（1.0 mol·L^{-1}、2.0 mol·L^{-1}）、KNO_3（0.1 mol·L^{-1}）、NH_4Ac（1 mol·L^{-1}）、$FeCl_3$（2%）、$BaCl_2$（0.01 mol·L^{-1}）、$K_3[Fe(CN)_6]$（0.01 mol·L^{-1}）、$K_4[Fe(CN)_6]$（0.02 mol·L^{-1}）、酒石酸锑钾（0.5%）、$AlCl_3$（0.01 mol·L^{-1}）、镁试剂、品红溶液、硫的乙醇饱和溶液、KCl（2.5 mol·L^{-1}）、K_2CrO_4（0.1 mol·L^{-1}）、土壤样品、滤纸、活性炭。

【实验内容】

1. 溶胶的制备（保留本实验所得的各种溶胶供下面实验使用）

1）凝聚法

（1）改变溶剂法制备硫溶胶。在盛有 4 mL 蒸馏水的试管中，滴加硫的乙醇饱和溶液，边滴加边振荡，观察所得硫溶胶的颜色。

（2）水解反应制备 $Fe(OH)_3$ 溶胶。取 25 mL 蒸馏水于 100 mL 烧杯中加热至沸，逐滴加入 4 mL 2%的 $FeCl_3$ 溶液并不断搅拌，煮沸 2～4 min，观察溶液颜色变化。

（3）利用复分解反应制备 Sb_2S_3 溶胶。取 20 mL 0.5%酒石酸锑钾溶液于 100 mL 烧杯中，逐滴加入新配制的饱和 H_2S 溶液并不断搅拌，直至溶液变为橙红色为止。

2）分散法制备普鲁士蓝

取 3 mL 2% $FeCl_3$ 溶液注入试管中，加入 1 mL 0.02 mol·L^{-1} 的 $K_4[Fe(CN)_6]$溶液，常压过滤，并以少量的蒸馏水洗涤沉淀，滤液即为普鲁士蓝溶胶。

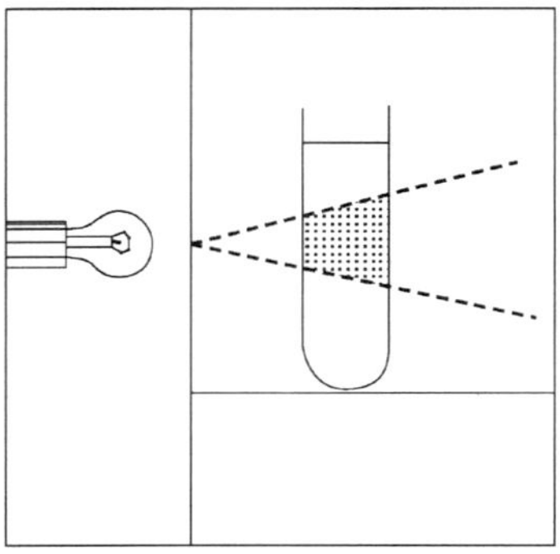

图 2-5　观察丁铎尔效应的装置

2. 溶胶的性质

1）溶胶的光学性质——丁铎尔效应

取自制溶胶分别装入试管中，然后放入丁铎尔效应的装置中（图 2-5），观察丁铎尔效应，并解释所观察到的现象。

2）溶胶的电学性质——电泳（演示）

取一个 U 形管，缓缓地注入三硫化二锑溶胶，保持溶胶的液面相齐，直到液面离管口约 3 cm 处，沿着 U 形管两口的管壁，小心地交替滴入 0.1 mol·L^{-1} 硝酸钾溶液，使它在溶胶上面形成 2 cm 高的无色液柱。硝酸钾溶液和溶胶之间必须保持清晰的界面。在 U 形管的两端分别插入电极，插入的深度约距溶胶界面 1 cm。接通电源，电压调至 30～40 V。20 min 后，观察实验现象并解释之。写出三硫化二锑溶胶的结构式。

以同样的方法将新配制的 $Fe(OH)_3$ 溶胶注入 U 形管中，插入电极，电压调至 110 V，20 min 后，观察现象，写出氢氧化铁溶胶的胶团结构式。

3. 溶胶的聚沉及其保护

1) 电解质对溶胶的聚沉作用

(1) 取三支试管，各加入 2 mL Sb_2S_3 溶胶(自制)，然后分别逐滴加入 0.01 mol·L^{-1} $AlCl_3$ 溶液、0.01 mol·L^{-1} $BaCl_2$ 溶液和 1.0 mol·L^{-1} NaCl 溶液，边加边振荡，直至出现聚沉现象为止，记录溶胶出现聚沉所需的电解质溶液的滴数，并解释之。

(2) 在三支试管中，各加入 2 mL $Fe(OH)_3$ 溶胶，分别滴加 0.01 mol·L^{-1} $K_3[Fe(CN)_6]$溶液、0.01 mol·L^{-1} K_2SO_4 溶液和 2 mol·L^{-1} NaCl 溶液，边滴加边振摇，直至出现聚沉现象。分别记录溶胶出现聚沉时所需电解质溶液的滴数，比较三种电解质的聚沉能力，并解释之。

2) 加热对溶胶的聚沉作用

取 2 mL Sb_2S_3 溶胶于试管中，加热至沸腾，观察颜色变化。静置、冷却后，观察现象，并解释之。

3) 异电荷溶胶的相互聚沉

取一支试管，分别加入 0.5 mL $Fe(OH)_3$ 溶胶和 0.5 mL Sb_2S_3 溶胶，振摇，观察现象，并解释之。

4. 固体在溶液中的吸附作用

1) 分子吸附

在一支试管中加入 10 滴蒸馏水，再加入 1～2 滴品红溶液，溶液呈红色，加入少许活性炭，振荡 2 min 左右，静置(或者过滤)，观察上层清液有无颜色，解释之。

2) 离子交换吸附

在两只 100 mL 锥形瓶中，各加入土样 2.0 g，其中一只加入 10 mL 1.0 mol·L^{-1} NH_4Ac 溶液；另一只锥形瓶中加入 10 mL 蒸馏水。振荡 15 min 左右。静置片刻，使土壤颗粒沉下，用倾析过滤法将溶液过滤于一试管中，滤液作以下检验用。

(1) Ca^{2+}的检验。取两支试管，各加入 5～6 滴上述滤液、2 滴 6 mol·L^{-1} HAc 酸化，微热，加 4 滴 0.5 mol·L^{-1} $(NH_4)_2C_2O_4$ 溶液，观察现象，并解释之。

(2) Mg^{2+}的检验。取两支试管各加入 5～6 滴上述滤液、6 滴 6 mol·L^{-1} NaOH，观察现象；滴加 1～2 滴镁试剂观察现象，比较两个实验现象，并解释之。

【思考题】

(1) 使胶体稳定的因素有哪些？有哪些方法可以破坏胶体的稳定性？

(2) 为使三硫化二锑溶胶聚沉，在 $K_3[Fe(CN)_6]$、K_2SO_4 和 NaCl 三种电解质溶液中，哪一种电解质溶液聚沉能力最强？

(3) 制备胶体有哪些方法？

(4) 试举出日常生活中应用和破坏溶胶的实例。

实验十一　溶液中物质的性质(4 学时)

【实验目的】

(1) 理解水溶液中酸碱平衡、沉淀溶解平衡、配位平衡和氧化还原平衡的基本原理、特点及其移动规律，了解它们之间的相互影响。

(2) 学会配制缓冲溶液并试验其性质。

(3) 掌握酸碱指示剂、pH 试纸的使用方法。

【预备知识】

(1) 液体或者固体试剂的取用、pH 试纸的使用。

(2) 水溶液中酸碱平衡、沉淀溶解平衡、配位平衡、氧化还原平衡的基本原理及其关系。

【实验原理】

水溶液中存在的酸碱平衡、沉淀溶解平衡、配位平衡和氧化还原平衡体系，遵循化学平衡移动的一般规律。

1. 弱电解质的解离平衡

在弱电解质溶液中加入含有相同离子的强电解质，解离平衡将发生移动，使得弱电解质的解离程度减小，解离度降低的现象，称为同离子效应。

弱酸及其共轭碱(或弱碱及其共轭酸)所组成的溶液，能够抵抗外加少量强酸、强碱或适当稀释，保持溶液 pH 基本不变，这种溶液称为缓冲溶液。

2. 难溶电解质的沉淀溶解平衡

溶液中沉淀的生成或溶解可以根据溶度积规则判断。当在难溶电解质的溶液中加入强电解质或酸、碱、氧化(还原)剂、配位剂，沉淀溶解平衡发生移动，有沉淀生成或溶解。

3. 配合物与配位平衡

配离子 $K_f^{\ominus}$ 越大，配离子越稳定。在配离子溶液中加入沉淀剂，或其他配位剂，或改变溶液的酸度等，都将使配位平衡发生移动。

由金属离子和多基配体形成的螯合物具有较高的稳定性。一些金属离子在一定条件下能与特定的螯合剂作用生成具有特征颜色的螯合物，这类反应常用于一些金属离子的鉴定。例如，Ni^{2+}在 $NH_3 \cdot H_2O$ 碱性介质中与二乙酰二肟(或称丁二酮肟)反应，生成玫瑰红色螯合物沉淀［式(2-44)］。

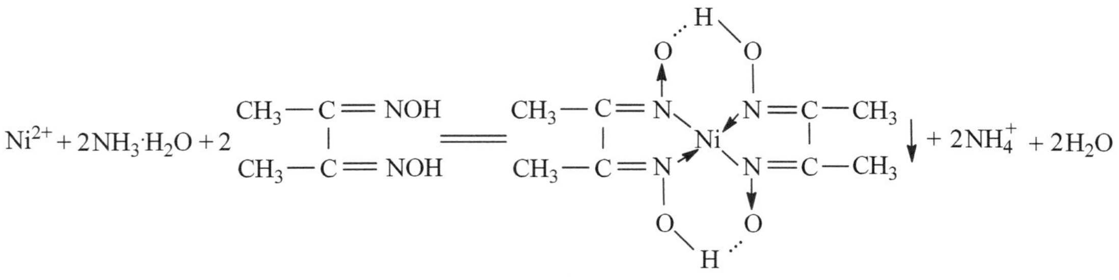

(2-44)

4. 电极电势与氧化还原平衡

氧化还原反应的本质是氧化剂和还原剂之间发生电子的转移。物质得失电子的能力可用其所对应电对的电极电势φ的相对高低来衡量。当$\varphi(+) > \varphi(-)$，氧化还原反应可以正向进行，即φ值较大的电对的氧化型物质可以与φ值较小的电对的还原型物质发生自发的氧化还原反应。

介质的酸碱度对一些氧化还原反应的方向及反应产物有很大影响，特别是有含氧酸根参加的反应。当氧化还原反应的两个电对的电极电势值相差不大时，离子浓度或溶液酸度的变化有可能引起反应方向的改变。

【仪器和试剂】

仪器：试管、试管架、试管夹、点滴板、量筒(10 mL)、滴管、酒精灯。

试剂和其他用品：氨水(0.1 $mol·L^{-1}$、2 $mol·L^{-1}$、6 $mol·L^{-1}$)、HAc(0.1 $mol·L^{-1}$)、NH_4Ac(s，A.R.)、NH_4Cl(s，A.R.)、NaAc(0.1 $mol·L^{-1}$)、HCl(0.1 $mol·L^{-1}$、6 $mol·L^{-1}$)、NaOH(0.1 $mol·L^{-1}$、2 $mol·L^{-1}$、6 $mol·L^{-1}$)、NaCl(0.1 $mol·L^{-1}$、1 $mol·L^{-1}$)、$Fe(NO_3)_3$(0.1 $mol·L^{-1}$)、$Al_2(SO_4)_3$(0.1 $mol·L^{-1}$)、Na_2CO_3(0.1 $mol·L^{-1}$)、K_2CrO_4(0.1 $mol·L^{-1}$)、$AgNO_3$(0.1 $mol·L^{-1}$)、$MgCl_2$(0.1 $mol·L^{-1}$)、$Pb(NO_3)_2$(0.1 $mol·L^{-1}$)、KI(0.1 $mol·L^{-1}$)、$CuSO_4$(0.1 $mol·L^{-1}$)、饱和$(NH_4)_2C_2O_4$、H_2SO_4(1 $mol·L^{-1}$、3 $mol·L^{-1}$)、CCl_4、$FeCl_3$(0.1 $mol·L^{-1}$)、$K_3[Fe(CN)_6]$(0.1 $mol·L^{-1}$)、KSCN(0.1 $mol·L^{-1}$)、Na_2S(0.1 $mol·L^{-1}$)、EDTA(0.1 $mol·L^{-1}$)、NH_4F(4 $mol·L^{-1}$)、KBr(0.1 $mol·L^{-1}$)、$Na_2S_2O_3$(0.5 $mol·L^{-1}$)、$Ni(NO_3)_2$(0.1 $mol·L^{-1}$)、丁二酮肟(1%)、$SnCl_2$(0.2 $mol·L^{-1}$)、$KMnO_4$(0.01 $mol·L^{-1}$)、H_2O_2(10%)、Na_2SO_3(0.1 $mol·L^{-1}$)、Na_3AsO_4(0.05 $mol·L^{-1}$)、淀粉(1%)、酚酞指示剂、甲基橙指示剂、pH 试纸。

【实验内容】

1. 弱电解质的解离平衡

1) 同离子效应

(1) 取一支试管，加入 1 mL 0.1 $mol·L^{-1}$ 氨水和 1 滴酚酞指示剂，摇匀，观察溶液的颜色。然后再加入少量 NH_4Ac 固体，振摇使其溶解，观察溶液颜色的变化，说明原因。

(2) 另取一支小试管，加入 1 mL 0.1 $mol·L^{-1}$ HAc 溶液和 1 滴甲基橙指示剂，摇匀，观察溶液颜色。然后加入少量 NH_4Ac 固体，振摇使其溶解，观察溶液颜色的变化，说明原因。

2) 缓冲溶液

(1) 取三支试管，各加入 2 mL 蒸馏水。其中一支不加试剂，另外两支分别加入 2 滴 0.1 $mol·L^{-1}$ HCl、2 滴 0.1 $mol·L^{-1}$ NaOH 溶液，用 pH 试纸测定它们的 pH。

(2) 取一支试管，加入 3 mL 0.1 $mol·L^{-1}$ HAc 和 3 mL 0.1 $mol·L^{-1}$ NaAc 溶液，配成 HAc-NaAc 缓冲溶液，测定其 pH。将此溶液分别盛于三支试管中，分别加入 0.1 $mol·L^{-1}$ HCl、0.1 $mol·L^{-1}$ NaOH 和 H_2O 各 2 滴，测定它们的 pH。与上面实验结果进行比较，说明缓冲溶液的缓冲性能。

3) 解离平衡及其移动

(1) 在点滴板孔穴中分别加入浓度均为 0.1 $mol·L^{-1}$ 的 NaCl、NaAc、$Fe(NO_3)_3$、$Al_2(SO_4)_3$，用 pH 试纸试验它们的酸碱性。

(2) 在两支试管中各加入 2 mL 蒸馏水和 1 滴 0.1 $mol·L^{-1}$ $Fe(NO_3)_3$ 溶液，摇匀。将其中一支试管用小火加热，观察溶液颜色变化。写出反应方程并解释实验现象。

(3) 取一支试管，加入 1 mL 0.1 $mol·L^{-1}$ $Al_2(SO_4)_3$ 溶液和 1 mL 0.1 $mol·L^{-1}$ Na_2CO_3 溶液，摇匀。有何现象？写出反应方程。

2. 沉淀溶解平衡

(1) 在两支试管中分别加入 5 滴 0.1 $mol·L^{-1}$ K_2CrO_4 溶液和 5 滴 0.1 $mol·L^{-1}$ NaCl 溶液，然

后各加入 2 滴 0.1 $mol\cdot L^{-1}$ $AgNO_3$ 溶液，观察沉淀的生成和颜色。

(2) 在一支试管中加入 2 滴 0.1 $mol\cdot L^{-1}$ K_2CrO_4 溶液、2 滴 0.1 $mol\cdot L^{-1}$ NaCl 溶液和 2 mL 蒸馏水，摇匀。然后边振摇边滴加 0.1 $mol\cdot L^{-1}$ $AgNO_3$ 溶液，仔细观察沉淀的生成，解释现象。

(3) 在一支试管中加入 1 mL 0.1 $mol\cdot L^{-1}$ $MgCl_2$ 溶液，滴加数滴 2 $mol\cdot L^{-1}$ 氨水，观察沉淀的生成。然后向此溶液中加入少量 NH_4Cl 固体，振摇，观察沉淀是否溶解。解释现象。

(4) 在一支试管中加入 5 滴 0.1 $mol\cdot L^{-1}$ $Pb(NO_3)_2$ 溶液和 5 滴 1 $mol\cdot L^{-1}$ NaCl 溶液，观察沉淀的颜色。将试管静置、沉降，弃去上层清液，然后逐滴加入 0.1 $mol\cdot L^{-1}$ KI 溶液，振摇，观察沉淀颜色的变化。写出反应方程。

3. 配合物与配位平衡

1) 配离子的制备

在盛有 2 mL 0.1 $mol\cdot L^{-1}$ $CuSO_4$ 溶液的试管中逐滴加入 2 $mol\cdot L^{-1}$ 氨水，直至生成的沉淀溶解。观察沉淀和溶液的颜色变化。写出反应方程。保留此溶液供下面实验使用。

2) 配离子与简单离子的区别

(1) 在点滴板的两个孔穴中分别加入 2 滴 0.1 $mol\cdot L^{-1}$ $FeCl_3$ 溶液和 2 滴 0.1 $mol\cdot L^{-1}$ $K_3[Fe(CN)_6]$ 溶液，然后各加入 1 滴 2 $mol\cdot L^{-1}$ NaOH 溶液，有何现象？解释原因。

(2) 取两支试管，各加入 5 滴 0.1 $mol\cdot L^{-1}$ $FeCl_3$ 溶液，其中一支加入 5 滴 4 $mol\cdot L^{-1}$ NH_4F 溶液，然后在两支试管中再各加入 4 滴 0.1 $mol\cdot L^{-1}$ KI 溶液和 15 滴 CCl_4，振摇，观察并比较二者 CCl_4 层的颜色，解释现象。

3) 配位平衡及平衡的移动

(1) 在点滴板一孔穴中加入 2 滴 0.1 $mol\cdot L^{-1}$ $FeCl_3$ 溶液和 1 滴 0.1 $mol\cdot L^{-1}$ KSCN 溶液，有何现象？然后再逐滴加入饱和 $(NH_4)_2C_2O_4$ 溶液，观察溶液颜色有何变化？写出有关反应方程。

(2) 将上面实验制得的 $[Cu(NH_3)_4]SO_4$ 溶液分装于三支试管中，分别加入 2 滴 0.1 $mol\cdot L^{-1}$ Na_2S 溶液、4 滴 0.1 $mol\cdot L^{-1}$ EDTA 及数滴 1 $mol\cdot L^{-1}$ H_2SO_4 溶液，观察沉淀的形成和溶液颜色的变化。写出反应方程。

(3) 在试管中加入 2 滴 0.1 $mol\cdot L^{-1}$ $AgNO_3$ 溶液和 2 滴 0.1 $mol\cdot L^{-1}$ NaCl 溶液，有无沉淀生成？再加入 4 滴 6 $mol\cdot L^{-1}$ 氨水，振摇，有何现象？再加入 2 滴 0.1 $mol\cdot L^{-1}$ KBr 溶液，有无变化？然后加 4~5 滴 0.5 $mol\cdot L^{-1}$ $Na_2S_2O_3$ 溶液，观察现象。再加入 2 滴 0.1 $mol\cdot L^{-1}$ KI 溶液，又有什么变化？根据难溶物的溶度积和配离子的稳定常数解释上述现象，写出有关离子反应方程。

4) 螯合物的形成

在点滴板孔穴中加入 1 滴 0.1 $mol\cdot L^{-1}$ $Ni(NO_3)_2$ 溶液、1 滴 6 $mol\cdot L^{-1}$ 氨水和 1 滴 1%丁二酮肟溶液，观察现象。

4. 电极电势与氧化还原平衡

1) 氧化还原与电极电势

在试管中加入 5 滴 0.1 $mol\cdot L^{-1}$ $FeCl_3$ 溶液，再逐滴加入 0.2 $mol\cdot L^{-1}$ $SnCl_2$ 溶液，边滴加边振摇，直至溶液黄色褪去。然后逐滴加入 4~5 滴 10% H_2O_2，观察溶液颜色的变化。写出有关离子反应方程，并判断各电对电极电势的高低。

2) H_2O_2 的氧化性和还原性

(1) 在试管中加入 2 滴 0.1 $mol\cdot L^{-1}$ KI 溶液和 3 滴 3 $mol\cdot L^{-1}$ H_2SO_4 溶液，再加入 2～3 滴

10% H_2O_2，观察溶液颜色的变化。然后加入 10 滴 CCl_4 振摇，观察 CCl_4 层的颜色，解释之。

(2) 在试管中加入 5 滴 0.01 mol·L^{-1} $KMnO_4$ 溶液和 5 滴 3 mol·L^{-1} H_2SO_4 溶液，然后逐滴加入 10% H_2O_2，直至紫色消失。观察是否产生气泡。写出离子方程。

3) 介质对氧化还原反应方向的影响

在试管中加入 10 滴 0.05 mol·L^{-1} Na_3AsO_4 溶液、3 滴 0.1 mol·L^{-1} KI 溶液和 1 滴 1%淀粉溶液，观察溶液的颜色，有无 I_2 生成？加入 4 滴 6 mol·L^{-1} HCl 溶液，振摇，观察溶液颜色的变化，此时生成什么物质？然后逐滴加入 6 mol·L^{-1} NaOH 溶液至溶液褪色，若再逐滴加入 6 mol·L^{-1} HCl 溶液，溶液又会变成什么颜色？解释反应方向改变的原因。反应式为

$$H_3AsO_4 + 2I^- + 2H^+ \underset{\text{低酸度}}{\overset{\text{高酸度}}{\rightleftharpoons}} H_3AsO_3 + I_2 + H_2O \tag{2-45}$$

4) 介质对氧化还原反应产物的影响

取三支试管，各加入 1 滴 0.01 mol·L^{-1} $KMnO_4$ 溶液，在第一支试管中加入 4 滴 3 mol·L^{-1} H_2SO_4 溶液，在第二支试管中加入 4 滴 6 mol·L^{-1} NaOH 溶液，然后在三支试管中各加入 10~15 滴 0.1 mol·L^{-1} Na_2SO_3 溶液，摇匀。观察各试管有何变化，写出各反应的离子方程式。

【思考题】

(1) 什么是同离子效应？什么是盐效应？在氨水溶液中，分别加入下列各物质后，则氨的解离度 α 及溶液的 pH 如何变化？①NH_4Cl(s)；②H_2O(l)；③NaCl(s)；④NaOH(s)。

(2) 在不同介质中 $KMnO_4$ 的还原产物是什么？在何种介质中 $KMnO_4$ 的氧化性最强？

(3) 将铜片插入盛有 0.1 mol·L^{-1} $CuSO_4$ 溶液的烧杯中，银片插入盛有 0.1 mol·L^{-1} $AgNO_3$ 溶液的烧杯中，若加氨水于 $CuSO_4$ 溶液中，电池电动势如何变化？若加氨水于 $AgNO_3$ 溶液中，情况又如何？

(4) 总结实验中的现象，说明哪些因素影响化学平衡的移动。

实验十二　常见阴离子和阳离子的鉴定(4 学时)

【实验目的】

(1) 熟悉常见阴离子和阳离子的个别鉴定方法。

(2) 掌握定性实验的基本操作。

【预备知识】

(1) 常见阴离子和阳离子的性质。

(2) 点滴板的使用。

【实验原理】

离子鉴定就是根据发生化学反应的现象确定某种离子或元素存在与否。离子鉴定反应大多是在水溶液中进行的，用于离子鉴定的反应一般要求反应条件温和、反应速率快、操作简便并具有明显的反应现象(如溶液颜色的改变、沉淀的生成或溶解、气体的产生等)。另外还要求反应具有较高的反应灵敏性和较好的选择性。

【仪器和试剂】

仪器：试管、试管架、烧杯、表面皿、玻璃棒、胶头滴管、点滴板、pH 试纸、离心试管、酒精灯、离心机。

试剂和其他用品：Na_2S（0.1 $mol·L^{-1}$）、NaOH（2 $mol·L^{-1}$、6 $mol·L^{-1}$）、$Na_2[Fe(CN)_5NO]$（1%）、$Na_2S_2O_3$（0.1 $mol·L^{-1}$）、$AgNO_3$（0.1 $mol·L^{-1}$）、Na_2SO_3（0.1 $mol·L^{-1}$）、H_2SO_4（1 $mol·L^{-1}$、2 $mol·L^{-1}$、浓）、$KMnO_4$（0.01 $mol·L^{-1}$、0.1 $mol·L^{-1}$）、Na_2SO_4（0.1 $mol·L^{-1}$）、$BaCl_2$（0.2 $mol·L^{-1}$）、HCl（2 $mol·L^{-1}$、6 $mol·L^{-1}$）、Na_2CO_3（0.1 $mol·L^{-1}$）、$Na_2C_2O_4$（0.1 $mol·L^{-1}$）、$Ba(OH)_2$（0.1 $mol·L^{-1}$）、Na_3PO_4（0.1 $mol·L^{-1}$）、$(NH_4)_2MoO_4$（3%）、HNO_3（3 $mol·L^{-1}$、6 $mol·L^{-1}$、浓）、$NaNO_3$（0.1 $mol·L^{-1}$）、HAc（2 $mol·L^{-1}$、6 $mol·L^{-1}$）、CCl_4、KI（1$mol·L^{-1}$）、$FeSO_4$、NaCl（0.1 $mol·L^{-1}$）、$NH_3·H_2O$（0.1 $mol·L^{-1}$、2 $mol·L^{-1}$、6 $mol·L^{-1}$）、KBr（0.1 $mol·L^{-1}$）、KI（0.1 $mol·L^{-1}$）、$Na_3[Co(NO_2)_6]$（饱和）、NH_4NO_3（0.1 $mol·L^{-1}$）、$MgCl_2$（0.1 $mol·L^{-1}$）、Na_2HPO_4（0.1 $mol·L^{-1}$）、$CuCl_2$（0.1 $mol·L^{-1}$）、$K_4[Fe(CN)_6]$（0.1 $mol·L^{-1}$）、$Pb(NO_3)_2$（0.1 $mol·L^{-1}$）、K_2CrO_4（0.5 $mol·L^{-1}$）、$(NH_4)_2C_2O_4$（饱和）、$CaCl_2$（0.1 $mol·L^{-1}$）、KSCN（1 $mol·L^{-1}$）、NH_4F（1 $mol·L^{-1}$）、$FeCl_3$（0.1 $mol·L^{-1}$）、$NaBiO_3$(s)、$MnCl_2$（0.1 $mol·L^{-1}$）、$NiCl_2$（0.1 $mol·L^{-1}$）、$AlCl_3$（0.1 $mol·L^{-1}$）、$CrCl_3$（0.1 $mol·L^{-1}$）、NaAc（3 $mol·L^{-1}$）、丁二酮肟（1%）、戊醇、NH_4SCN（饱和）、乙醚、H_2O_2（3%）、铝试剂、碘-淀粉溶液、氯水、对氨基苯磺酸、α-萘胺、二苯胺、乙酸铀酰锌、奈斯勒试剂、镁试剂、$Pb(Ac)_2$ 试纸、红色石蕊试纸。

【实验内容】

1. 常见阴离子的个别鉴定

（1）S^{2-}的鉴定。

方法一　取 1 滴 0.1 $mol·L^{-1}$ Na_2S 溶液于点滴板上，加 1 滴 2 $mol·L^{-1}$ NaOH 溶液，再加 1 滴 1% $Na_2[Fe(CN)_5NO]$溶液，若溶液变成紫色，表示有 S^{2-}存在。

方法二　取 5 滴 0.1 $mol·L^{-1}$ Na_2S 溶液于试管中，加数滴 2 $mol·L^{-1}$ HCl 溶液，若产生的气体使 $Pb(Ac)_2$ 试纸变黑，则表示有 S^{2-}存在。

（2）$S_2O_3^{2-}$ 的鉴定。取 2 滴 0.1 $mol·L^{-1}$ $Na_2S_2O_3$ 溶液于试管中，加 4～5 滴 0.1 $mol·L^{-1}$ $AgNO_3$ 溶液，振荡试管，生成白色沉淀，如果沉淀颜色迅速变为黄色、棕色，最后变为黑色，表示有 $S_2O_3^{2-}$ 存在。

（3）SO_3^{2-} 的鉴定。

方法一　取 2 滴 0.1 $mol·L^{-1}$ Na_2SO_3 溶液于试管中，加 1 滴 2 $mol·L^{-1}$ H_2SO_4 溶液和 1 滴碘-淀粉溶液，若蓝色消失，表示有 SO_3^{2-} 存在。

方法二　取 5 滴 0.1 $mol·L^{-1}$ Na_2SO_3 溶液于试管中，加入 1 滴 2 $mol·L^{-1}$ H_2SO_4 溶液，迅速加入 1 滴 0.1 $mol·L^{-1}$ $KMnO_4$ 溶液，若紫色消失，表示有 SO_3^{2-} 存在。

（4）SO_4^{2-} 的鉴定。取 5 滴 0.1 $mol·L^{-1}$ Na_2SO_4 溶液于试管中，加 1 滴 0.2 $mol·L^{-1}$ $BaCl_2$ 溶液，观察是否有沉淀生成。若有沉淀生成，再加入几滴 6 $mol·L^{-1}$ HCl 溶液，若沉淀不溶解，表示有 SO_4^{2-} 存在。

（5）CO_3^{2-} 的鉴定。取 10 滴 0.1 $mol·L^{-1}$ Na_2CO_3 溶液于试管中，加 5 滴 6 $mol·L^{-1}$ HCl 溶液，有气泡生成，表示 CO_3^{2-} 可能存在，将生成的气体导入另一装有 0.1 $mol·L^{-1}$ $Ba(OH)_2$ 溶液的试

管中，若生成白色沉淀，表示有 CO_3^{2-} 存在。

(6) $C_2O_4^{2-}$ 的鉴定。取 5 滴 0.1 mol·L^{-1} $Na_2C_2O_4$ 溶液于试管中，加热至 60～70 ℃，加 2 滴 1 mol·L^{-1} H_2SO_4 溶液和 1 滴 0.01 mol·L^{-1} $KMnO_4$ 溶液，混合后 $KMnO_4$ 紫色褪去，并有 CO_2 产生，表示有 $C_2O_4^{2-}$ 存在。

(7) PO_4^{3-} 的鉴定。取 2 滴 0.1 mol·L^{-1} Na_3PO_4 溶液于试管中，加 3 滴浓 HNO_3，再加 8 滴 3% $(NH_4)_2MoO_4$ 溶液，在水浴上微热至 40～60 ℃，若有黄色沉淀生成，表示有 PO_4^{3-} 存在。

(8) NO_2^- 的鉴定。

方法一 取 2 滴 0.1 mol·L^{-1} $NaNO_2$ 溶液于试管中，加 1 滴 2 mol·L^{-1} H_2SO_4 酸化，再加几滴 CCl_4 和 1～2 滴 1 mol·L^{-1} KI 溶液，振荡试管，若 CCl_4 层显紫色，表示有 NO_2^- 存在。

方法二 取 1 滴 0.1 mol·L^{-1} $NaNO_2$ 溶液于点滴板上，加 2 滴 6 mol·L^{-1} HAc 溶液酸化，再加入 1 滴对氨基苯磺酸和 1 滴 *α*-萘胺，若溶液变成红色，表示有 NO_2^- 存在。

(9) NO_3^- 的鉴定。

方法一 NO_2^- 不存在时，在点滴板上滴加 2 滴二苯胺的浓硫酸溶液，再滴加 1～2 滴 0.1 mol·L^{-1} $NaNO_3$ 溶液，出现深蓝色，表示有 NO_3^- 存在。

方法二 取 2 滴 0.1 mol·L^{-1} Na_2NO_3 溶液于点滴板上，在溶液中央放入 1 粒 $FeSO_4$ 晶体，在晶体上加 1 滴浓硫酸，若晶体周围有棕色出现，表示有 NO_3^- 存在。

(10) Cl^-的鉴定。取 5 滴 0.1 mol·L^{-1} NaCl 溶液于离心试管中，加 1 滴 6 mol·L^{-1} HNO_3 溶液，振荡试管，再加 5 滴 0.1 mol·L^{-1} $AgNO_3$ 溶液，观察沉淀的颜色。离心沉降后，弃去清液，并在沉淀中加入数滴 6 mol·L^{-1} 氨水，振荡后，观察沉淀溶解，然后再加 6 mol·L^{-1} HNO_3 溶液，又有白色沉淀析出，表示有 Cl^-存在。

(11) Br^-的鉴定。取 2 滴 0.1 mol·L^{-1} KBr 溶液于试管中，加 1 滴 1 mol·L^{-1} H_2SO_4 溶液和 5 滴 CCl_4，然后加入氯水，边加边摇，若 CCl_4 层出现棕色或黄色，表示有 Br^-存在。

(12) I^-的鉴定。取 2 滴 0.1 mol·L^{-1} KI 溶液于试管中，加 1 滴 1 mol·L^{-1} H_2SO_4 溶液和 5 滴 CCl_4，然后加入氯水，边加边摇，若 CCl_4 层出现紫色，再加氯水，紫色褪去，变成无色，表示有 I^-存在。

2. 常见阳离子的个别鉴定

(1) NH_4^+ 的鉴定。

方法一 取 2 滴 0.1 mol·L^{-1} NH_4NO_3 溶液加到一块表面皿的中心位置，再加 4～5 滴 6 mol·L^{-1} NaOH 溶液，另取一块表面皿贴上红色石蕊试纸，然后将两块表面皿扣在一起做成气室，若红色石蕊试纸变蓝，表示有 NH_4^+ 存在。

方法二 取 1 滴 0.1 mol·L^{-1} NH_4NO_3 溶液于点滴板上，加 1 滴奈斯勒试剂，若有红棕色沉淀生成，表示有 NH_4^+ 存在。

(2) K^+的鉴定。取 3～4 滴 0.1 mol·L^{-1} KCl 溶液于试管中，加 1～2 滴 6 mol·L^{-1} HAc 溶液酸化，再加入 4～5 滴饱和 $Na_3[Co(NO_2)_6]$溶液，用玻璃棒搅拌，并摩擦试管内壁，片刻后，若出现黄色沉淀，表示有 K^+存在。

(3) Na^+的鉴定。取 3～4 滴 0.1 mol·L^{-1} NaCl 溶液于试管中，加 1 滴 6 mol·L^{-1} HAc 溶液及 7～8 滴乙酸铀酰锌溶液，用玻璃棒摩擦试管内壁，若有黄色晶体出现，表示有 Na^+存在。

(4) Ca^{2+}的鉴定。取 2 滴 0.1 mol·L^{-1} $CaCl_2$ 溶液于试管中，加 2 滴 2 mol·L^{-1} HAc 溶液，再

加入饱和$(NH_4)_2C_2O_4$溶液，有白色沉淀生成，加 2 mol·L^{-1} HAc 溶液沉淀不溶，再加 2 mol·L^{-1} HCl 溶液沉淀溶解，则表示有Ca^{2+}存在。

(5) Mg^{2+}的鉴定。

方法一　取 1 滴 0.1 mol·L^{-1} $MgCl_2$溶液于试管中，加 6 mol·L^{-1} NaOH 溶液及镁试剂各 1～2 滴，振荡试管，若有天蓝色沉淀生成，表示有Mg^{2+}存在。

方法二　取 3 滴 0.1 mol·L^{-1} $MgCl_2$溶液于试管中，加 1 滴 2 mol·L^{-1} HCl 溶液和 6 滴 0.1 mol·L^{-1} Na_2HPO_4溶液，再滴加 2 mol·L^{-1}氨水，若有白色沉淀生成，表示有Mg^{2+}存在。

(6) Al^{3+}的鉴定。取 3 滴 0.1 mol·L^{-1} $AlCl_3$溶液于试管中，加 3 滴 3 mol·L^{-1} NaAc 溶液和 2 滴铝试剂溶液，振荡试管，沸水浴加热 1～2 min，若有红色絮状沉淀生成，表示有Al^{3+}存在。

(7) Pb^{2+}的鉴定。取 2 滴 0.1 mol·L^{-1} $Pb(NO_3)_2$溶液于点滴板上，加 2 滴 2 mol·L^{-1} HAc 溶液和 2 滴 0.5 mol·L^{-1} K_2CrO_4溶液，如有黄色沉淀生成，表示有Pb^{2+}存在。

(8) Fe^{3+}的鉴定。取 1 滴 0.1 mol·L^{-1} $FeCl_3$溶液于点滴板上，加 1 滴 1 mol·L^{-1} KSCN 溶液，出现血红色，加 1 mol·L^{-1} NH_4F溶液，血红色褪去，表示有Fe^{3+}存在。

(9) Mn^{2+}的鉴定。取 1 滴 0.1 mol·L^{-1} $MnCl_2$溶液于点滴板上，加 2 滴 3 mol·L^{-1} HNO_3溶液及$NaBiO_3$固体，搅拌后出现紫红色，表示有Mn^{2+}存在。

(10) Ni^{2+}的鉴定。取 5 滴 0.1 mol·L^{-1} $NiCl_2$溶液于离心试管中，加 1 滴 6 mol·L^{-1} $NH_3·H_2O$溶液至呈弱碱性，离心分离，往上层清液中加入 2 滴 1%丁二酮肟，若有桃红色沉淀生成，表示有Ni^{2+}存在。

(11) Co^{2+}的鉴定。取 5 滴 0.1 mol·L^{-1} $CoCl_2$溶液于试管中，加少量 1 mol·L^{-1} NH_4F溶液，再加少量戊醇，最后再加饱和的NH_4SCN溶液，戊醇层呈蓝色，表示有Co^{2+}存在。

(12) Cr^{3+}的鉴定。取 2 滴 0.1 mol·L^{-1} $CrCl_3$溶液于试管中，加 2 滴乙醚，滴加浓硝酸酸化，再加 2～3 滴 3%的H_2O_2，振荡试管，乙醚层出现蓝色，表示有Cr^{3+}存在。

(13) Cu^{2+}的鉴定。取 2 滴 0.1 mol·L^{-1} $CuCl_2$溶液于点滴板上，加 2 mol·L^{-1}氨水至呈深蓝色，再加 6 mol·L^{-1} HAc 溶液酸化(蓝色减褪)，最后加 1 滴 0.1 mol·L^{-1} $K_4[Fe(CN)_6]$溶液，若有红棕色沉淀生成，表示有Cu^{2+}存在。

(14) Ag^{+}的鉴定。取 2 滴 0.1 mol·L^{-1} $AgNO_3$溶液于试管中，加 1 滴 2 mol·L^{-1} HCl 溶液，有白色沉淀生成，再滴加 6 mol·L^{-1}氨水，振荡试管，若沉淀溶解，再加 3 mol·L^{-1} HNO_3溶液，沉淀重新出现，表示有Ag^{+}存在。

【思考题】

(1) 氯能从含碘离子的溶液中取代碘，碘能从氯酸钾溶液中取代氯，这两个实验有无矛盾？

(2) 长久放置的硫化氢、硫化钠及亚硫酸钠水溶液会发生什么变化？为什么？

(3) 设计实验方案分离和鉴定混合溶液中的Ag^{+}、Pb^{2+}、Cu^{2+}、Fe^{3+}、Na^{+}。

要求：①写出分离的图示步骤；②记录实验现象，写出相关的反应方程；③保留分离的实验样品，以备检查。

实验十三　酸碱标准溶液的配制和浓度的比较(4 学时)

【实验目的】

(1) 练习滴定操作，初步掌握滴定终点的判断方法。

(2) 练习酸碱标准溶液的配制和浓度的比较。
(3) 熟悉甲基橙指示剂的使用和终点颜色的变化。
(4) 初步掌握酸碱指示剂的选择方法。

【预备知识】

(1) 滴定分析的基本操作。
(2) 滴定分析对化学反应的要求有哪些？
(3) 标准溶液的配制方法有哪些？应如何配制？
(4) 酸碱滴定中选择指示剂的原则是什么？

【实验原理】

NaOH 容易吸收空气中的水蒸气及 CO_2，盐酸则易挥发释放 HCl 气体，故它们都不能用直接法配制标准溶液，只能用间接法配制，然后用基准物质或已知准确浓度的标准溶液标定其准确浓度。

酸碱反应达到理论终点时，$c_1V_1=c_2V_2$，在误差允许的情况下，根据酸碱溶液的体积比，只要标定其中任意一种溶液浓度，即可计算另一溶液的准确浓度。

【仪器和试剂】

仪器：玻璃塞细口试剂瓶(500 mL)、橡皮塞细口试剂瓶(500 mL)、锥形瓶(250 mL)、烧杯(50 mL、100 mL)、量筒(10 mL、500 mL)、电子天平(0.01 g)、酸式滴定管(50 mL)、碱式滴定管(50 mL)。

试剂和其他用品：NaOH(s，A.R.)、HCl(1∶1，体积比)、甲基橙(0.2%水溶液)、酚酞(0.2%乙醇溶液)。

【实验内容】

1. 配制 0.1 mol·L^{-1} HCl 溶液和 0.1 mol·L^{-1} NaOH 溶液

通过计算求出配制 250 mL 0.1 mol·L^{-1} HCl 溶液所需 1∶1 盐酸溶液(约 6 mol·L^{-1})的体积。然后，用小量筒量取相应体积的 1∶1 盐酸，倒入小烧杯中，用已量取的约 40 mL 蒸馏水稀释 HCl，转移至细口试剂瓶中，用剩余的蒸馏水洗涤 2～3 次，一并转入玻璃塞细口试剂瓶中，充分摇匀。

同样，通过计算求出配制 250 mL 0.1 mol·L^{-1} NaOH 溶液所需 NaOH 的质量，在电子天平上用烧杯称出所需质量的 NaOH，用已量取的 250 mL 水倒入小烧杯中使之溶解，转移至细口试剂瓶中，用剩余的水洗涤 2～3 次，一并转入橡皮塞细口试剂瓶中，充分摇匀备用。配制完毕后需贴上标签，注明试剂名称、浓度、配制日期、专业、姓名。

2. NaOH 溶液与 HCl 溶液的浓度比较

按照要求洗净酸碱滴定管各一支(先检查是否漏水)。先用纯水润洗滴定管 2～3 次，每次用纯水 5～10 mL。然后用配制好的盐酸标准溶液润洗酸式滴定管 2～3 次，每次用 5～10 mL；再于管内装满该酸溶液。用配制好的 NaOH 标准溶液润洗碱式滴定管 2～3 次，每次用 5～10 mL；再于管内装满该碱溶液。然后排出两滴定管尖嘴气泡，分别将两滴定管液面调节至 0.00 刻度，或零刻度稍下处，静置 1 min，精确读数(准确到 0.01 mL)，并记录在实验原始记录本上。

取 250 mL 锥形瓶一只，洗净后放在碱式滴定管下，以 10 mL·min^{-1} 的速度放出不少于 20 mL NaOH 溶液于锥形瓶中，加入 1～2 滴甲基橙指示剂，用 0.1 mol·L^{-1} HCl 滴定。滴定时不停地旋转摇动锥形瓶，直到加入 1 滴或半滴 HCl 溶液后，溶液颜色由黄色变为橙色；然后加入 1～2 滴 0.1 mol·L^{-1} NaOH 溶液，溶液又由橙色变为黄色。再由酸式滴定管加 1～2 滴 0.1 mol·L^{-1} HCl，使溶液由黄色变为橙色，如此反复练习滴定操作和观察滴定终点。读准最后所用的 HCl 和 NaOH 溶液的体积，计算它们的体积比[V(NaOH)/V(HCl)]。如此平行滴定 3 次，计算平均结果和相对平均偏差($\bar{d}_r$)。要求 $\bar{d}_r$ ≤0.5%。

【数据处理】

序号	I	II	III
HCl 的初读数 V_0/mL			
HCl 的终读数 V_e/mL			
V(HCl)/mL			
NaOH 的初读数 V_0/mL			
NaOH 的终读数 V_e/mL			
V(NaOH)/mL			
V(NaOH)/V(HCl)			
V(NaOH)/V(HCl) 平均值			
偏差			
相对平均偏差			

【思考题】

(1) 滴定管在装满标准溶液前为什么要用此溶液润洗 2～3 次？用于滴定的锥形瓶或烧杯是否需要干燥？是否需要用标准溶液润洗？

(2) 配制 HCl 溶液或 NaOH 溶液用的蒸馏水体积是否需要准确量取？为什么？

(3) 每次滴定完成后，为什么要将标准溶液加至滴定管零刻度附近，然后再进行下一次滴定？

(4) 从滴定管放出溶液时，为什么速度不能过快？将滴定管装满溶液时或放出溶液后，为什么要静置 1～2 min 后再读数？

实验十四　盐酸标准溶液的标定(4 学时)

【实验目的】

(1) 学习以 Na_2CO_3 作基准物质标定 HCl 溶液的原理及方法。

(2) 进一步练习滴定操作。

【预备知识】

(1) 什么是基准物质？基准物质应具备哪些条件？

(2) 标准溶液的配制方法有哪些？应如何配制？

【实验原理】

浓 HCl 具有挥发性，因此其标准溶液应该用间接法配制。用来标定 HCl 溶液的基准物质有无水 Na_2CO_3 和 $Na_2B_4O_7·10H_2O$。

采用无水 Na_2CO_3 为基准物质标定时，可用甲基红、甲基橙作指示剂。

滴定反应为

$$2HCl+Na_2CO_3 = 2NaCl+CO_2\uparrow+H_2O \tag{2-46}$$

【仪器和试剂】

仪器：电子天平(0.0001 g)、烧杯(100 mL、500 mL)、滴定管(50 mL)、锥形瓶(250 mL)、试剂瓶(500 mL)。

试剂和其他用品：HCl(1∶1，体积比)溶液、无水 Na_2CO_3(s，A.R.)、甲基橙(0.2%水溶液)。

【实验内容】

1. 0.2 $mol·L^{-1}$ HCl 溶液的配制

通过计算求出配制 250 mL 0.2 $mol·L^{-1}$ HCl 溶液所需 1∶1 盐酸溶液(约 6 $mol·L^{-1}$)的体积。然后用小量筒量取此体积的盐酸溶液，加入蒸馏水中，并稀释至 250 mL，储于玻璃塞细口试剂瓶中，充分摇匀。

配制完毕后需立即贴上标签，注明试剂名称、浓度、配制日期、专业、姓名。

2. 滴定操作

(1) 基准物溶液的配制。

采用差减法在电子天平上准确称取 0.21～0.30 g(准确至 0.1 mg)无水 Na_2CO_3 三份，分别置于 250 mL 的锥形瓶中，加入 30 mL 蒸馏水，溶解后加入 1～2 滴甲基橙指示剂。

(2) HCl 溶液的标定。

用 0.2 $mol·L^{-1}$ HCl 溶液滴定至由黄色变为橙色，记录所消耗 HCl 溶液的体积，HCl 溶液浓度按式(2-47)计算。

$$c(HCl)=\frac{2\times m(Na_2CO_3)}{M(Na_2CO_3)\times V(HCl)} \tag{2-47}$$

HCl 溶液平行标定 3 次。

【数据处理】

序号	I	II	III
$m(Na_2CO_3)/g$			
HCl 的终读数 V_e/mL			
HCl 的初读数 V_0/mL			
$V(HCl)/mL$			
$c(HCl)/(mol·L^{-1})$			

续表

序号	I	II	III
c(HCl)平均值/(mol·L^{-1})			
偏差			
相对平均偏差			

【思考题】

(1) 如果 Na_2CO_3 中结晶水没有完全除去，实验结果会怎样？

(2) 准确称取的基准物质置于锥形瓶中，锥形瓶是否需要干燥？为什么？

(3) HCl 溶液可否用容量瓶配制？为什么？

(4) 差减法称量的样品需具备哪些条件？

实验十五　氢氧化钠溶液的标定(4 学时)

【实验目的】

(1) 学习 NaOH 标准溶液的配制方法。

(2) 学习 NaOH 溶液的标定方法。

(3) 掌握酸碱指示剂的选择方法。

【预备知识】

(1) 碱式滴定管的使用方法。

(2) 酸碱滴定的基本知识。

(3) 基准物质具备的条件。

【实验原理】

酸碱滴定中常用 NaOH 溶液作为标准溶液。NaOH 标准溶液不能够直接配制，而是先配成近似浓度，然后用基准物质标定。

标定碱的基准物质常用草酸、邻苯二甲酸氢钾，也可以用标准酸溶液标定 NaOH 的浓度。用邻苯二甲酸氢钾标定 NaOH 溶液的反应为

$$KHC_8H_4O_4+NaOH = KNaC_8H_4O_4+H_2O$$

由于滴定后产物是 $KNaC_8H_4O_4$，溶液呈弱碱性，pH 为 8～9，故选用酚酞作指示剂。

【仪器和试剂】

仪器：台秤(0.01 g)、电子天平(0.0001 g)、称量瓶、量筒、烧杯、碱式滴定管。

试剂和其他用品：固体 NaOH、邻苯二甲酸氢钾、酚酞。

【实验内容】

1. 0.1 mol·L^{-1} NaOH 标准溶液的配制

在台秤上称取固体 NaOH 2.00 g 于小烧杯中，加入刚煮沸过的 250 mL 蒸馏水(不含 CO_2)

溶解，转移到 500 mL 试剂瓶中，充分摇匀后贴上标签备用。

配制完毕后需立即贴上标签，注明试剂名称、浓度、配制日期、专业、姓名。

2. 0.1 $mol \cdot L^{-1}$ NaOH 标准溶液的标定

在分析天平上准确称取邻苯二甲酸氢钾 0.4～0.6 g(准确至 0.0001 g)三份，各置于 250 mL 锥形瓶中，每份加不含 CO_2 的蒸馏水 30 mL，加 2 滴酚酞，用待标定的 NaOH 溶液滴定溶液呈微红色，且 30 s 内红色不消失即为终点，记录消耗 NaOH 标准溶液的体积 V，按式(2-48)计算 NaOH 的准确浓度：

$$c(\mathrm{NaOH}) = \frac{m(\mathrm{KHC_8H_4O_4})}{V(\mathrm{NaOH}) \times M(\mathrm{KHC_8H_4O_4})} \tag{2-48}$$

【数据处理】

序号	I	II	III
$m(KHC_8H_4O_4)$/g			
NaOH 的终读数 V_e/mL			
NaOH 的初读数 V_0/mL			
V(NaOH)/mL			
c(NaOH)/($mol \cdot L^{-1}$)			
c(NaOH)平均值/($mol \cdot L^{-1}$)			
偏差			
相对平均偏差			

【思考题】

(1) 称取邻苯二甲酸氢钾于烧杯中加水 30 mL 溶解，此时用量筒取还是用移液管吸取？为什么？

(2) 本实验中邻苯二甲酸氢钾的质量是如何决定的？若标定的 NaOH 浓度为 0.5 $mol \cdot L^{-1}$，则邻苯二甲酸氢钾的称量范围是多少克？

(3) 配制 NaOH 溶液时，是否一定要用容量瓶配制？

(4) 还有哪些方法可以测定 NaOH 的浓度？

实验十六　铵盐中含氮量的测定(甲醛法)(4 学时)

【实验目的】

(1) 掌握甲醛法测定铵盐中氮含量的基本原理。

(2) 熟练掌握滴定管、容量瓶、移液管的使用。

(3) 掌握强碱滴定弱酸的反应原理及指示剂的选择。

【预备知识】

(1) 酸碱滴定原理。

(2) 滴定分析仪器的使用方法。

【实验原理】

硫酸铵是常用的氮肥之一，由于NH_4^+的酸性太弱（$K_a^\ominus=5.6\times10^{-10}$），故无法用 NaOH 直接滴定。一般先将$(NH_4)_2SO_4$与 HCHO 反应，生成等物质的量的酸，反应生成的$(CH_2)_6N_4H^+$和H^+，可用 NaOH 标准溶液同时直接滴定，即

$$4NH_4^+ + 6HCHO = (CH_2)_6N_4H^+ + 6H_2O + 3H^+ \quad (2\text{-}49)$$

$$(CH_2)_6N_4H^+ + OH^- = (CH_2)_6N_4 + H_2O \quad (2\text{-}50)$$

$$H^+ + OH^- = H_2O \quad (2\text{-}51)$$

由上述反应式(2-49)～式(2-51)可知：$n(N)=n(NH_4^+)=n(OH^-)$。六次甲基四胺[$(CH_2)_6N_4$]是一种极弱的有机碱，应选用酚酞作指示剂（$pK_b^\ominus=8.85$，$pK_a^\ominus=14-8.85=5.15$，$cK_a^\ominus>10^{-8}$，所以可以用强碱进行滴定）。

【仪器和试剂】

仪器：碱式滴定管(50 mL)、移液管(5 mL、25 mL)、锥形瓶(250 mL)、容量瓶(100 mL)、烧杯、电子天平(0.0001 g)。

试剂和其他用品：已标定的 0.1 mol·L^{-1} NaOH 标准溶液、酚酞指示剂(0.2%乙醇溶液)、硫酸铵、甲醛。

【实验内容】

1. 常量滴定

1)称量与定容

采用差减法准确称量$(NH_4)_2SO_4$固体 0.65～0.70 g(准确至 0.1 mg)一份于小烧杯中，加 30 mL 蒸馏水溶解，转移至 100 mL 容量瓶中，定容至刻度，充分摇匀即可。

2)移液与反应

取三只 250 mL 锥形瓶各加入 25.00 mL$(NH_4)_2SO_4$溶液(用移液管量取)、5 mL 18%中性甲醛溶液，摇匀，放置 5 min。加入 1～2 滴酚酞指示剂，用 NaOH 标准溶液滴定至呈粉红色且 30 s 不褪色即可。平行操作 3 次。

3)结果计算

根据式(2-52)计算氮的含量，保留四位有效数字。

$$w(N)=\frac{c(NaOH)\times V(NaOH)\times M(N)}{m(样品)}\times\frac{100.00}{25.00} \quad (2\text{-}52)$$

2. 微型滴定

1)称量与定容

采用差减法准确称量$(NH_4)_2SO_4$固体 0.20～0.35 g(准确至 0.1 mg)一份于小烧杯中，加 30 mL 蒸馏水溶解，定量转移至 100 mL 容量瓶中，定容至刻度，充分摇匀即可。

2)移液与反应

取三只 25 mL 锥形瓶各加入 5.000 mL$(NH_4)_2SO_4$溶液(用微型移液管量取)、1 mL 浓度为 18%中性甲醛溶液，摇匀，放置 5 min。加入 1～2 滴酚酞指示剂，用 NaOH 标准溶液滴定至呈粉红色且 30 s 不褪色即可。平行操作 3 次。

3) 结果计算

根据式(2-53)计算氮的含量，保留四位有效数字。

$$w(\mathrm{N})=\frac{c(\mathrm{NaOH})\times V(\mathrm{NaOH})\times M(\mathrm{N})}{m(\text{样品})}\times\frac{100.00}{5.000} \tag{2-53}$$

【数据处理】

倾出前(称量瓶+试样)质量/g			
倾出后(称量瓶+试样)质量/g			
m [$(NH_4)_2SO_4$] /g			
测定序号	I	II	III
NaOH 的初读数 V_0/mL			
NaOH 的终读数 V_e/mL			
V(NaOH)/mL			
c(NaOH)/(mol·L^{-1})			
w(N)/%			
w(N)平均值/%			
偏差			
相对平均偏差			

【思考题】

(1) 以邻苯二甲酸氢钾为基准物质标定 0.1 mol·L^{-1} NaOH 溶液为什么要以酚酞为指示剂？

(2) 能否用甲醛法测定硝酸铵、氯化铵、碳酸氢铵中的氮含量？

(3) 用酸碱滴定法测定$(NH_4)_2SO_4$中氮的含量时，为什么不能用 NaOH 溶液直接滴定？

(4) 根据酸碱滴定指示剂选择的原则，酚酞、甲基橙可以用于哪些物质的酸碱滴定分析的指示剂？

实验十七　食醋中总酸度的测定(4 学时)

【实验目的】

(1) 掌握氢氧化钠标准溶液的配制和标定方法。

(2) 熟练掌握滴定管、容量瓶、移液管的使用。

(3) 掌握强碱滴定弱酸的反应原理及指示剂的选择。

(4) 训练实际样品的分析与处理。

【预备知识】

(1) 酸碱滴定原理。

(2) 标准溶液的配制和标定。

(3) 滴定分析仪器的使用方法。

【实验原理】

食醋味酸而醇厚，液香而柔和，它是烹饪中一种必不可少的调味品。醋是用米、麦、高粱、酒糟等食物酿制而成，这些食物中的碳水化合物(糖、淀粉等)首先被转化成乙醇和二氧化碳，乙醇在微生物的作用与空气中的氧作用下被氧化成乙酸。除此之外，醋中还含有乳酸、琥珀酸、柠檬酸、葡萄酸、苹果酸等有机酸，因此好醋醇香四溢。

醋作为调料可增加食物的酸味、香味，还可促进食欲、帮助消化，并有一定的杀菌作用。除此之外，醋作为一种碱性食物有助于体液平衡，可防止高血压、动脉硬化、消化不良、流感等疾病的发生。

从颜色来分，食醋有红醋和白醋两种，优质红醋为琥珀色或红棕色，优质白醋则无色透明。

从醋的实用角度来分(根据所含酸度的不同)，食醋可以分为烹调型、佐餐型、保健型和饮料型。烹调型的醋，具有解腥去膻助鲜的作用。对烹调鱼、肉类及海味等非常适合。佐餐型的醋，味较甜，适合拌凉菜、蘸吃，这类醋有玫瑰米醋、纯酿米醋与佐餐醋等。保健型的醋，酸度较低，口味较好，每天早晚或饭后服 1 匙(10 mL)为佳，可起到强身和防治疾病的作用，这类醋有康乐醋、红果健身醋等。饮料型的醋。在发酵过程中加入蔗糖、水果等，形成新型的被称之为第四代饮料的醋酸饮料(第一代为柠檬酸饮料、第二代为可乐饮料、第三代为乳酸饮料)，具有防暑降温、生津止渴、增进食欲和消除疲劳的作用。

根据中华人民共和国国家标准 GB 18187—2000，酿造食醋(固态发酵食醋、液态发酵食醋）的总酸(以乙酸计)不小于 3.50 g/100mL。食醋的总酸度实际上是利用酸碱滴定中强碱滴定弱酸的原理，即 $c(\mathrm{HAc})\cdot K_a^{\ominus}>10^{-8}$ 的酸可以被 NaOH 直接滴定，用标准氢氧化钠溶液测定总酸度。酸碱指示剂变色时，酸碱反应达到终点，在误差允许的情况下，$c_1V_1=c_2V_2$，根据酸碱溶液的体积比，只要标定其中任意一种溶液的浓度，即可得到另一溶液的准确浓度。将总酸的量换算成乙酸的质量，然后除以总体积来计算总酸度($\mathrm{g\cdot mL^{-1}}$)。

【仪器和试剂】

仪器：酸式滴定管(50 mL)、碱式滴定管(50 mL)、移液管(25 mL)、锥形瓶(250 mL)、容量瓶(250 mL)。

试剂和其他用品：已准确标定的 0.1 $\mathrm{mol\cdot L^{-1}}$ 左右的 NaOH 溶液、酚酞(0.2%乙醇溶液)、市售食醋(白醋)。

【实验内容】

1. 待测溶液的配制

用 25 mL 移液管移取 25.00 mL 市售食醋于 250 mL 容量瓶中，加蒸馏水稀释并定容，充分摇匀，备用。

2. 取液

将配制的乙酸溶液直接装入用该乙酸润洗过的酸式滴定管，从下端放出 20.00 mL 于锥形瓶中，加入 2 滴酚酞指示剂，摇匀。

3. 滴定

润洗碱式滴定管，装入 NaOH 标准溶液，排气泡，记录初始读数，然后滴定，当锥形瓶中的溶液颜色由无色变为微红色，且 30 s 不褪色时，即达到滴定终点，记录读数。

平行测定 3 次。

【数据处理】

序号	I	II	III
食醋初读数 V_0/mL			
食醋终读数 V_e/mL			
食醋体积 V/mL			
NaOH 初读数 V_0/mL			
NaOH 终读数 V_e/mL			
NaOH 体积 V/mL			
食醋中总酸度/($g\cdot mL^{-1}$)			
平均值/($g\cdot mL^{-1}$)			
偏差			
相对平均偏差			

【思考题】

(1) 本实验为什么要用酚酞作指示剂？用甲基橙可行吗？

(2) 配制乙酸的蒸馏水中 CO_2 未除尽，对测定结果有何影响？

(3) 设计方案测定水果(苹果、柑橘等)中的总酸量。

实验十八　阿司匹林含量的测定(4 学时)

【实验目的】

(1) 掌握酸碱滴定的基本原理。

(2) 掌握酸碱滴定数据处理方法。

【预备知识】

(1) 酸碱滴定的基本原理。

(2) 硫酸及氢氧化钠标准溶液标定的基本方法。

【实验原理】

阿司匹林又名乙酰水杨酸($C_9H_8O_4$)，其片剂中乙酰水杨酸的含量一般为 95.0%～105.0%。本实验主要利用乙酰水杨酸的羟基酯结构在碱性溶液中易水解的性质，加入一定量过量的氢氧化钠溶液，加热使酯水解，剩余碱液以标准酸液回滴。

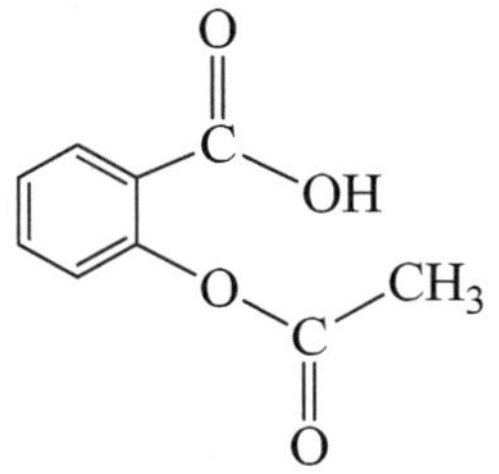

本品含乙酰水杨酸($C_9H_8O_4$)应为标示量的 95.0%～105.0%。

$$NaOH+C_9H_8O_4 \xlongequal{} NaC_9H_7O_4+H_2O$$

乙酰水杨酸含量的计算公式如下：

$$w(\text{片})=\frac{c(\text{NaOH})\times V(\text{NaOH})\times M(\text{C}_9\text{H}_8\text{O}_4)}{m(\text{样})}\times\frac{m(\text{总量})}{10} \tag{2-54}$$

式中，V(NaOH)为氢氧化钠溶液消耗的体积，mL；m(样)为取样量，mg；m(总量)为 10 片药品的质量，mg。

【仪器和试剂】

仪器：酸式滴定管(50 mL)、碱式滴定管(50 mL)、移液管(25 mL)、锥形瓶(25 mL)、电子天平(0.0001 g)、研钵。

试剂和其他用品：阿司匹林片剂、酚酞指示剂(0.2%乙醇溶液)、氢氧化钠标准溶液(0.1 $mol \cdot L^{-1}$)、硫酸标准溶液、酚酞指示剂。

【实验内容】

取阿司匹林样品 10 片，用万分之一电子天平准确称量其质量，用研钵研细后，再准确称取适量粉末(约相当于阿司匹林)，加中性乙醇 20 mL 左右，振荡使阿司匹林溶解，加酚酞指示液 2 滴，滴加 NaOH 滴定液(浓度为 0.1 $mol \cdot L^{-1}$)至溶液显粉红色。加定量过量的 NaOH 滴定液(约 0.1 $mol \cdot L^{-1}$) 40 mL，置水浴上加热 15 min 并保持振摇，迅速放冷至室温，用硫酸滴定液(已准确标定，浓度为 0.05 $mol \cdot L^{-1}$)滴定剩余的碱。根据消耗的滴定液体积及滴定度计算含量。并将滴定结果用空白实验校正，即得每 1 mL NaOH 溶液(0.1 $mol \cdot L^{-1}$)相当于 18.02 mg 的 $C_9H_8O_4$。

【数据处理】

项目	I	II	III
NaOH 的终读数 V_e/mL			
NaOH 的初读数 V_0/mL			
V(NaOH)/mL			
H_2SO_4 的初读数 V_0/mL			
H_2SO_4 的终读数 V_e/mL			
$V(H_2SO_4)$/mL			
阿司匹林含量/%			
平均值/%			
偏差			
相对平均偏差			

【思考题】

(1) 滴定为何要在中性乙醇中进行？

(2) 在滴定过程中为什么要用空白实验校正？

(3) 实验中有哪些注意事项？

实验十九　混合碱的测定(双指示剂法)(4 学时)

【实验目的】

(1)了解混合碱的测定原理。

(2)学习并掌握使用双指示剂法测定混合碱的含量。

【预备知识】

(1)双指示剂法测定混合碱的原理。

(2)酸碱滴定中指示剂的选择。

【实验原理】

混合碱通常是 Na_2CO_3 与 NaOH 或 Na_2CO_3 与 $NaHCO_3$ 的混合物，其中各成分含量的测定可采用双指示剂法。其原理如下：

双指示剂法是利用两种指示剂在不同计量点的颜色变化，得到两个终点，然后根据两个终点消耗标准溶液的体积和浓度，计算各成分的含量。

首先在待测混合液中加酚酞指示剂，用 HCl 标准溶液滴定至由红色刚好变为无色。若试液为 Na_2CO_3 与 NaOH 的混合物，此时 NaOH 被完全滴定，而 Na_2CO_3 被转化成 $NaHCO_3$。设此时消耗的 HCl 的体积为 V_1(mL)，反应式为

$$HCl+NaOH = NaCl+H_2O \tag{2-55}$$

$$HCl+Na_2CO_3 = NaHCO_3+NaCl \tag{2-56}$$

Na_2CO_3 为二元碱，能被准确滴定的条件是 $cK_{b_1}^{\ominus} > 10^{-8}$，能被分步滴定的条件是 $K_{b_1}^{\ominus}/K_{b_2}^{\ominus} \geqslant 10^4$，$Na_2CO_3$ 的 $K_{b_1}^{\ominus}=1.78\times10^{-4}$，$K_{b_2}^{\ominus}=2.33\times10^{-8}$，所以 Na_2CO_3 可以被分步滴定，理论终点时的产物 $NaHCO_3$ 为两性物质，终点时的 pH 为 8 左右，所以用酚酞指示剂可以指示第一个滴定终点。

然后，加入甲基橙指示剂，继续用 HCl 滴定至黄色变为橙色，这时试液中 $NaHCO_3$ 全部被滴定，设消耗 HCl 的体积为 V_2，反应式为

$$HCl+NaHCO_3 = NaCl+H_2CO_3\,(CO_2\uparrow+H_2O) \tag{2-57}$$

H_2CO_3 在室温下，其饱和溶液浓度约为 0.04 $mol\cdot L^{-1}$，故终点时的 pH 为 3.9，所以甲基橙变色时达到第二个滴定终点。滴定 Na_2CO_3 所需的 HCl 溶液的量是分两次加入的，从理论上讲，两次的用量相等，所以滴定 NaOH 所消耗的 HCl 溶液为 V_1-V_2。试样中各个组分的含量为

$$w(NaOH)=\frac{c(HCl)\times(V_1-V_2)\times M(NaOH)}{m_s} \tag{2-58}$$

$$w(Na_2CO_3)=\frac{c(HCl)\times V_2\times M(Na_2CO_3)}{m_s} \tag{2-59}$$

试样若为 Na_2CO_3 与 $NaHCO_3$ 的混合物，因为 Na_2CO_3 碱性比 $NaHCO_3$ 强，所以 HCl 先与 Na_2CO_3 反应，当全部 Na_2CO_3 转变为 $NaHCO_3$ 时，酚酞红色刚好褪去，设消耗 HCl 的体积为 V_1。再加入甲基橙指示剂，继续滴定至黄色变为橙色，这时溶液中原有的 $NaHCO_3$ 和第一步生成的 $NaHCO_3$ 全部被滴定，设此时所消耗的 HCl 体积为 V_2，根据体积关系，可求得各成分的含量。所以，滴定 $NaHCO_3$ 所消耗的 HCl 溶液的体积为 V_2-V_1，试样中各个组分的含量为

$$w(Na_2CO_3) = \frac{c(HCl) \times V_1 \times M(Na_2CO_3)}{m_s} \tag{2-60}$$

$$w(NaHCO_3) = \frac{c(HCl) \times (V_2 - V_1) \times M(NaHCO_3)}{m_s} \tag{2-61}$$

【仪器和试剂】

仪器：电子天平(0.0001 g)、锥形瓶(250 mL)、烧杯(150 mL)、酸式滴定管(50 mL)、容量瓶(250 mL)、移液管(25 mL)。

试剂和其他用品：酚酞指示剂(0.2%乙醇溶液)、甲基橙指示剂(0.2%水溶液)、HCl 标准溶液(约为 0.1 $mol \cdot L^{-1}$)、混合碱样品。

【实验内容】

1. 称量与定容

用电子天平准确称量(直接法称量)Na_2CO_3 及 $NaHCO_3$ 混合碱 2.0～2.5 g(准确至 0.1 mg)于 100 mL 烧杯中，加 30 mL 蒸馏水溶解后，定量转入 250 mL 容量瓶中，定容至刻度，充分摇匀。

2. 滴定

用移液管移取 25.00 mL 试液于 250 mL 锥形瓶中，加入酚酞 2～3 滴，用 HCl 标准溶液滴定红色变为无色，记录所用 HCl 的体积 V_0。再加入甲基橙 2～3 滴，继续用 HCl 标准溶液滴定至黄色变为橙色，记录所用 HCl 的体积 V_1，平行测定 3 份。计算混合样品中各组分的含量。

【数据处理】

试样质量 m/g			
测定序号	I	II	III
$c(HCl)/(mol \cdot L^{-1})$			
HCl 初读数 V_0/mL			
HCl 第一次读数 V_1/mL			
所耗 HCl 体积 ΔV_1/mL			
$w(Na_2CO_3)$/%			
$w(Na_2CO_3)$ 平均值/%			
相对平均偏差			
HCl 第二次读数 V_2/mL			
所耗 HCl 体积 ΔV_2/mL			
$w(NaHCO_3)$/%			
$w(NaHCO_3)$ 平均值/%			
相对平均偏差			

【思考题】

(1) Na_2CO_3 是纯碱的主要成分，其中常含有少量 $NaHCO_3$，能否用酚酞指示剂测定 $NaHCO_3$

的含量？

(2) 如何判断混合碱的组成？

(3) 现有混合碱 Na_2HPO_4 和 NaH_2PO_4，设计方案分析之。

实验二十 可溶性氯化物中氯含量的测定(莫尔法) (4 学时)

【实验目的】

(1) 掌握用莫尔(Mohr)法进行沉淀滴定的原理和方法。

(2) 学习 $AgNO_3$ 标准溶液的配制和标定。

(3) 了解味精、酱油、食醋等调味品中氯化钠含量的测定方法。

【预备知识】

(1) 沉淀溶解平衡和沉淀滴定法的基本理论、基本知识。

(2) 莫尔法测定可溶性氯化物中氯含量的基本原理。

【实验原理】

某些可溶性氯化物中氯含量的测定常采用莫尔法。此法是在中性或弱碱性溶液中，以 K_2CrO_4 为指示剂，以 $AgNO_3$ 标准溶液进行滴定。由于 AgCl 沉淀的溶解度比 Ag_2CrO_4 小，因此溶液中首先析出 AgCl 沉淀。当 AgCl 定量沉淀后，过量的 $AgNO_3$ 溶液即与 CrO_4^{2-} 生成砖红色 Ag_2CrO_4 沉淀，指示达到终点。主要反应式如下：

$$Ag^+ + Cl^- \xlongequal{\quad} AgCl\downarrow(白色) \qquad K_{sp}^{\ominus}=1.8\times10^{-10} \tag{2-62}$$

$$2Ag^+ + CrO_4^{2-} \xlongequal{\quad} Ag_2CrO_4\downarrow(砖红色) \qquad K_{sp}^{\ominus}=2.0\times10^{-12} \tag{2-63}$$

滴定必须在中性或弱碱性溶液中进行，最适宜的 pH 范围为 6.5～10.5。如果有铵盐(NH_4^+)存在，溶液的 pH 需控制在 6.5～7.2。CrO_4^{2-} 在溶液中有下列平衡反应：

$$2H^+ + 2CrO_4^{2-} \xlongequal{\quad} 2HCrO_4^- \xlongequal{\quad} Cr_2O_7^{2-} + H_2O \tag{2-64}$$

若酸度过高，平衡向右移动，CrO_4^{2-} 浓度降低，不易产生 Ag_2CrO_4 沉淀；若碱性太强，则会形成 Ag_2O 沉淀。

指示剂的用量对滴定有影响，浓度过高，将使终点提前到达；浓度过低，则终点延迟。一般以 $5\times10^{-3}\ mol\cdot L^{-1}$ 为宜，由于指示剂用量大小对测定结果有影响，故必须定量加入[溶液较稀时，必须做指示剂的空白校正，方法如下：取 1 mL K_2CrO_4 指示剂溶液，加入适量水，然后加入无 Cl^- 的 $CaCO_3$ 固体(相当于滴定时 AgCl 的沉淀量)，制成相似于实际滴定的浑浊溶液。逐渐滴入 $AgNO_3$ 溶液，至与终点颜色相同为止，记录读数，从滴定试液所消耗的 $AgNO_3$ 体积中扣除此读数]。凡是能与 Ag^+ 生成难溶化合物或配合物的阴离子都干扰测定，如 PO_4^{3-}、AsO_4^{3-}、SO_3^{2-}、S^{2-}、CO_3^{2-}、$C_2O_4^{2-}$ 等。其中 H_2S 可加热煮沸除去，将 SO_3^{2-} 氧化成 SO_4^{2-} 后就不再干扰测定。大量 Cu^{2+}、Ni^{2+}、Co^{2+} 等有色离子将影响终点观察。凡是能与 CrO_4^{2-} 指示剂生成难溶化合物的阳离子也干扰测定，如 Ba^{2+} 和 Pb^{2+} 能与 CrO_4^{2-} 分别生成 $BaCrO_4$ 和 $PbCrO_4$ 沉淀。Ba^{2+} 的干扰可通过加入过量的 Na_2SO_4 消除。Al^{3+}、Fe^{3+}、Bi^{3+}、Sn^{4+} 等高价金属离子在中性或弱碱性溶液中易水解产生沉淀，也会干扰测定。

莫尔法可用于海水中氯含量、工业用水、饮用水中氯化物的测定。

【仪器和试剂】

仪器：酸式滴定管(50 mL)、移液管(25 mL)、容量瓶(100 mL、250 mL)、锥形瓶(250 mL)、烧杯(100 mL)、电子天平(0.0001 g)。

试剂和其他用品：NaCl(s，A.R.)、$AgNO_3$(s，A.R.)、K_2CrO_4(5×10^{-3} mol·L^{-1})、味精、吸水纸、称量纸。

【实验内容】

1. NaCl 基准试剂的准备

NaCl 在 500～1000 ℃高温炉中灼烧 0.5 h 后，置于干燥器中冷却。也可将 NaCl 置于带盖的瓷坩埚中，加热，并不断搅拌，待轻微的爆炸声停止后，继续加热 15 min，将坩埚放入干燥器中冷却后使用。

2. 0.1 mol·L^{-1} $AgNO_3$ 溶液的配制和标定

1) 0.1 mol·L^{-1} $AgNO_3$ 溶液的配制

称取 8.5 g $AgNO_3$ 溶解于 500 mL 不含 Cl^-的蒸馏水中，将溶液转入棕色试剂瓶中，置暗处保存，以防止光照分解。

2) 0.1 mol·L^{-1} $AgNO_3$ 溶液的标定

准确称取 0.5～0.65 g NaCl 基准物质于小烧杯中，用蒸馏水溶解后，定量转入 100 mL 容量瓶中，以水稀释至刻度，摇匀。

用移液管移取 25.00 mL NaCl 溶液注入 250 mL 锥形瓶中，加入 25 mL 水(沉淀滴定中，为减少沉淀对被测离子的吸附，一般滴定溶液的体积较大为佳，故需加水稀释试液)，用吸量管加入 1 mL K_2CrO_4 溶液，在不断摇动条件下，用 $AgNO_3$ 溶液滴定至呈现砖红色即为终点(银为贵金属，含 AgCl 的废液应回收处理)。平行标定 3 份。根据 $AgNO_3$ 溶液的体积和 NaCl 的质量，计算 $AgNO_3$ 溶液的浓度。

$$c(\mathrm{AgNO_3})=\frac{\dfrac{m(\mathrm{NaCl})}{M(\mathrm{NaCl})}\times\dfrac{25.00}{250.00}}{V(\mathrm{AgNO_3})} \tag{2-65}$$

3. 试样分析

准确称取 1.0 g 味精试样于烧杯中，加水溶解后，定量转入 250 mL 容量瓶中，用水稀释至刻度，摇匀。用移液管移取 25.00 mL 试液于 250 mL 锥形瓶中，加入 25 mL 水，用 1 mL 吸量管加入 1 mL K_2CrO_4 溶液，在不断摇动条件下，用 $AgNO_3$ 标准溶液滴定至溶液出现砖红色即为终点。平行测定 3 份。计算试样中氯化钠的质量分数。

$$w(\mathrm{NaCl})=\frac{c(\mathrm{AgNO_3})\times V(\mathrm{AgNO_3})\times M(\mathrm{NaCl})\times 10}{m_\mathrm{s}} \tag{2-66}$$

实验完毕后，将装 $AgNO_3$ 溶液的滴定管先用蒸馏水冲洗 2～3 次后，再用自来水洗净，以免 AgCl 残留于管内。

【数据处理】

1. 0.1 $mol \cdot L^{-1}$ $AgNO_3$ 溶液的标定

序号	I	II	III
m(NaCl)/g			
$AgNO_3$ 的终读数 V_e/mL			
$AgNO_3$ 的初读数 V_0/mL			
$V(AgNO_3)$/mL			
$c(AgNO_3)/(mol \cdot L^{-1})$			
$c(AgNO_3)$ 平均值/$(mol \cdot L^{-1})$			
偏差			
相对平均偏差			

2. 味精中氯化钠含量的测定

序号	I	II	III
m(味精)/g			
$AgNO_3$ 的终读数 V_e/mL			
$AgNO_3$ 的初读数 V_0/mL			
$V(AgNO_3)$/mL			
w(NaCl)/%			
w(NaCl) 平均值/%			
偏差			
相对平均偏差			

【思考题】

(1) 莫尔法测氯时，为什么溶液的 pH 需控制在 6.5～10.5？有 NH_4^+ 存在时，在酸度控制上有何不同？为什么？

(2) 以 K_2CrO_4 作指示剂时，指示剂浓度过大或过小对测定有何影响？

(3) 滴定过程中为什么要剧烈振荡？

(4) 莫尔法适宜测定氯离子和溴离子，为什么不适宜测定碘离子和硫氰酸根离子？

实验二十一　EDTA 溶液的标定和水总硬度的测定 (4 学时)

【实验目的】

(1) 学习并掌握配位滴定法测定水的总硬度的原理和方法。

(2) 学习 EDTA 标准溶液的标定方法。

(3) 熟悉金属离子指示剂变色原理及滴定终点的判断。

【预备知识】

(1) 配位滴定法原理、金属指示剂变色原理。

(2) 容量瓶、移液管、酸式滴定管的使用方法。

【实验原理】

乙二胺四乙酸二钠盐(习惯上称 EDTA，是有机配位剂)能与大多数金属离子形成 1∶1 型的配位化合物(又称螯合物)，产物稳定，计量关系简单，因此常用作配位滴定的标准溶液。通常我们采用间接法配制 EDTA 标准溶液，然后用锌、碳酸钙等基准物质标定其准确浓度，选用的标定条件应尽可能与检测条件一致，以减小误差。

水的硬度是以水中 Ca^{2+}、Mg^{2+}折合成 CaO 计算的，每升水中含有 10 mg CaO 为 1 度(1°)，测定水的硬度的关键就是测定 Ca^{2+}、Mg^{2+}的含量。一般把小于 4°称为很软的水，4°～8°称为软水，8°～16°称为中硬水，16°～32°称为硬水，大于 32°称为很硬的水。生活用水的总硬度一般不超过 25°，各种工业用水都有不同的要求。水的硬度是水质的一项重要指标，测定水的硬度具有十分重要的意义。

测定 Ca^{2+}、Mg^{2+}的总量时，用缓冲溶液调节溶液的 pH 为 10，以铬黑 T(EBT)为指示剂，用 EDTA 标准溶液进行测定。铬黑 T 和 EDTA 都能与 Ca^{2+}、Mg^{2+}形成配位化合物，其稳定顺序性为 $CaY^{2-}>MgY^{2-}>MgIn^{-}>CaIn^{-}$。因此，加入铬黑 T 后，它先与部分 Mg^{2+}形成配合物 $MgIn^{-}$(紫红色)。当滴加 EDTA 标准溶液时，EDTA 首先与游离的 Ca^{2+}配位，其次与游离的 Mg^{2+}配位，最后置换出 $MgIn^{-}$中的 Mg^{2+}，使铬黑 T 游离出来，从而使溶液由紫红色变为纯蓝色，指示达到终点，即

滴定前　$$Mg^{2+}+EBT = Mg\text{-}EBT \tag{2-67}$$

滴定后　$$Ca^{2+}+Y = CaY \tag{2-68}$$

$$Mg\text{-}EBT+Y = MgY+EBT \tag{2-69}$$

【仪器和试剂】

仪器：电子天平(0.0001 g)、酸式滴定管(50 mL)、烧杯(100 mL)、表面皿、容量瓶(250 mL)、锥形瓶(250 mL)、移液管(25 mL、50 mL)、量筒(10 mL、50 mL)。

试剂和其他用品：EDTA 标准溶液(0.01 $mol\cdot L^{-1}$)、HCl(1∶1，体积比)、锌片(s，A.R.)、EBT 指示剂、NH_3-NH_4Cl 氨性缓冲溶液(pH=10)、氨水(1∶1，体积比)。

【实验内容】

1. 0.01 $mol\cdot L^{-1}$ EDTA 溶液的配制

称取 1.9 g EDTA 二钠盐，溶于 200 mL 水中(必要时加热)，稀释到 500 mL，放入试剂瓶中，摇匀，贴上标签(0.01 $mol\cdot L^{-1}$ EDTA)。

2. 0.01 $mol\cdot L^{-1}$ EDTA 溶液的标定(以 EBT 为指示剂)

准确称取 0.15～0.20 g 锌片于 100 mL 烧杯中，加入 5 mL 1∶1 HCl 溶液，盖上表面皿，锌完全溶解后，将溶液定容到 250 mL，贴上标签。用移液管吸取 25.00 mL 溶液于 250 mL 锥形瓶中，慢慢滴加 1∶1 氨水溶液至出现浑浊(氢氧化锌沉淀)为止，依次加入 pH=10 的氨性缓

冲溶液(NH_3-NH_4Cl) 10 mL 和纯水 20 mL。然后加入 5 滴 EBT 指示剂，用待标定的 EDTA 溶液滴定至溶液由紫红色变为纯蓝色为终点，滴定过程中间色为蓝紫色。平行滴定 3 次，计算 EDTA 溶液的浓度，即

$$c(\text{EDTA}) = \frac{m(\text{Zn}) \times 25.00}{M(\text{Zn}) \times V(\text{EDTA}) \times 250.0} \tag{2-70}$$

3. 水样总硬度的测定

用移液管准确移取 50.00 mL 水样于 250 mL 锥形瓶中，加入 5 mL pH=10 的氨性缓冲液(NH_3-NH_4Cl)，加入 5 滴 EBT 指示剂，摇匀，用 EDTA 标准溶液滴定至溶液由紫红色变为纯蓝色，记录所消耗 EDTA 标液的体积 V(mL)。平行滴定 3 次，计算水样的总硬度(以 10 mg CaO 为 1°)。

$$\text{水的总硬度} = \frac{c(\text{EDTA}) \times V(\text{EDTA}) \times M(\text{CaO}) \times 10^3}{10 \times V(\text{水样})} \tag{2-71}$$

【数据处理】

1. 标定 0.01 $mol \cdot L^{-1}$ EDTA 溶液

序号	I	II	III
Zn 片质量/g			
EDTA 的终读数 V_e/mL			
EDTA 的初读数 V_0/mL			
V(EDTA)/mL			
c(EDTA)/($mol \cdot L^{-1}$)			
c(EDTA)平均值/($mol \cdot L^{-1}$)			
偏差			
相对平均偏差			

2. 水样中总硬度的测定

序号	I	II	III
EDTA 的终读数 V_e/mL			
EDTA 的初读数 V_0/mL			
V(EDTA)/mL			
V(水样)/mL			
c(EDTA)/($mol \cdot L^{-1}$)			
水的总硬度/(°)			
水的平均硬度/(°)			
偏差			
相对平均偏差			

【思考题】

(1)在用 Zn 标定 EDTA 浓度的实验中滴加 1∶1 $NH_3 \cdot H_2O$ 溶液，其目的是什么？

(2)为什么要加入氨性缓冲溶液控制溶液的 pH=10？如果不加缓冲溶液，会出现什么结果？

(3)查表比较 CaY^{2-}、MgY^{2-}的 $K_f^{\ominus}$ 值的大小，据此设计方案用 EDTA 滴定法分别测定 Ca^{2+}、Mg^{2+}混合溶液中 Ca^{2+}、Mg^{2+}的含量。

实验二十二　$KMnO_4$ 标准溶液的配制与标定(4 学时)

【实验目的】

(1)掌握 $KMnO_4$ 溶液的配制方法和标定原理。

(2)掌握温度、滴定速度等对滴定分析结果的影响。

(3)掌握滴定管中有色溶液的读数方法。

【预备知识】

(1)氧化还原滴定法的基本原理。

(2)$Na_2C_2O_4$ 标定 $KMnO_4$ 的反应条件。

【实验原理】

标定 $KMnO_4$ 的基准物质有 $H_2C_2O_4 \cdot 2H_2O$、$Na_2C_2O_4$、$(NH_4)_2SO_4 \cdot FeSO_4 \cdot 6H_2O$、$As_2O_3$ 及纯铁丝等。其中 $Na_2C_2O_4$ 不含结晶水，容易制得纯品，不吸潮，因此是常用的基准物质。

$$2MnO_4^- + 5C_2O_4^{2-} + 16H^+ \xlongequal{\quad} 2Mn^{2+} + 10CO_2\uparrow + 8H_2O \quad (2\text{-}72)$$

在室温下，反应进行很慢，若加热至 75～85 ℃可加速反应，但温度不宜太高，温度过高易导致草酸分解。

在滴定过程中，最初几滴 $KMnO_4$ 即使在加热情况下，反应仍很慢，当溶液中产生 Mn^{2+}以后，反应才逐渐加快，这是由于 Mn^{2+}对反应有催化作用。

酸性溶液在加热情况下，$KMnO_4$ 容易分解，所以滴定速度不能太快。

$KMnO_4$ 可作为自身指示剂，反应完全后，稍过量(半滴)的 $KMnO_4$ 可使溶液呈微红色，30 s 不褪色即为终点。

【仪器和试剂】

仪器：电子天平(0.0001 g)、台秤(0.01 g)、滴定管(50 mL)、锥形瓶(250 mL)、小烧杯(50 mL)、容量瓶(100 mL)。

试剂和其他用品：$KMnO_4$ 标准溶液(约 0.02 $mol \cdot L^{-1}$)、$Na_2C_2O_4$(s，A.R.)、H_2SO_4(3 $mol \cdot L^{-1}$)。

【实验内容】

1. $KMnO_4$ 溶液的配制

在台秤上称取约 1.6 g $KMnO_4$ 固体于 500 mL 烧杯中，加 500 mL H_2O 使其溶解，盖上表面皿，在电炉上加热至沸并保持 30 min，静置过夜，用微孔玻璃漏斗(或玻璃棉)过滤，滤液储存于具有玻璃塞的棕色试剂瓶中备用。

2. 基准物溶液的配制

采用直接法在电子天平上准确称取 0.15～0.20 g(准确至 0.1 mg) $Na_2C_2O_4$ 三份，分别置于 250 mL 锥形瓶中，加入 30 mL 纯水溶解。

3. $KMnO_4$ 溶液的标定

于锥形瓶中再加入 10 mL 3 mol·L^{-1} H_2SO_4，加热至 75～85 ℃，趁热用 $KMnO_4$ 溶液滴定至微红色，滴定过程中待第一滴 $KMnO_4$ 褪色之后再加快滴定速度，滴定至终点时，溶液 30 s 不褪色即为终点，记录消耗 $KMnO_4$ 溶液的体积。平行滴定 3 次。

$$c(\mathrm{KMnO_4}) = \frac{\frac{2}{5}m(\mathrm{Na_2C_2O_4})}{V(\mathrm{KMnO_4}) \times M(\mathrm{Na_2C_2O_4})} \tag{2-73}$$

【数据处理】

测定序号	I	II	III
$m(Na_2C_2O_4)$/g			
$KMnO_4$ 的终体积 V_e/mL			
$KMnO_4$ 的初体积 V_0/mL			
$V(KMnO_4)$/mL			
$c(KMnO_4)$/(mol·L^{-1})			
$c(KMnO_4)$ 平均值/(mol·L^{-1})			
偏差			
相对平均偏差			

【思考题】

(1) 用 $Na_2C_2O_4$ 为基准物质标定 $KMnO_4$ 溶液时，应注意哪些反应条件？

(2) 在控制溶液酸度时，为什么不能采用 HCl 或 HNO_3？

(3) 常用的氧化还原滴定法有哪些？它们各有什么优缺点？

实验二十三　过氧化氢含量的测定(高锰酸钾法)(4 学时)

【实验目的】

(1) 掌握 $KMnO_4$ 法测定 H_2O_2 含量的基本原理。

(2) 掌握 $KMnO_4$ 法的基本操作及滴定终点的判断方法。

【预备知识】

(1) 过氧化氢的性质和用途。

(2) 酸度对高锰酸钾氧化性的影响。

(3) 自身指示剂的使用和滴定终点的判断，容量瓶和移液管的使用。

【实验原理】

H_2O_2是医药上常用的消毒剂，在强酸性条件下用$KMnO_4$法测定H_2O_2的含量，其反应方程为

$$2MnO_4^- + 5H_2O_2 + 6H^+ = 2Mn^{2+} + 5O_2\uparrow + 8H_2O$$

根据高锰酸钾溶液本身的颜色变化确定滴定终点。

【仪器和试剂】

仪器：酸式滴定管(50 mL)、容量瓶(250 mL)、移液管(25 mL)。

试剂和其他用品：工业H_2O_2样品、$KMnO_4$标准溶液$(0.02\ mol\cdot L^{-1})$、$H_2SO_4(3\ mol\cdot L^{-1})$。

【实验内容】

1. 移取与定容

用25 mL移液管吸取25.00 mL H_2O_2试样于250 mL容量瓶中，加水稀释至刻度，充分摇匀。

2. 滴定

准确吸取稀释后的H_2O_2溶液25.00 mL于250 mL锥形瓶中，加$3\ mol\cdot L^{-1}$ H_2SO_4溶液10 mL，加蒸馏水50 mL，用$KMnO_4$标准溶液滴定至溶液呈浅红色，30 s不褪色为止，根据$KMnO_4$的浓度和体积按式(2-74)计算原样品中H_2O_2的含量$(g\cdot L^{-1})$。

$$H_2O_2\text{的含量}(g\cdot L^{-1}) = \frac{\frac{5}{2}c(KMnO_4)\times V(KMnO_4)\times M(H_2O_2)}{\frac{25.00}{250.00}\times 25.00} \tag{2-74}$$

【数据处理】

H_2O_2试样的体积			
测定序号	I	II	III
$KMnO_4$的初读数V_0/mL			
$KMnO_4$的终读数V_e/mL			
$V(KMnO_4)$/mL			
$c(KMnO_4)/(mol\cdot L^{-1})$			
H_2O_2的含量$/(g\cdot L^{-1})$			
H_2O_2的平均含量$/(g\cdot L^{-1})$			
偏差			
相对平均偏差			

【思考题】

(1)用$KMnO_4$法测定H_2O_2含量时，能否用HNO_3、HCl、HAc调节溶液的酸度？

(2)若用移液管移取H_2O_2原溶液后，没有再洗涤就直接用来移取稀释过的H_2O_2，对测定

结果有何影响？

(3)在容量瓶中存放的H_2O_2溶液，放置2 d后，其测定结果与原结果是否一样？

(4)高锰酸钾滴定法在滴定分析中应用广泛，试举例说明该法的其他应用。

实验二十四 亚铁盐中铁含量的测定(重铬酸钾法)(4学时)

【实验目的】

(1)掌握$K_2Cr_2O_7$法测定亚铁盐中铁含量的基本原理和方法。

(2)掌握氧化还原指示剂的作用原理及滴定终点的判断。

【预备知识】

(1)$K_2Cr_2O_7$标准溶液的配制。

(2)二苯胺磺酸钠指示剂的配制。

(3)$K_2Cr_2O_7$法测定亚铁盐中铁含量的条件。

【实验原理】

在酸性条件下，重铬酸钾和亚铁盐的基本反应为

$$Cr_2O_7^{2-} + 6Fe^{2+} + 14H^+ \xlongequal{\quad} 2Cr^{3+} + 6Fe^{3+} + 7H_2O$$

选用二苯胺磺酸钠作指示剂，变色点电位为 0.84 V，比化学计量点电位低。为了减少误差，滴定前加入H_3PO_4，使其与Fe^{3+}生成无色稳定的$[Fe(HPO_4)_2]^-$，降低Fe^{3+}/Fe^{2+}电对的电位，指示剂变色时，$Cr_2O_7^{2-}$与Fe^{2+}反应完全。终点前，指示剂呈无色，溶液因Cr^{3+}的存在显绿色，到达终点时，溶液由绿色变紫色。

【仪器和试剂】

仪器：酸式滴定管、分析天平(0.0001 g)、容量瓶(250 mL)、烧杯(100 mL)、锥形瓶(250 mL)。

试剂和其他用品：$K_2Cr_2O_7$(s，A.R.)、$FeSO_4·7H_2O$(s，A.R.)、H_2SO_4($3\ mol·L^{-1}$)、85% H_3PO_4、二苯胺磺酸钠指示剂。

【实验内容】

1. $K_2Cr_2O_7$标准溶液的配制

在分析天平上准确称取分析纯$K_2Cr_2O_7$约1.2 g，放入100 mL烧杯中，加少量蒸馏水使其溶解，然后转入250 mL容量瓶中，多次用蒸馏水洗涤烧杯，将每次的洗涤液转入容量瓶，用蒸馏水稀释至刻度，反复倒转混匀。计算$c(K_2Cr_2O_7)$。

2. 二苯胺磺酸钠指示剂的配制

配制成0.5%的水溶液。

3. 称量与溶解

在分析天平上准确称取硫酸亚铁样品0.6～0.8 g三份于250 mL锥形瓶，各加入$3\ mol·L^{-1}$ H_2SO_4约10 mL，再加入蒸馏水约50 mL溶解后，加入85% H_3PO_4 5 mL、二苯胺磺酸钠指示剂5～6滴。

4. 滴定

以 $K_2Cr_2O_7$ 标准溶液滴至溶液刚好变为紫色或紫蓝色即为终点，记录消耗的 $V(K_2Cr_2O_7)$。平行测定 3 次。根据式(2-75)计算 Fe^{2+}的质量分数。

$$w(Fe^{2+}) = \frac{6 \times c(K_2Cr_2O_7) \times V(K_2Cr_2O_7) \times M(Fe)}{m(\text{样})} \tag{2-75}$$

【数据处理】

$c(K_2Cr_2O_7)/(mol \cdot L^{-1})$			
测定序号	I	II	III
试样质量 m/g			
$K_2Cr_2O_7$ 的初读数 V_0/mL			
$K_2Cr_2O_7$ 的终读数 V_e/mL			
$V(K_2Cr_2O_7)$/mL			
$w(Fe^{2+})$/%			
$w(Fe^{2+})$ 平均值/%			
偏差			
相对平均偏差			

【思考题】

(1) $K_2Cr_2O_7$ 法能否在盐酸介质中进行？为什么？

(2) $K_2Cr_2O_7$ 法测定 Fe^{2+}的过程中加 H_3PO_4 的作用是什么？

(3) 配制亚铁盐溶液时，加入硫酸的作用是什么？能否在加入蒸馏水之后加入？

实验二十五　$Na_2S_2O_3$ 溶液的配制和标定(4 学时)

【实验目的】

(1) 掌握 $Na_2S_2O_3$ 标准溶液的配制方法。

(2) 学习碘量瓶的正确使用和判断淀粉为指示剂的滴定终点。

(3) 了解间接碘量法的过程、原理，掌握用基准物质 $K_2Cr_2O_7$ 标定 $Na_2S_2O_3$ 溶液的方法。

【预备知识】

(1) 氧化还原反应及氧化还原滴定的基本理论、基本知识。

(2) 间接碘量法的基本原理，淀粉指示剂的作用机理，基准物质的概念。

(3) $Na_2S_2O_3$ 的物理化学性质。

【实验原理】

固体硫代硫酸钠是含有结晶水的化合物，由于制备过程以及自身的稳定性等原因，一般都含有少量杂质，如 S、Na_2SO_4、Na_2CO_3、NaCl 等，同时还容易风化和潮解，因此不能直接配制准确浓度。通常用 $Na_2S_2O_3 \cdot 5H_2O$ 配制近似浓度的溶液，然后用基准物质标定。由于

$Na_2S_2O_3$遇酸即迅速分解产生S，配制时若水中含CO_2较多，pH偏低，配制的$Na_2S_2O_3$容易变浑浊。另外水中若有微生物也能慢慢分解$Na_2S_2O_3$。因此，配制$Na_2S_2O_3$通常用新煮沸并冷却后的蒸馏水，配制时，先在水中加入少量Na_2CO_3，然后再把$Na_2S_2O_3$溶于其中。

标定$Na_2S_2O_3$溶液可用$KBrO_3$、KIO_3、$K_2Cr_2O_7$等作氧化剂，其中$K_2Cr_2O_7$用得最多。标定时采用间接碘量法，使$K_2Cr_2O_7$先与过量的KI作用，再用欲标定浓度的$Na_2S_2O_3$溶液滴定析出的I_2。第一步反应为

$$Cr_2O_7^{2-}+14H^++6I^- = 3I_2+2Cr^{3+}+7H_2O \tag{2-76}$$

在酸度较低时此反应完成较慢，若酸度太高会使KI被空气氧化成I_2。因此，必须注意酸度的控制，并避光放置5 min，确保反应定量完成，析出的I_2再用$Na_2S_2O_3$溶液滴定，以淀粉溶液为指示剂。第二步反应为

$$I_2+2S_2O_3^{2-} = 2I^-+S_4O_6^{2-} \tag{2-77}$$

$K_2Cr_2O_7$与$Na_2S_2O_3$的计量关系为：1 mol $K_2Cr_2O_7$生成3 mol I_2，需6 mol $Na_2S_2O_3$定量反应，即为1∶6。

【仪器和试剂】

仪器：电子天平(0.0001 g)、台秤(0.01 g)、碱式滴定管(50 mL)、烧杯(100 mL)、容量瓶(250 mL)、碘量瓶(250 mL)、移液管(20 mL)、量筒(10 mL、50 mL)、牛角匙、洗耳球。

试剂和其他用品：$Na_2S_2O_3 \cdot 5H_2O$(s，A.R.)、$K_2Cr_2O_7$(s，A.R.)、KI(s，A.R.)、H_2SO_4($2.0\ mol \cdot L^{-1}$)、淀粉指示液(0.5%水溶液)、吸水纸、称量纸。

【实验内容】

1. 浓H_2SO_4的稀释

以各实验台人数为依据配制，按需取一定体积的浓硫酸(按$18\ mol \cdot L^{-1}$计算)稀释至$2.0\ mol \cdot L^{-1}$备用。

2. $Na_2S_2O_3$标准溶液的配制

在1 L含有0.2 g Na_2CO_3的新煮沸放冷的蒸馏水中加入26 g $Na_2S_2O_3 \cdot 5H_2O$，使其完全溶解，放置一周后再标定。

3. $Na_2S_2O_3$标准溶液的标定

(1)称取1.2 g左右的$K_2Cr_2O_7$于烧杯中(称准至0.0001 g)，加水使其溶解，定量转移到250 mL容量瓶中，加水至刻度，摇匀，备用。

(2)用移液管量取20.00 mL $K_2Cr_2O_7$溶液于碘量瓶中，加KI约1.0 g，用约15 mL蒸馏水淋洗碘量瓶，再加H_2SO_4溶液4 mL，密塞，摇匀，水封瓶口，在暗处放置5 min。

(3)加约20 mL蒸馏水淋洗内壁和瓶塞，用$Na_2S_2O_3$溶液滴定至近终点(黄绿色)，加淀粉指示剂约2 mL，继续滴定至深蓝色消失，即达到终点。

平行测定3次，计算$Na_2S_2O_3$溶液浓度及相对平均偏差。

$$c(Na_2S_2O_3)=\frac{6c(K_2Cr_2O_7)\times V(K_2Cr_2O_7)}{V(Na_2S_2O_3)} \tag{2-78}$$

【数据处理】

序号	I	II	III
$m(K_2Cr_2O_7)$/g			
$c(K_2Cr_2O_7)/(mol \cdot L^{-1})$			
$Na_2S_2O_3$ 的终体积 V_e/mL			
$Na_2S_2O_3$ 的初体积 V_0/mL			
$V(Na_2S_2O_3)$/mL			
$c(Na_2S_2O_3)/(mol \cdot L^{-1})$			
$c(Na_2S_2O_3)$ 平均值$/(mol \cdot L^{-1})$			
偏差			
相对平均偏差			

【思考题】

(1) $Na_2S_2O_3$ 标准溶液为什么要提前一周配制？

(2) 在标定过程中加入过量 KI 的目的是什么？

(3) 淀粉指示剂为什么一定要接近滴定终点时才能加入？加得太早或太迟有何影响？

(4) 碘量法分直接碘量法和间接碘量法，这两种方法是否都需要用到 $Na_2S_2O_3$ 溶液？如果在这两种方法中均用到 $Na_2S_2O_3$ 溶液，它在其中起的作用有何不同？

实验二十六　食盐中碘含量的测定(4 学时)

【实验目的】

(1) 掌握碘量法的基本原理。

(2) 运用碘量法测定食盐中碘的含量。

【预备知识】

(1) 分析化学中滴定实验的操作。

(2) 标准溶液的配制。

(3) 碘离子氧化还原的基本原理。

【实验原理】

本实验运用滴定分析方法对食盐中碘的含量进行测定。在酸性溶液条件下，食盐中所含的 KIO_3 可以氧化 KI，定量析出 I_2。用硫代硫酸钠($Na_2S_2O_3$)标准溶液滴定析出的 I_2，至溶液呈浅黄色时，加入淀粉溶液继续滴定至蓝色恰好消失为止。

$$IO_3^- + 5I^- + 6H^+ = 3I_2 + 3H_2O \tag{2-79}$$

$$I_2 + 2S_2O_3^{2-} = S_4O_6^{2-} + 2I^- \tag{2-80}$$

【仪器和试剂】

仪器：电子天平(0.0001 g)、台秤(0.01 g)、碱式滴定管(50 mL)、称量瓶、容量瓶(100 mL、250 mL、500 mL)、烧杯(50 mL、100 mL)、移液管(5 mL、10 mL)、碘量瓶(250 mL)、量筒(10 mL、50 mL)。

试剂和其他用品：食用碘盐(s)、磷酸(1 mol·L^{-1})、碘化钾(50 g·L^{-1})、淀粉溶液(5 g·L^{-1}，新鲜配制)、碘酸钾标准溶液、硫代硫酸钠标准溶液(0.002 mol·L^{-1})。

【实验内容】

1. 溶液的配制

(1) 磷酸溶液(1 mol·L^{-1})：量取 17 mL 85%磷酸，加水稀释至 250 mL。

(2) 碘化钾溶液(50 g·L^{-1})：称取 12.5 g 碘化钾，用水溶解并稀释至 500 mL，储于棕色瓶中。

(3) 淀粉溶液(新鲜配制)(5 g·L^{-1})：称取 0.5 g 淀粉，用水调成糊状，加入 100 mL 沸水，搅拌后再煮沸 0.5 min，冷却、备用。

(4) 碘酸钾(KIO_3)标准溶液($\frac{1}{6}\times 0.002$ mol·L^{-1})：称取 0.713 g 固体碘酸钾，加水溶解，转入 500 mL 容量瓶，稀释定容至刻度，摇匀。从此标准溶液中移取 5 mL 碘酸钾到 100 mL 容量瓶中定容，得到碘酸钾 KIO_3 标准溶液。

(5) 硫代硫酸钠($Na_2S_2O_3$)标准溶液(0.002 mol·L^{-1})：称取 12.5 g 硫代硫酸钠、0.5 g 氢氧化钠，溶于 500 mL 水中，储存于棕色瓶中，移取上层清液 2 mL 于 100 mL 容量瓶中定容，得到浓度为 0.002 mol·L^{-1} 硫代硫酸钠($Na_2S_2O_3$)标准溶液，储存于棕色瓶内，备用。

2. 标定

吸取碘酸钾(KIO_3)标准溶液 10.0 mL 于 250 mL 碘量瓶中，加约 80 mL 水、2 mL 1 mol·L^{-1} 磷酸、5 mL 50 g·L^{-1} 碘化钾，立即用 0.002 mol·L^{-1} 硫代硫酸钠($Na_2S_2O_3$)标准溶液滴定。至溶液呈浅黄色，加入约 4 mL 5 g·L^{-1} 淀粉溶液，继续滴定至蓝色刚好消失。平行滴定 3 次。

3. 测定食盐中碘的含量

称取 10.0 g 食用碘盐，置于 250 mL 碘量瓶中，加约 80 mL 水溶解。加入 2 mL 1 mol·L^{-1} 磷酸和 5 mL 50 g·L^{-1} 碘化钾，用 0.002 mol·L^{-1} 硫代硫酸钠标准溶液滴定。滴定至溶液呈浅黄色时，加入约 5 mL 5 g·L^{-1} 淀粉溶液，继续滴定至蓝色刚好消失。平行滴定 3 次。

【数据处理】

(1) 根据标定的实验结果，列出公式并计算硫代硫酸钠标准溶液的浓度。

序号	I	II	III
$Na_2S_2O_3$ 的终体积 V_e/mL			
$Na_2S_2O_3$ 的初体积 V_0/mL			
$V(Na_2S_2O_3)$/mL			
$c(Na_2S_2O_3)$/(mol·L^{-1})			
$c(Na_2S_2O_3)$ 平均值/(mol·L^{-1})			
偏差			
相对平均偏差			

(2) 根据硫代硫酸钠溶液的浓度，计算食盐样品中碘的含量 [mg 碘·(kg 食盐)$^{-1}$]。

序号	I	II	III
m(NaCl)/g			
$Na_2S_2O_3$ 的终体积 V_e/mL			
$Na_2S_2O_3$ 的初体积 V_0/mL			
$V(Na_2S_2O_3)$/mL			
碘含量/[mg 碘·(kg 食盐)$^{-1}$]			
碘含量平均值/[mg 碘·(kg 食盐)$^{-1}$]			
偏差			
相对平均偏差			

【思考题】

(1) 食盐中碘的含量还有哪些检测方法？

(2) 食盐中的碘成分以哪种形式存在？能否加入 KI？

(3) 指示剂能否在滴定前就加入？为什么？

(4) 食盐中加入碘的作用是什么？查阅资料了解碘在人体中的作用。

实验二十七　间接碘量法测定 Cu (4 学时)

【实验目的】

(1) 学会碘量法操作，掌握间接碘量法测定铜的原理和条件。

(2) 学会 $Na_2S_2O_3$ 的配制、保存和标定，掌握其标定的原理和方法。

(3) 学会淀粉指示剂的正确使用，了解其变色原理。

(4) 熟悉滴定分析操作中的掩蔽技术。

【预备知识】

(1) 分析天平的规范操作。

(2) 滴定管的基本操作。

(3) 碘量法的滴定操作及滴定终点的准确判断。

【实验原理】

碘量法是在无机物和有机物分析中广泛应用的一种氧化还原滴定法。含铜化合物中的 Cu 含量测定主要采用间接碘量法，即在弱酸性溶液中 (pH=3～4)，Cu^{2+}与过量 I^-作用生成难溶性的 CuI 沉淀和 I_2。其反应式为

$$2Cu^{2+}+4I^- = 2CuI\downarrow+I_2 \tag{2-81}$$

生成的 I_2 可用 $Na_2S_2O_3$ 标准溶液滴定，以淀粉溶液为指示剂，滴定至溶液的蓝色刚好消失即为终点。滴定反应为

$$I_2+2S_2O_3^{2-} = S_4O_6^{2-}+2I^- \tag{2-82}$$

由所消耗的 $Na_2S_2O_3$ 标准溶液的体积及浓度即可求算铜的含量。

由于 Cu^{2+}与 I^-之间的反应是可逆的，任何引起 Cu^{2+}浓度减小或引起 CuI 溶解度增加的因素均使反应不完全。加入过量的 KI 可使反应趋于完全。KI 是 Cu^{2+}的还原剂，又是生成 CuI 的沉淀剂，也是生成 I_2 的络合剂，使其生成 I_3^-，增加 I_2 的溶解度，减少 I_2 的挥发。

因为 CuI 的溶解度较大，且能吸附 I_3^-，使测量结果偏低，故可在加 $Na_2S_2O_3$ 滴定 I_2 至接近终点时，加入 KSCN，使 CuI 沉淀（$K_{sp}^{\ominus}=1.1\times10^{-12}$）转化为溶解度更小（$K_{sp}^{\ominus}=4.8\times10^{-15}$）的 CuSCN，并释放出 I_3^-，使反应趋于完全，反应如下：

$$CuI+SCN^- \longrightarrow CuSCN(s)+I^- \tag{2-83}$$

释放出的 I^-与未作用的 Cu^{2+}发生反应，这样就使得 Cu^{2+}被 I^-还原的反应在用较少 KI 时也能进行完全。但是 KSCN 只能在接近终点时加入，否则有可能直接还原 Cu^{2+}，使结果偏低。反应如下：

$$6Cu^{2+}+7SCN^-+4H_2O \longrightarrow 6CuSCN(s)+SO_4^{2-}+CN^-+8H^+ \tag{2-84}$$

Cu^{2+}被 I^-还原的 pH 一般控制在 3～4，酸度过低时，Cu^{2+}易水解，使反应不完全，结果偏低，且转化速率慢，终点拖长；酸度过高时，则 I^-易被氧化，使结果偏高。

Fe^{3+}能氧化 I^-，对测定有干扰，可加入 NaF 掩蔽。

由于结晶的 $Na_2S_2O_3\cdot5H_2O$ 一般都含有少量杂质，同时还易风化及潮解，所以 $Na_2S_2O_3$ 标准溶液不能用直接法配制，而应采用间接法配制。配制时，使用新煮沸后冷却的蒸馏水并加入少量 Na_2CO_3，以减少水中溶解的 CO_2，杀死水中的微生物，使溶液呈碱性，并放置暗处 7～14 d 后标定，以减少由于 $Na_2S_2O_3$ 的分解带来的误差，得到较稳定的 $Na_2S_2O_3$ 溶液。$Na_2S_2O_3$ 溶液的浓度可用 $K_2Cr_2O_7$ 作基准物质标定。$K_2Cr_2O_7$ 先与 KI 反应析出 I_2：

$$Cr_2O_7^{2-}+6I^-+14H^+ \longrightarrow 2Cr^{3+}+3I_2+7H_2O \tag{2-85}$$

析出的 I_2 再用 $Na_2S_2O_3$ 标准溶液滴定。

此两种滴定过程均采用的是间接碘量法。利用此法还可测定铜合金、矿石（铜矿）及农药等试样中的铜。但必须设法防止其他能氧化 I^-的物质（如 NO_3^-、Fe^{3+}等）的干扰。

【仪器和试剂】

仪器：电子天平（0.0001 g）、台秤（0.01 g）、碱式滴定管（50 mL）、锥形瓶（250 mL）、移液管（25 mL）、容量瓶（250 mL）、烧杯（100 mL）、碘量瓶（250 mL）。

试剂和其他用品：$K_2Cr_2O_7$（s，A.R.）（于 140 ℃电烘箱中干燥 2 h，储于干燥器中备用）、$Na_2S_2O_3\cdot5H_2O$（s，A.R.）、Na_2CO_3（s，A.R.）、KI（20%）、HCl（6 mol·L^{-1}）、淀粉溶液（0.5%）、$CuSO_4\cdot5H_2O$（s，A.R.）、H_2SO_4（1 mol·L^{-1}）、NH_4SCN（10%）、饱和 NaF 溶液。

【实验内容】

1. 0.1 mol·L^{-1} $Na_2S_2O_3$ 溶液的配制与标定

用电子天平称取 11 g $Na_2S_2O_3$ 溶于刚煮沸并冷却后的 400 mL 蒸馏水中，加约 0.1 g Na_2CO_3，保存于棕色瓶中，塞好瓶塞，于暗处放置一周后标定。

（1）0.2 mol·L^{-1} $K_2Cr_2O_7$ 标准溶液配制。准确称取已烘干的 $K_2Cr_2O_7$ 1.3～1.4 g 于 100 mL 小烧杯中，加约 30 mL 去离子水溶解，定量转移至 250 mL 容量瓶中，用去离子水稀释至刻度，充分摇匀，计算其准确浓度。

(2) 标定 $Na_2S_2O_3$ 溶液。移取 25.00 mL $K_2Cr_2O_7$ 标准溶液于 250 mL 碘量瓶中，加入 20% KI 溶液 5 mL、6 mol·L^{-1} HCl 溶液 5 mL，加盖摇匀，在暗处放置 5 min，待反应完全，加入 50 mL 水稀释(为什么？)，用待标定的 $Na_2S_2O_3$ 溶液滴定至呈浅黄绿色，加入 0.5%淀粉溶液 3 mL，继续滴定至蓝色变为亮绿色即为终点。记录消耗的 $Na_2S_2O_3$ 溶液的体积，计算 $Na_2S_2O_3$ 标准溶液的浓度。平行测定 3 次。

2. 铜盐中铜含量的测定

准确称取 $CuSO_4·5H_2O$ 样品 5～6 g，置于 100 mL 烧杯中，加 1 mL 1 mol·L^{-1} H_2SO_4 和少量去离子水溶解试样，定量转移至 250 mL 容量瓶中，用水稀释至刻度，摇匀。

移取上述试液 25.00 mL 置于 250 mL 锥形瓶中，加 1 mol·L^{-1} H_2SO_4 4 mL、去离子水 50 mL、20% KI 溶液 5 mL，立即用 $Na_2S_2O_3$ 标准溶液滴定呈浅黄色。然后加入 0.5%淀粉溶液 3 mL，继续滴定至呈浅蓝色，再加入 10% NH_4SCN 溶液 10 mL，摇匀后蓝色的溶液变浑浊。继续滴定到蓝色刚好消失，此时溶液呈 CuSCN 的米色悬浮液即为滴定终点。根据所消耗 $Na_2S_2O_3$ 标准溶液的体积，计算铜的质量分数。平行测定 3 次。

【数据处理】

(1) 将实验数据填入表中。

(2) 计算铜试样(胆矾)中 Cu 的含量：

$$w=[c\times V(Na_2S_2O_3)\times M(胆矾)]/m(试样) \tag{2-86}$$

(3) 要求实验结果的相对平均偏差≤±0.2%。

序号	I	II	III
$m(K_2Cr_2O_7)$/g			
$Na_2S_2O_3$ 的终体积 V_e/mL			
$Na_2S_2O_3$ 的始体积 V_0/mL			
$c(Na_2S_2O_3)$/(mol·L^{-1})			
$c(Na_2S_2O_3)$ 平均值/(mol·L^{-1})			
$m(CuSO_4·5H_2O)$/g			
$Na_2S_2O_3$ 的终体积 V_e/mL			
$Na_2S_2O_3$ 的始体积 V_0/mL			
w(Cu)/%			
w(Cu) 平均值/%			

【注意事项】

(1) 若无碘量瓶，可用锥形瓶盖上表面皿代替。

(2) 间接碘量法必须在弱酸性或中性溶液中进行，在测定 Cu^{2+}时，通常用 NH_4HF_2 控制溶液的酸度为 pH 3～4，这种缓冲溶液(HF/F^-)同时也提供了 F^-作为掩蔽剂，可使共存的 Fe^{3+}转化为$[FeF_6]^{3-}$以消除其对 Cu^{2+}测定的干扰。若试样中不含 Fe^{3+}可不加 NH_4HF_2。

(3) 在间接碘量法中，淀粉指示剂应在临近终点，即 I_2 黄色已接近褪去时加入。否则，会

有较多的 I_2 被淀粉吸附，而导致终点滞后。

(4) CuI 沉淀表面易吸附少量 I_2，这部分 I_2 不与淀粉作用，而使终点提前。为此应在临近终点时加入 KSCN 溶液，使 CuI 转化为溶解度更小的 CuSCN，而 CuSCN 不吸附 I_2，从而使被吸附的那部分 I_2 释放出来，提高测定的准确度。

(5) 滴定完了的溶液放置后会变蓝色。这是由于光照可加速空气氧化溶液中的 I^- 生成少量的 I_2，酸度越大此反应越快。如经过 5～10 min 后才变蓝属于正常；如很快且又不断变蓝，则说明 $K_2Cr_2O_7$ 和 KI 的作用在滴定前进行得不完全，溶液稀释得太早。遇到后者情况，实验应重做。

(6) 注意平行原则，KI 做一份加一份。

值得注意的是，KSCN 溶液只能在临近终点时加入，否则大量 I_2 的存在可能氧化 SCN^-，从而影响测定的准确度。

【思考题】

(1) 用碘量法测定 Cu 含量时，加入 KI 为何要过量？此量是否要求很准确？加入 KSCN 溶液起何作用？为什么在临近终点前加入？

(2) 淀粉加入过早有什么不好？

(3) 碘量法测定铜合金中的铜含量时，pH 为何必须保持在 3～4？酸度过高过低对测定有何影响？

(4) 若试样中含有铁，则加入何种试剂以消除铁对测定铜的干扰并控制溶液的 pH 为 3～4？

实验二十八 医用注射液中葡萄糖含量的测定（4 学时）

【实验目的】

(1) 掌握碘量法测定葡萄糖含量的基本方法。

(2) 掌握间接碘量法滴定终点的控制及判断。

(3) 掌握有色溶液的读数方法。

【预备知识】

(1) 间接碘量法的基本原理。

(2) $Na_2S_2O_3$ 标准溶液的标定方法。

【实验原理】

I_2 与 NaOH 作用可生成次碘酸钠（NaIO），次碘酸钠可将葡萄糖（$C_6H_{12}O_6$）分子中的醛基定量地氧化为羧基。未与葡萄糖作用的次碘酸钠在碱性溶液中歧化生成 NaI 和 $NaIO_3$，当酸化时 $NaIO_3$ 又恢复成 I_2 析出，用 $Na_2S_2O_3$ 标准溶液滴定析出的 I_2，从而可计算葡萄糖的含量。涉及的反应如下。

(1) I_2 与 NaOH 作用生成 NaIO 和 NaI：

$$I_2+2OH^- \longrightarrow IO^-+I^-+H_2O \tag{2-87}$$

(2) $C_6H_{12}O_6$ 和 NaIO 定量作用：

$$C_6H_{12}O_6+IO^- \longrightarrow C_6H_{12}O_7+I^- \tag{2-88}$$

总反应式为

$$I_2+C_6H_{12}O_6+2OH^- = C_6H_{12}O_7+2I^-+H_2O \quad (2\text{-}89)$$

(3) 未与葡萄糖作用的 NaIO 在碱性溶液中歧化成 NaI 和 $NaIO_3$：

$$3IO^- = IO_3^- + 2I^- \quad (2\text{-}90)$$

(4) 在酸性条件下，$NaIO_3$ 又恢复成 I_2 析出：

$$IO_3^- + 5I^- + 6H^+ = 3I_2 + 3H_2O \quad (2\text{-}91)$$

(5) 用 $Na_2S_2O_3$ 滴定析出的 I_2：

$$I_2 + 2S_2O_3^{2-} = S_4O_6^{2-} + 2I^- \quad (2\text{-}92)$$

因 1 mol 葡萄糖与 1 mol I_2 作用，而 1 mol IO^-可产生 1 mol I_2，从而可以测定葡萄糖的含量。

【仪器和试剂】

仪器：分析天平(0.1 mg)、台秤(0.01 g)、烧杯、酸式滴定管(50 mL)、碱式滴定管(50 mL)、容量瓶(250 mL)、移液管(25 mL)、锥形瓶(250 mL)、碘量瓶(250 mL)。

试剂和其他用品：I_2(s，A.R.)、KI(s，A.R.)、$Na_2S_2O_3$(s，A.R.)、Na_2CO_3(s，A.R.)、$K_2Cr_2O_7$(s，A.R.，于 140 ℃电烘箱中干燥 2 h，储于干燥器中备用)、KI(20%)、HCl(6 $mol \cdot L^{-1}$)、淀粉溶液(0.5%)、NaOH(2 $mol \cdot L^{-1}$)、葡萄糖注射液(5%)。

【实验内容】

移取 25.00 mL 葡萄糖试液于碘量瓶中，从酸式滴定管中加入 25.00 mL I_2 标准溶液。一边摇动，一边缓慢加入 2 $mol \cdot L^{-1}$ NaOH 溶液，直至溶液呈浅黄色。将碘量瓶加塞放置 10～15 min 后，加 2 mL 6 $mol \cdot L^{-1}$ HCl 使其呈酸性，立即用 $Na_2S_2O_3$ 溶液滴定至溶液呈淡黄色时，加入 2 mL 淀粉指示剂，继续滴定蓝色消失即为终点。平行测定 3 次，计算试样中葡萄糖的含量(以 $g \cdot L^{-1}$ 表示)。

【数据处理】

序号	I	II	III
V(葡萄糖)/mL			
$Na_2S_2O_3$ 的终体积 V_e/mL			
$Na_2S_2O_3$ 的初体积 V_0/mL			
$V(Na_2S_2O_3)$/mL			
c(葡萄糖)/($g \cdot L^{-1}$)			
c(葡萄糖)平均值/($g \cdot L^{-1}$)			
偏差			
相对平均偏差			

【思考题】

(1) 配制 I_2 溶液时加入过量 KI 的作用是什么？

(2) 为什么在氧化葡萄糖时滴加 NaOH 的速度要慢，且加完后要放置一段时间？

(3) 本实验所用碘量法属于哪种方法？碘量法可以应用在哪些物质的分析中？试举例说明。

实验二十九　磷的比色分析（钼蓝法）（4 学时）

【实验目的】

(1) 掌握比色法测磷的原理和方法。

(2) 熟练掌握 722 型分光光度计的使用方法。

【预备知识】

(1) 磷的显色反应。

(2) 分光光度计的构造及使用。

【实验原理】

磷的测定既可以使用钼蓝法，也可以采用钒钼黄法，还可以利用钼锑抗法进行比色分析。但对于微量磷的测定，一般采用钼蓝法（或者钼锑抗法）。此法是在含 PO_4^{3-} 的酸性溶液中加入 $(NH_4)_2MoO_4$ 试剂，可生成黄色的磷钼酸，其反应式为

$$PO_4^{3-}+12\,MoO_4^{2-}+27H^+ \xlongequal{} H_7[P(Mo_2O_7)_6]+10H_2O \tag{2-93}$$

此黄色溶液直接进行分光光度法测定时，灵敏度较低，适用于含磷量较高的试样。若在黄色溶液中加入适量的还原剂，磷钼酸中部分正六价钼被还原生成低价的蓝色的磷钼蓝，提高了测定的灵敏度，还可消除 Fe^{3+}等离子的干扰。经显色后可在 690 nm 波长下测定其吸光度。含磷的浓度在 1 $mg\cdot L^{-1}$ 以下服从朗伯-比尔定律。

最常用的还原剂有 $SnCl_2$ 和抗坏血酸。用 $SnCl_2$ 作为还原剂，反应的灵敏度高、显色快。但蓝色稳定性差，对酸度、$(NH_4)_2MoO_4$ 试剂的浓度控制要求比较严格。抗坏血酸的主要优点是显色较稳定，反应的灵敏度高、干扰小，反应要求的酸度范围高[$c(H^+)=0.48\sim1.44\ mol\cdot L^{-1}$，以 $c(H^+)=0.8\ mol\cdot L^{-1}$ 为宜]，但反应速率慢。为加速反应，可加入酒石酸锑钾，配制成 $(NH_4)_2MoO_4$、酒石酸锑钾和抗坏血酸的混合显色剂（此称钼锑抗法）。本实验采用 $SnCl_2$ 法。

实验中，SiO_3^{2-} 会干扰磷的测定，它也与 $(NH_4)_2MoO_4$ 生成黄色化合物，并被还原为硅钼蓝。但可用酒石酸来控制 MoO_4^{2-} 浓度，使它不与 SiO_3^{2-} 发生反应。

该方法适用于磷酸盐的测定，还可适用于土壤、磷矿石、磷肥等试样中全磷的分析。

【仪器和试剂】

仪器：722 型分光光度计、比色管（25 mL）、移液管（1 mL、5 mL）、比色皿（1 cm）。

试剂和其他用品：$(NH_4)_2MoO_4$-H_2SO_4 混合液[1]、$SnCl_2$-甘油溶液[2]、磷标准溶液（5 $mg\cdot L^{-1}$）。

【实验内容】

1. 工作曲线的绘制

分别取 0.00 mL、1.00 mL、2.00 mL、3.00 mL、4.00 mL、5.00 mL 浓度为 5 $mg\cdot L^{-1}$ 磷标准溶液于 25 mL 比色管中，各加水至 2/3 刻度处，再各加入 1.0 mL $(NH_4)_2MoO_4$-H_2SO_4 混合试液，摇匀。然后各加入 2 滴 $SnCl_2$-甘油溶液，用 H_2O 稀释至刻度，摇匀，静置 20 min。

于 690 nm 波长处，用 1 cm 比色皿，以空白溶液作参比，测定各标准溶液的吸光度。以磷标准溶液的浓度 c(P) 为横坐标，吸光度 A 为纵坐标，绘制标准曲线。

2. 未知液中磷含量的测定

取 2.50 mL 待测试液于 25 mL 比色管中，在与标准溶液相同的条件下显色，并测定其吸光度。从工作曲线上查出相应磷的含量，并计算原试液的浓度(单位为 $mg \cdot L^{-1}$)。

1、2 步骤可按数据处理表顺序同时进行。

【数据处理】

序号	1	2	3	4	5	6	待测 1	待测 2
5 $mg \cdot L^{-1}$ 磷标准溶液/mL	0.00	1.00	2.00	3.00	4.00	5.00	—	—
待测液	—	—	—	—	—	—	2.50	2.50
蒸馏水稀释	2/3 刻度	2/3 刻度	2/3 刻度	2/3 刻度	2/3 刻度	2/3 刻度	2/3 刻度	2/3 刻度
$(NH_4)_2MoO_4$-H_2SO_4/mL	1.0	1.0	1.0	1.0	1.0	1.0	1.0	1.0
$SnCl_2$-甘油溶液滴数	2	2	2	2	2	2	2	2
定容体积/mL	25.00	25.00	25.00	25.00	25.00	25.00	25.00	25.00
吸光度(A)								

从标准曲线上查得 c_x=________$mg \cdot L^{-1}$

原试液 c(P)=__________$mg \cdot L^{-1}$

【注释】

[1] $(NH_4)_2MoO_4$-H_2SO_4 混合液：溶解 25 g $(NH_4)_2MoO_4$ 于 200 mL H_2O 中，加入 280 mL 冷的浓 H_2SO_4 和 400 mL H_2O 相混合的溶液中，并稀释至 1 L。

[2] $SnCl_2$-甘油溶液：将 2.5 g $SnCl_2 \cdot 2H_2O$ 溶于 100 mL 甘油中，溶液可稳定数周。

【思考题】

(1) 空白溶液中为何要加入与标准溶液及未知溶液等量的 $(NH_4)_2MoO_4$-H_2SO_4 和 $SnCl_2$-甘油溶液？

(2) 本实验使用的 $(NH_4)_2MoO_4$ 显色剂的用量是否要准确加入？过多、过少对测定结果是否有影响？

(3) 常用的参比溶液有哪几种？本实验所用参比溶液属于哪种类型的参比溶液？

实验三十　土壤中速效磷的测定(钼锑抗法)(4 学时)

【实验目的】

(1) 了解土壤中速效磷的供应状况。

(2) 了解测定土壤中速效磷的基本原理，掌握其测定方法。

【预备知识】

(1) 土壤中速效磷的含量与土壤供磷的关系。

(2) 植物体内磷含量的作用。

【实验原理】

用 pH 8.5 的 0.5 mol·L^{-1} $NaHCO_3$ 作浸提剂处理土壤，由于碳酸根的存在抑制了土壤中碳酸钙的溶解，降低了溶液中 Ca^{2+}浓度，相应地提高了磷酸钙的溶解度。由于浸提剂的 pH 较高，抑制了 Fe^{3+}和 Al^{3+}的活性，有利于磷酸铁和磷酸铝的提取。此外，溶液中存在着 OH^-、HCO_3^-、CO_3^{2-}等阴离子，也有利于吸附态磷的置换。用 $NaHCO_3$ 作浸提剂提取的有效磷与作物吸收磷有良好的相关性，其适应范围也广泛。

浸提液中的磷，在一定的酸度下，用硫酸钼锑抗还原显色成磷钼蓝，蓝色的深浅在一定浓度范围内与磷的含量成正比，因此可以用比色法测定其含量。

【仪器和试剂】

仪器：振荡机、分光光度计、电子天平(0.0001 g)、台秤(0.01 g)、锥形瓶(250 mL)、容量瓶(50 mL)、烧杯(100 mL、1000 mL)、漏斗、无磷滤纸、移液管(10 mL)。

试剂和其他用品：

1. 0.5 mol·L^{-1} $NaHCO_3$(pH 8.5)浸提液

称取化学纯 $NaHCO_3$ 42.0 g 溶于 800 mL 蒸馏水中，以 4 mol·L^{-1} NaOH 溶液调节 pH 至 8.5(用酸度计测定)，然后稀释至 1000 mL，保存在试剂瓶中。如果储存期超过 1 个月，使用时应重新调整 pH。

2. 无磷活性炭

将活性炭先用 1∶1(体积比)的盐酸浸泡过夜，在布氏漏斗上抽滤，用蒸馏水冲洗多次至无 Cl^-为止，用 0.5 mol·L^{-1} $NaHCO_3$ 溶液浸泡过夜，在布氏漏斗上抽滤，用蒸馏水洗尽 $NaHCO_3$，检查至无磷为止，烘干备用。

3. 7.5 mol·L^{-1} 硫酸钼锑抗储存液

在 1000 mL 烧杯中加入 400 mL 蒸馏水，将烧杯浸在冷水中，然后缓慢注入 208.3 mL 浓硫酸(分析纯)，并不断搅拌，冷却至室温。另称取分析纯钼酸铵 20 g 溶于 60 ℃的 150 mL 蒸馏水中，冷却。再将硫酸溶液慢慢倒入钼酸铵溶液中，不断搅拌，最后加入 100 mL 0.5%酒石酸锑钾溶液，用蒸馏水稀释至 1000 mL，摇匀，储存于棕色试剂瓶中，避光保存。

4. 钼锑抗混合显色剂

称取 1.50 g 抗坏血酸(左旋，旋光度+12°～+22°，A.R.)溶于 100 mL 钼锑抗储存液中，混匀。此试剂有效期为 24 h，宜用前配制，随配随用。

5. 磷标准溶液

准确称取在 105 ℃烘箱中烘干 2 h 的 0.2195 g KH_2PO_4(A.R.)，溶于 400 mL 蒸馏水中。加浓硫酸 5 mL，转入 1000 mL 容量瓶中，加蒸馏水定容至刻度，摇匀，此溶液为 5 mg·L^{-1} 磷标准溶液，此溶液不易久储。

6. 磷标准曲线的绘制

分别吸取 50 mg·L^{-1} 磷标准溶液 0.00 mL、1.00 mL、2.00 mL、3.00 mL、4.00 mL、5.00 mL

于 50 mL 容量瓶中，各加入 0.5 mol·L^{-1} $NaHCO_3$ 浸提液 1 mL 和钼锑抗显色剂 5 mL（缓慢加入，防止生成大量气体使液体溅出比色管外），除尽气泡后定容，充分摇匀，即为 0.00 mg·L^{-1}、0.10 mg·L^{-1}、0.20 mg·L^{-1}、0.30 mg·L^{-1}、0.40 mg·L^{-1}、0.50 mg·L^{-1} 磷的系列标准溶液。30 min 后与待测液同时进行比色，测得吸光度值 A。在方格坐标纸（或者用 Excel 作图）上以吸光度值为纵坐标、磷浓度（mg·L^{-1}）为横坐标绘制磷标准曲线。

【实验内容】

1. 待测液的制备

称取过 1 mm 筛孔的风干土样 5.00 g，置于 250 mL 锥形瓶中，加入一小勺无磷活性炭和 0.5 mol·L^{-1} $NaHCO_3$ 浸提液 100 mL，塞紧瓶塞，25 ℃在振荡机上振荡 30 min，取出后立即用干燥漏斗和无磷滤纸过滤，滤液用另一只锥形瓶盛接。同时做空白实验。

2. 测定

移取滤液 10 mL（对含 P_2O_5 1%以下的样品移取 10 mL，含磷高的样品可改为 5 mL 或 2 mL，但必须用 0.5 mol·L^{-1} $NaHCO_3$ 补足至 10 mL）于 50.00 mL 容量瓶中，加钼锑抗混合显色剂 5 mL，小心摇动。30 min 后，在波长 660 nm 处比色，以空白液的吸收值为 0，读出待测的吸光度值。

【数据处理】

序号	1	2	3	4	5	6	待测 1	待测 2
5 mg·L^{-1} 磷标准溶液/mL	0.00	1.00	2.00	3.00	4.00	5.00	—	—
待测液/mL	—	—	—	—	—	—	5.00	5.00
$NaHCO_3$ 溶液/mL	10.0	10.0	10.0	10.0	10.0	10.0	10.0	10.0
钼锑抗混合液/mL	5.0	5.0	5.0	5.0	5.0	5.0	5.0	5.0
定容体积/mL	50.00	50.00	50.00	50.00	50.00	50.00	50.00	50.00
吸光度（A）								

$$\text{土壤速效磷}(\text{mg}\cdot\text{kg}^{-1})=\frac{\text{待测液}\ (\text{mg}\cdot\text{L}^{-1})\times\text{待测液体积}\ (\text{L})\times\text{分取倍数}}{\text{烘干土重}\ (\text{kg})} \tag{2-94}$$

式中，待测液（mg·L^{-1}）为从标准曲线上查得的待测液浓度；待测液体积为 50 mL；分取倍数为浸提液总体积（mL）是吸取浸出液体积（mL）的倍数（100/10）；烘干土重为风干土重乘以水分系数。

【思考题】

（1）为什么报告有效磷测定结果时，必须同时说明所用的测定方法？

（2）测定过程中，如要获得比较准确的结果？应注意哪些问题？

（3）设计方案测定植物叶子、种子中磷的含量。

（4）磷元素是植物生长所必需的营养元素，土壤中磷有多种存在形式，其被植物吸收的难易程度是不一样的，请叙述土壤中磷存在的形式及其植物有效性，阐述土壤中速效磷测定的意义。

实验三十一 邻菲咯啉分光光度法测定 Fe(4 学时)

【实验目的】

(1)掌握邻菲咯啉分光光度法测定 Fe 的原理和方法。

(2)学习绘制吸收曲线的方法，掌握绘制吸收曲线的目的。

(3)学会 722 型分光光度计的使用方法。

【预备知识】

(1)邻菲咯啉分光光度法测定 Fe 的原理及反应条件的控制。

(2)工作曲线以及吸收曲线的作用及绘制。

(3)722 型分光光度计的构造及使用方法。

【实验原理】

微量 Fe 的测定最常用和最灵敏的方法是邻菲咯啉法。该法准确度高，重现性好，生成的配合物稳定。在 pH=2～9 时，Fe^{2+}和邻菲咯啉(1, 10-邻二氮菲)反应生成橘红色配合物，反应式如下：

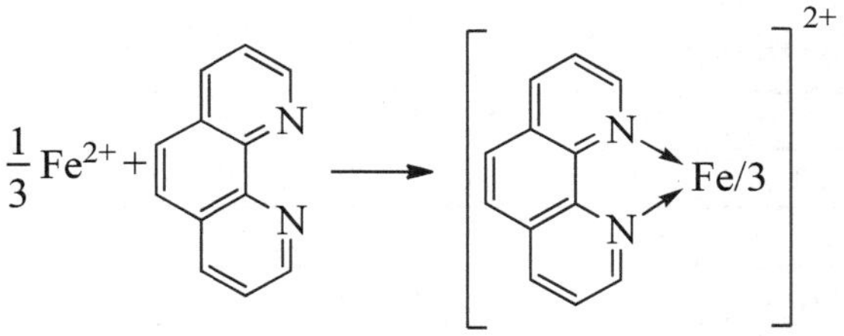

(2-95)

该配合物的摩尔吸收系数ε=1.1×10^4 L·cm^{-1}·mol^{-1}，最大吸收波长为 510 nm。

Fe^{3+}也可与邻菲咯啉反应，生成 3∶1 的淡蓝色配合物。故显色前用盐酸羟胺将 Fe^{3+}还原为 Fe^{2+}，再与邻菲咯啉反应可测定试样中的总铁。

Fe^{2+}与邻菲咯啉在 pH=2～9 都能显色，为了尽量减少其他离子的影响，通常在微酸性(pH≈5)溶液中显色。

该分析方法选择性很高，相当于 Fe 含量 40 倍的 Sn^{2+}、Al^{3+}、Ca^{2+}、Mg^{2+}、Zn^{2+}、SiO_3^{2-}，20 倍的 Cr^{3+}、Mn^{2+}、V(+5)、PO_4^{3-}；以及相当于 Fe 含量 5 倍的 Co^{2+}、Cu^{2+}等均不干扰测定。

【仪器和试剂】

仪器：722 型分光光度计、比色管(25 mL)、比色皿(1 cm)、移液管(1 mL、2 mL、5 mL)。

试剂和其他用品：Fe^{2+}标准溶液(10 mg·L^{-1})、盐酸羟胺(10%水溶液，新鲜配制)、NaAc-HAc 缓冲溶液(1.0 mol·L^{-1})、邻菲咯啉(0.15%水溶液)、待测试液。

【实验内容】

1. 显色溶液的配制

取八支 25 mL 比色管，编号。在 1～6 号比色管中用移液管分别加入 0.00 mL、1.00 mL、2.00 mL、3.00 mL、4.00 mL、5.00 mL 浓度为 10 mg·L^{-1} Fe^{2+}标准溶液，在第 7、8 号比色管中

分别加入 2.50 mL 待测试液，然后再各加入 1.5 mL 盐酸羟胺溶液、2.5 mL NaAc-HAc 缓冲溶液和 2.5 mL 邻菲咯啉溶液，用蒸馏水稀释至刻度，摇匀后静置 5 min。

2. 吸收曲线的制作

用 1 cm 比色皿，以试剂溶液(1 号比色管)为参比，用第 6 号比色管中溶液进行测定。在 440～560 nm 范围，每隔 10～20 nm 测定一次吸光度值 A。以波长(λ)为横坐标、吸光度(A)为纵坐标绘制吸收曲线，从而选择测量 Fe 的最佳波长(一般选用最大吸收波长λ_{max})。

3. 标准曲线的制作和 Fe 含量的测定

在所选择的波长(一般为 510 nm)处，用 1 cm 比色皿，以试剂溶液为参比，依次测定各溶液的吸光度值。以 Fe 标准溶液的浓度 $c(Fe^{2+})$为横坐标、吸光度 A 为纵坐标绘制标准曲线。从曲线上查出试液的浓度，再计算原试液中 Fe^{2+}含量。

【数据处理】

1. 吸收曲线的制作

波长/nm	440	460	480	490	500	510	520	530	540	560
吸光度(A)										

2. 标准曲线的制作和铁含量的测定

序号	1	2	3	4	5	6	待测 1	待测 2
10 $mg\cdot L^{-1}$ Fe^{2+}标准溶液/mL	0.00	1.00	2.00	3.00	4.00	5.00	—	—
待测液/mL	—	—	—	—	—	—	2.50	2.50
盐酸羟胺/mL	1.5	1.5	1.5	1.5	1.5	1.5	1.5	1.5
NaAc-HAc 溶液/mL	2.5	2.5	2.5	2.5	2.5	2.5	2.5	2.5
邻菲咯啉/mL	2.5	2.5	2.5	2.5	2.5	2.5	2.5	2.5
总体积/mL	25.00	25.00	25.00	25.00	25.00	25.00	25.00	25.00
吸光度(A)	0							

从标准曲线上查得 c_x=__________$mg\cdot L^{-1}$

原试液 $c(Fe^{2+})$=__________$mg\cdot L^{-1}$

【思考题】

(1) 用邻菲咯啉法测定铁时，为什么在测定前需要加入盐酸羟胺？若不加入盐酸羟胺，对测定结果有何影响？

(2) 什么是吸收曲线？什么是标准曲线？它们各有什么用途？

(3) 查阅资料，说说还有哪些方法可以测定微量 Fe，其测量原理是什么。

实验三十二　苹果抗氧化性的测定(4 学时)

【实验目的】

(1) 掌握羟自由基测定的基本原理及基本方法。

(2) 掌握间接分光光度法测定苹果抗氧化性的基本原理。

【预备知识】

(1) Fenton 反应的基本原理。

(2) 紫外-可见分光光度计的使用方法。

【实验原理】

过氧化氢与催化剂 Fe^{2+}构成的氧化体系称为 Fenton 试剂。在 Fe^{2+}催化剂作用下，过氧化氢能产生活泼的羟自由基，引发自由基链反应，并加快还原性物质的氧化。反应机理为

$$Fe^{2+}+H_2O_2 \longrightarrow Fe^{3+}+\cdot OH+OH^- \quad (2\text{-}96)$$

该反应一般在酸性条件下进行(pH 3.5)，产生的羟自由基与溴甲酚紫作用使其吸光度降低，利用在 430 nm 处溴甲酚紫吸光度值的变化可以间接测定 Fenton 反应所产生的自由基。当自由基可与水果提取物中的抗氧化性成分发生反应时，可导致溴甲酚紫吸光度降低的程度减弱，由此可测定苹果的抗氧化活性。

【仪器和试剂】

仪器：722 型分光光度计、比色管、容量瓶、移液管、电子天平、恒温水浴锅、离心机。

试剂和其他用品：$FeSO_4$ 标准溶液(1.0×10^{-3} mol·L^{-1})、溴甲酚紫溶液(0.5 g·L^{-1})、过氧化氢溶液(0.1 mol·L^{-1})、盐酸(0.1 mol·L^{-1})、NaF 溶液(5.0×10^{-2} mol·L^{-1})、硫脲(1.0×10^{-3} mol·L^{-1})。

【实验内容】

取六支比色管，将 0.4 mL 溴甲酚紫溶液、0.5 mL 盐酸、1.0 mL Fe^{2+}溶液、0.5 mL H_2O_2 溶液依次加入 10.00 mL 比色管中，再加入不同量的硫脲标准溶液或待测溶液，用蒸馏水稀释到刻度，摇匀，在 30 ℃恒温水浴锅中水浴 8 min 后，取出并加入 0.2 mL NaF 溶液终止反应。在 430 nm 处测其吸光度 A。

取新鲜苹果依次用自来水、蒸馏水洗净晾干，称取果肉 20 g，加入 100 mL 水匀浆 5 min，离心取上层清液稀释 10 倍后备用。

【数据处理】

序号	1	2	3	4	5	6	待测 1	待测 2
0.5 g·L^{-1} 溴甲酚紫溶液/mL	0.4	0.4	0.4	0.4	0.4	0.4	0.4	0.4
0.1 mol·L^{-1} 盐酸/mL	0.5	0.5	0.5	0.5	0.5	0.5	0.5	0.5
1.0×10^{-3} mol·L^{-1} Fe^{2+}溶液/mL	1.0	1.0	1.0	1.0	1.0	1.0	1.0	1.0
0.1 mol·L^{-1} H_2O_2 溶液/mL	0.5	0.5	0.5	0.5	0.5	0.5	0.5	0.5
1.0×10^{-3} mol·L^{-1} 硫脲准溶液/mL	0.00	1.00	2.00	3.00	4.00	5.00	—	—
待测液/mL	—	—	—	—	—	—	2.50	2.50
定容体积/mL	10.00	10.00	10.00	10.00	10.00	10.00	10.00	10.00
吸光度(A)								

从标准曲线上查得 c_x=________mg·L^{-1}

原试液 $c(Fe^{2+})$=________mg·L^{-1}

【思考题】

(1) 水浴时间对该反应有什么影响？

(2) 当硫脲浓度过大时，标准曲线是否为直线？

实验三十三　一种未知化合物的鉴别(4 小时)

【预备工作】

(1) 设计测定化合物溶解度的方法。

(2) 设计测定固体化合物密度的方法。

(3) 掌握使用石蕊试纸测定溶液酸碱性的原理，设计另一种可用于确定化合物酸碱性的方法。

(4) 相关实验现象记录表格的设计。

【基本要求】

在本实验中，学生根据具体情况进行分组，小组成员合作完成一系列标准化合物的测试，个人独立完成对未知化合物的测试，比较未知化合物与已知标准化合物，根据测试结果，确定一种白色固体未知化合物的成分。

【背景介绍】

华的叔公去世了，华的父母要求华帮忙整理叔公放置于阁楼上的遗物。在一张旧椅子背后的一个尘土飞扬的角落里，华发现了一个装有 9 个带塞试剂瓶的古董药剂箱。每个瓶子里都装有一些白色粉末，然而，所有瓶子的标签都掉了，但华发现标签就掉在药剂箱底部。华立即兴奋地计划将这个古董药剂箱送去参加在普罗维登斯附近举行的为期三周的古董巡回秀，并对其进行估价，他觉得如果标签贴在瓶子上会更令人印象深刻。作为一个完美主义者，他想把正确的标签贴在正确的瓶子上，但所有的粉末看起来如此相似，从外表看没有提供任何显示其成分的线索。标签上的名字是相对常见的材料：小苏打、阿司匹林、玉米淀粉、肥料的一种成分、咖啡因、粉笔、生石灰、泻盐(硫酸镁)和硼砂，他可以很容易在自己家里找到或者在药店、食品店或五金店购得。他决定进行一些测试来鉴别这 9 种物质。

【实验任务】

在这个实验中，每个研究小组将进行华为了解决他的难题所完成的相同的测试。实验室将为学生提供 9 个已知化合物或标准样品。三四名学生为一组，来表征全部这些标准样品。每个学生都应该表征其中的两个或三个标准样品。此外，每个学生将得到一个装有从华叔公药剂箱取出的白色固体化合物的试管，负责鉴别与表征这个未知的化合物，并在实验笔记本上对应试管号下记录实验现象与结果。

【实验内容】

1. 观察化合物的外观

(略)

2. 测试化合物的溶解度

如果一种溶质能够很好地溶解在溶剂里，说明这种物质是可溶的。如果溶解得不多，称这种物质是微溶的。如果很难溶解，则称这种物质是不溶或难溶的。在定量方面，可根据每毫升溶剂中溶解的固体毫克数范围定义：

$>30\ \mathrm{mg\cdot mL^{-1}}$，可溶性（大量溶解）；

$<10\ \mathrm{mg\cdot mL^{-1}}$，不溶性（检测不出溶解量）；

$10\sim30\ \mathrm{mg\cdot mL^{-1}}$，微溶（适量溶解）。

然而，以上物质溶解性的划分范围是近似的，在实验室中固体化合物的溶解度通常是通过以下快速、简便的方法测定的：

将一小药匙尖量的化合物装入小试管。这个量可以根据实验室提供的 0.010 g 的固体样品量来确定。再加入大约 10 滴溶剂并振荡试管 1 min 左右。观察固体是否溶解。

3. 测定化合物的密度

密度是物质的特性之一，每种物质都有一定的密度，不同物质的密度一般是不同。因此，可以利用密度鉴别物质，而密度可以通过测量样品的质量和体积，并相除得到：

$$d=m/V$$

式中，d 为密度，$\mathrm{g\cdot mL^{-1}}$；m 为质量，g；V 为体积，mL。

每个小组设计一个过程确定固体化合物的密度。实验之前检查对照实验记录表中设计的过程。

4. 酸性/碱性

酸的基本性质：有酸味；能够和活泼的金属（如锌和铁）发生反应生成氢气；能够和碱发生反应生成盐和水；能给出氢离子。

碱的基本性质：有苦涩味；接触皮肤有滑腻感；能够和酸发生反应生成盐和水；能接受氢离子。

酸和碱都具有腐蚀性，在实验室中绝对不能品尝，也不能接触皮肤。酸和碱还有另外一个性质，就是它们能够和酸碱指示剂发生反应。石蕊是一种常见的酸碱指示剂，酸能使石蕊试纸变成红色，碱能使石蕊试纸变成蓝色。那些既不显酸性又不显碱性的物质被称为中性物质。中性物质不能使中性石蕊试纸变色。因此，检验固体物质酸碱性的最简单可靠的方法就是把固体物质溶于水，然后用石蕊试纸检测溶液的酸碱性。

用试纸检测溶液酸碱性的正确操作方法是：取一小块试纸在表面皿或玻璃片上，用洁净的玻璃棒蘸取一滴待测液滴于试纸的中部，不要把试纸直接浸入待测液中，使用过的玻璃棒在做下一个实验前要先用蒸馏水冲洗干净。在检测任何化合物之前，先取一片中性石蕊试纸，向上面滴入一滴水（一种中性化合物），水中试纸的颜色可以为其他物质的测试提供参考。

除了可以用石蕊试纸检测，如果待测物质不溶于水，也可以通过观察它在酸性或碱性溶液中的化学行为来判断酸碱性。假如该化合物是酸性的，它将会与碱性溶液（如 NaOH）发生化学反应。假如该化合物是碱性的，它将会与酸性溶液（如 HCl）发生化学反应。通过固体的溶解、气体的放出（产生气泡）或者热量的产生，可以判断是否发生了化学反应。中性化合物可能会和酸碱发生反应，也可能不会发生反应。既能表现出酸性又能表现出碱性的化合物称为两性物质。

为了测试一个化合物如何与酸或碱发生反应，取少量固体试样放置于试管中，向其加入约 10 滴 HCl 溶液或 10 滴 NaOH 溶液，前后振荡试管底部约 1 min，记录实验现象。

根据上述实验和现象，设计能够区分和表征未知化合物的实验步骤。未知化合物的使用量不能超过 2 g。测试管中未使用的试剂要回收。

试剂：

标准品(下面每种试剂每组用量不能超过 2g)：小苏打、阿司匹林、玉米淀粉、肥料成分、咖啡因、粉笔、生石灰(注意有腐蚀性)、泻盐(硫酸镁)、硼砂。

溶剂(下面每种溶剂每组用量不能超过 50 mL)：丙酮、乙醇、正己烷、水，10% HCl 溶液(每组 50 mL)、10% NaOH 溶液(每组 50 mL)。

注意：10%的溶液是由 10g 化合物溶于 90g 水中配制而成。

仪器：10 mL 的量筒(精度±0.02 mL)。

【注意事项】

(1) 盐酸(HCl)和氢氧化钠(NaOH)都是腐蚀性化学品。如果这些溶液与皮肤接触，应用大量的水冲洗。还有一些未知物也有腐蚀性。

(2) 当面对未知物时，总要假设它是有毒的和有潜在的危险，并使用适当的预防措施。

(3) 丙酮、正己烷和乙醇(有机溶剂)都是易燃的，应远离明火和热源。

(4) 不要将任何剩余的液体或固体材料放回原试剂瓶，因为这可能会导致试剂污染。应与他人共享或以适当的方式处理。此外，不要污染装在试管中的未知化合物，未使用的部分必须还给教师。

(5) 关于本实验化学废物处理的重要信息：所有的固体化合物溶解在水中，经 HCl 或 NaOH 溶液处理后，均为非危险品，可倾倒于下水道中。提供的三种溶剂［丙酮（包括“洗”过的丙酮）、乙醇与正己烷］和包含这些溶剂的任何溶液，必须经有机实验室的副产品罐处理。

【思考题】

(1) 描述你的实验团队执行这个实验的过程，并指出在执行过程中，你的角色是什么？你的任务是什么？你观察到哪些现象？

(2) 写出你的未知化合物的代码号。确定的未知化合物是什么？你是如何得出这个结论的？列出未知化合物的特征。

(3) 你的团队在确定固体化合物的密度实验中可能存在错误，谈论其来源，并讨论其对实验结果的影响。

第3章 综合实验

综合化学实验是一类跨多个学科的综合性较强的实验，一般跨两个以上化学内二级学科，部分实验与农科、生命科学、食品科学等学科相结合，除跨化学的多个二级学科外还跨其他不同类型的学科，是多学科的综合，显现出鲜明的农科特色。本章实验内容由于涉及的学科较多，实验难度和复杂程度相对较高，其目的是通过全方位、系统地实验教学进行化学技术和技能的综合训练，培养学生综合运用多学科知识解决实际问题的能力。

例如，“酱油中氨基酸总量的测定”实验项目，酱油的前处理(吸附脱色、过滤等)是无机部分的内容，经前处理后的样品氨基酸与甲醛发生羰基加成反应将氨基保护起来，此部分为有机化学的内容，然后样品变成单一的羧酸以氢氧化钠滴定，又是分析化学部分的内容，而实验项目本身是食品科学的内容，因此，此实验项目是化学与食品科学两个不同学科内容的交叉与融合，同时又是化学内无机、有机、分析三个二级学科的交叉与综合。“植物样品中维生素 B_2 的分子荧光测定”实验项目，需要经过样品前处理、标准曲线制作、分析测试等过程，达到对学生进行综合性训练的目的。本章还引入了英文综合实验和计算机模拟实验，体现了当前实验化学的发展方向和趋势。

本章内容体现了理农结合、交叉融合的课程设计理念，是培养学生综合运用所学知识解决实际问题和培养创新精神的极好途径。根据不同专业特点，设计了专业必修实验项目和专业选修实验项目。综合实验的开设将在提高学生的学习兴趣、形成学生的创新思维、加深学生的理论联系实际等方面产生积极的影响。

实验三十四 酱油中氨基酸总量的测定——甲醛法(微型滴定)(4学时)

【实验目的】

(1) 了解酱油的作用及其制备。
(2) 掌握酱油中氨基酸含量测定的原理和方法。
(3) 学会微型滴定操作。

【预备知识】

(1) 酸碱质子理论及酸碱的滴定要求。
(2) 氨基酸的分析原理和方法。
(3) 微型滴定分析的相关要求。

【实验原理】

酱油是用豆、麦、麸皮酿造的液体调味品。红褐色，有独特酱香，滋味鲜美，有助于促进食欲，是中国传统调味品。因着色不同，酱油还有生抽和老抽之别，生抽酱油颜色较淡，呈红褐色，一般用于烹调；老抽酱油颜色较深，呈棕褐色，一般用于食品着色。国内著名的酱油品牌有海天、李锦记、加加等。酱油的鲜味取决于氨基酸态氮含量的高低，一般来说氨基酸含量越高，酱油的等级越高，品质越好。氨基酸态氮 $\geq 0.8\ g\cdot(100\ mL)^{-1}$ 为特级；

0.7 g·(100 mL)$^{-1}$为一级；0.55 g·(100 mL)$^{-1}$为二级；0.4 g·(100 mL)$^{-1}$为三级。

氨基酸中的氨基可作为亲核试剂，在甲醛的羰基上加成，生成 *N*, *N*-二羟甲基氨基酸。

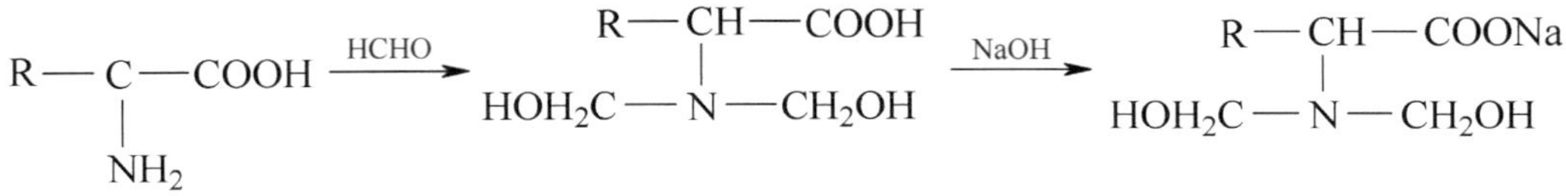

(3-1)

氨基与甲醛加成后，由于羟基为吸电子基团，氮原子上电子云密度显著降低，削弱了它接受质子的能力，使氨基的碱性消失，这样就可以用碱来滴定氨基酸的羧基(化学计量点时 pH 为 8.4～9.2)，从而测定酱油中氨基酸总量。

【仪器和试剂】

仪器：微型滴定管(3 mL)、容量瓶(100 mL)、移液管(5 mL、10 mL)、锥形瓶(25 mL)、烧杯、电子天平(0.01 g)、抽滤装置等。

试剂和其他用品：酱油、HCHO(A.R.，36%)、NaOH(约 0.1 mol·L^{-1})、活性炭、酚酞指示剂(0.2%醇溶液)、滤纸等。

【实验内容】

1. 脱色

取 10.00 mL 酱油(李锦记生抽)，加 20 mL 水，加入活性炭 3 g，加热煮沸，脱色(搅拌约 10 min)。

2. 过滤

减压过滤，洗 2～3 次，每次 5 mL 左右水(注意用水量)。减压过滤仍然使用倾析法，即先过滤上层清液，经洗涤后再全部转移至布氏漏斗抽滤。注意小心拔出与抽滤瓶连接的橡皮管，勿损失滤液，抽滤瓶使用前应洗涤干净并用去离子水润洗，使用后也应洗 2～3 次，并与滤液合并。

3. 定容

将抽滤瓶中滤液先转移至 100 mL 小烧杯中，洗涤抽滤瓶，一并转移至容量瓶中，定容至 100 mL。

4. 滴定

从上述容量瓶中取 5.000 mL 酱油溶液，用 NaOH 滴定多余的酸(酚酞 3 滴左右，微红色为止)；再加入中性甲醛(36%) 2 mL，放置 1 min 后，用 NaOH 滴定，终点颜色为微红色。

【数据处理】

项目		I	II	III
中和酱油中其他酸	NaOH 滴定的终体积 V_e/mL			
	NaOH 滴定的初体积 V_0/mL			
	NaOH 中和酸的体积 V/mL			

续表

项目		I	II	III
氨基酸滴定	NaOH 滴定的终体积 V_e/mL			
	NaOH 滴定的初体积 V_0/mL			
	NaOH 滴定氨基酸的体积 V/mL			
氨态氮含量/[g·(100 mL)$^{-1}$]				
平均值/[g·(100 mL)$^{-1}$]				
偏差				
相对平均偏差				

酱油中氨基酸总量以氨态氮[g·(100 mL)$^{-1}$]表示。

$$\text{氨态氮含量}[\text{g}\cdot(100\ \text{mL})^{-1}]=\frac{c(\text{NaOH})\times V(\text{NaOH})\times M(\text{N})}{V(\text{酱油})\times\dfrac{5.000}{100.0}}\times\frac{1}{10} \tag{3-2}$$

注：体积单位均用 mL。

【思考题】

(1) NaOH 溶液可用什么基准试剂标定？选用何种指示剂？

(2) 酱油中氨基酸态氮总量为什么不用直接法测定？

(3) 实验所用中性甲醛为什么呈粉红色？

(4) 查阅资料，说明氨基酸的其他分析测定方法。

实验三十五 乙酰水杨酸的制备及含量测定(8 学时)

【实验目的】

(1) 学习乙酰水杨酸的制备及纯化方法。

(2) 掌握用返滴定法测定乙酰水杨酸的含量。

【预备知识】

乙酰水杨酸又名阿司匹林，有退热、镇痛、抗风湿等作用。阿司匹林的产生历史是医药发展史上新药研发成功的典范，即开始都是以植物的粗提取物或以民间药物出现，再由化学家分离出其中的活性成分，测定其结构并加以改造，结果制得了比原来更好的药物。

(1) 阿司匹林的结构。

(2) 主要物料乙酸酐、水杨酸、乙酰水杨酸的性质及物理常数。

(3) 重结晶。

【实验原理】

乙酸酐和水杨酸(邻羟基苯甲酸)作用可得乙酰水杨酸，由于水杨酸中的羟基、羧基形成分子内氢键，反应必须加热到 150～160 ℃。但加入少量浓硫酸或浓磷酸等可以破坏氢键，反应温度可降到 75～85 ℃，而且副产物少。

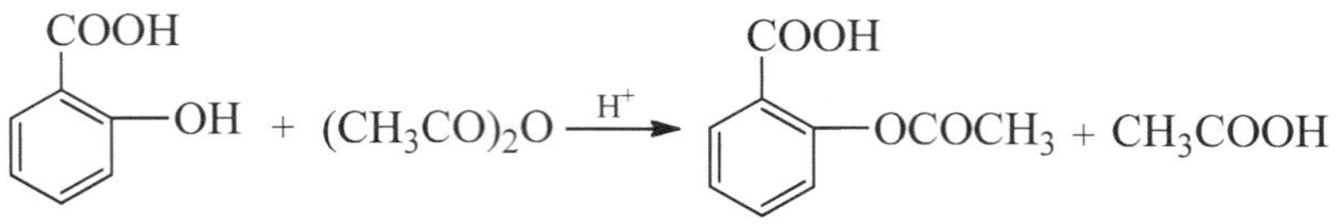

反应所得的粗产物中存在的杂质是裹夹在晶体内部的酸及少量的水杨酸。水杨酸的存在是乙酰化反应不完全，或者产物在分离步骤中水解造成的。粗产品可用 3∶10 的乙醇-水溶液重结晶。

乙酰水杨酸是有机弱酸(pK_a=3.0)，其含量的测定可采用返滴定法：加入过量的 NaOH 标准溶液，加热一段时间使乙酰基水解完全。再用 HCl 标准溶液回滴过量的 NaOH。

总反应：

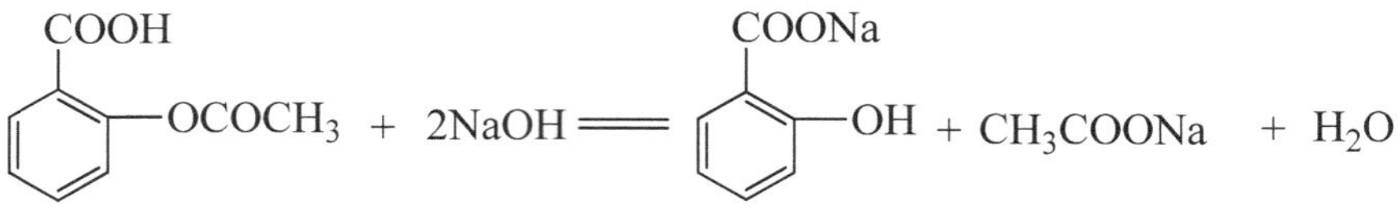

滴定反应：

$$NaOH + HCl = NaCl + H_2O$$

【仪器和试剂】

仪器：大试管、烧杯(100 mL)、锥形瓶(100 mL、250mL)、容量瓶(100 mL)、酸式滴定管(50 mL)、移液管(20 mL)、抽滤装置、热过滤装置、电热套、称量瓶、电子天平(0.0001 g)、台秤(0.01 g)、水浴锅、分析化学实验常用仪器。

试剂：水杨酸、乙酸酐、浓硫酸、乙醇(95%)、NaOH($0.1\ mol\cdot L^{-1}$)、HCl($0.1\ mol\cdot L^{-1}$)、酚酞指示剂、$FeCl_3$ 溶液。

【实验内容】

1. 乙酰水杨酸粗产品的制备

在一大试管中加入 2.8 g(0.02 mol)干燥的水杨酸、6 mL(0.06 mol)新蒸的乙酸酐、6 滴浓硫酸，充分振荡。将试管置于 80～85 ℃的水浴中，摇动下加热 15 min 后取出。稍冷，在不断搅拌下将反应物倒入盛有 20 mL 冷水的小烧杯中，用 10 mL 冷水淋洗试管，淋洗液并入烧杯，冰水浴冷却 15 min 后抽滤，冷水洗涤，抽干得乙酰水杨酸粗产品。

2. 粗产品的精制

将粗产品转至一干净的小锥形瓶，加 30 mL 体积比为 3∶10 的乙醇-水溶液，水浴加热，若有少量不溶解，继续添加少量溶剂至完全溶解。趁热过滤，冰水浴冷却滤液，即有细粒状结晶析出。等结晶完全析出后抽滤，用少量乙醇-水溶液洗涤结晶，干燥，得无色晶体状乙酰水杨酸，称量，计算产率。

3. 产物分析

在 2 支试管中分别放置 0.05 g 水杨酸和本实验制得的乙酰水杨酸，加入 1 mL 乙醇使晶体溶解。然后在每个试管中加入几滴 $FeCl_3$ 溶液，观察现象，以确定产物中是否有水杨酸存在。

4. 乙酰水杨酸含量测定

准确称取约 0.5 g 乙酰水杨酸于干燥的 100 mL 烧杯中，用移液管准确加入 50.00 mL 0.1 mol·L^{-1} NaOH 标准溶液后，盖上表面皿，轻摇几下，水浴加热 15 min，迅速用流水冷却(防水杨酸挥发，防热溶液吸收空气中的 CO_2)，将烧杯中的溶液定量转移至 100 mL 容量瓶中，用蒸馏水稀释至刻度线，摇匀。

准确移取上述试液 20.00 mL 于 250 mL 锥形瓶中，加入 2 滴酚酞指示剂，用 0.1 mol·L^{-1} HCl 标准溶液滴至红色刚刚消失即为终点。根据所消耗 HCl 溶液的体积计算乙酰水杨酸的质量分数(%)。

$$w=\frac{\frac{1}{2}[c(\text{NaOH})\times V(\text{NaOH})]\times M(\text{乙酰水杨酸})}{m(\text{乙酰水杨酸})}\times 100\%$$

【数据处理】

序号		1	2	3
m(乙酰水杨酸)/g				
c(NaOH)/(mol·L^{-1})				
V(NaOH)/mL				
V(试液)/mL				
c(HCl)/(mol·L^{-1})				
消耗 HCl 体积/mL	初读数 V_1			
	终读数 V_2			
	ΔV			
乙酰水杨酸 w/%				
乙酰水杨酸 w 平均值/%				
$\bar{d}_r$/%				

【思考题】

(1)制备乙酰水杨酸时，为什么要使用干燥的仪器？

(2)乙酰水杨酸在沸水中受热时，分解得到一种溶液，对三氯化铁实验呈阳性，试解释，并写出反应方程。

(3)返滴定法测定乙酰水杨酸含量时，为什么 1 mol 乙酰水杨酸消耗 2 mol NaOH，而不是 3 mol NaOH？回滴后的溶液中，水解产物的存在形式是什么？

实验三十六　土壤中可溶性 SO_4^{2-} 的测定(重量法)(8 学时)

【实验目的】

(1)掌握重量法测定土壤中可溶性 SO_4^{2-} 的原理和方法。

(2)学习重量法的基本操作及程序。

(3)了解晶形沉淀条件和沉淀方法。

【预备知识】

(1) 重量法的基本原理和分析过程。

(2) 沉淀生成、陈化、过滤、洗涤、灰化、灼烧等基本操作。

【实验原理】

测定土壤中可溶性SO_4^{2-}含量，对确定盐土类型及对土壤进行改良利用都具有重要意义。同时，在常规分析中，测定SO_4^{2-}是不可缺少的项目。

重量法测定SO_4^{2-}是将土壤样品与水按一定比例混合，经过振荡过滤后，将土壤中SO_4^{2-}提取到溶液中，加入$BaCl_2$溶液使SO_4^{2-}沉淀为$BaSO_4$，经过陈化、过滤、洗涤、烘干、灼烧后，称量$BaSO_4$的质量，从而计算SO_4^{2-}的含量，其反应式为

$$Ba^{2+}+SO_4^{2-} = BaSO_4\downarrow \tag{3-3}$$

Ba^{2+}能生成一系列微溶化合物，如$BaCO_3$、$BaCrO_4$、BaC_2O_4、$BaHPO_4$、$BaSO_4$等，其中以$BaSO_4$的溶解度最小，25 ℃时 100 mL H_2O仅能溶解 0.25 mg $BaSO_4$，在过量沉淀剂存在时，$BaSO_4$的溶解度大大减少，一般可忽略不计。

为了防止$BaCO_3$、$BaHPO_4$、BaC_2O_4、$BaCrO_4$等共沉淀，并适当增加$BaSO_4$的溶解度，降低其相对过饱和度，获得纯净而颗粒粗大的晶形沉淀，一般在 0.05 $mol \cdot L^{-1}$ HCl 溶液中和加热近沸的条件下进行沉淀。

【仪器和试剂】

仪器：马弗炉、恒温振荡器、瓷坩埚、18 号筛、广口塑料瓶、电炉、烧杯(200 mL)、台秤(0.01 g)、电子天平(0.0001 g)、水浴锅、量筒(10 mL、100 mL)、锥形瓶(500 mL)、定量滤纸。

试剂和其他用品：HCl(3 $mol \cdot L^{-1}$)、$BaCl_2$(10%)。

【实验内容】

1. 瓷坩埚恒量

洗净两只瓷坩埚，在 800～850 ℃的马弗炉中灼烧，第一次灼烧 30 min，取出稍冷片刻，放入干燥器中冷却至室温，称量。第二次灼烧 15～20 min，取出稍冷片刻，放入干燥器中冷却至室温，再称量。如此操作直至两次称量之差不超过 0.3 mg，即已恒量。

2. 试样的制备

称取 100 g 通过 18 号筛(1 mm 筛孔)的风干土壤样品于 1 L 广口塑料瓶中，加入 500 mL 不含CO_2的蒸馏水。

将塑料瓶用橡皮塞塞紧，在电动恒温振荡器上振荡 3 min，立即减压抽滤，如果土壤样品不太黏或碱化度不高，可用平板瓷漏斗过滤，直到滤液清澈为止。清液储存于 500 mL 锥形瓶中，用橡皮塞塞紧备用。

3. 沉淀制备

移取 50～100 mL 土壤浸提液于 200 mL 烧杯中，在水浴上蒸干，加入 5 mL 3 $mol \cdot L^{-1}$ HCl 处理残渣，再蒸干，并继续加热 1～2 h。用 2 mL 3 $mol \cdot L^{-1}$ HCl 溶液和 20 mL 热水洗涤，用慢速定量滤纸过滤，除去SiO_2，再用热水洗残渣数次。

滤出液在烧杯中蒸发至30～40 mL，在不断搅拌下趁热滴加10% $BaCl_2$至沉淀完全。待溶液澄清后，于上层清液中再加几滴$BaCl_2$，直至无沉淀生成时，再多加2～4 mL $BaCl_2$。在水浴上继续加热15～20 min，取下烧杯静置2 h。

4. 沉淀过滤和洗涤

溶液冷却后，用慢速定量滤纸过滤，烧杯中的沉淀用热水洗2～3次后转移到滤纸上，再洗至无Cl^-(用$AgNO_3$溶液检查)，但沉淀洗涤次数不宜过多。

5. 灰化

将盛有沉淀的滤纸折成小包，放入已灼烧恒量的坩埚中，在电炉上烘干并灰化至灰白色后，在800～850 ℃马弗炉中灼烧20 min，放入干燥器中冷却至室温，称量。再将坩埚灼烧20 min，冷却，称量，如此操作直至恒量。

6. 空白实验

用相同试剂和滤纸同样处理，做空白实验，求得空白质量。

【数据处理】

土壤中可水溶性SO_4^{2-}含量w可按式(3-4)进行计算：

$$w(SO_4^{2-}) = \frac{[m(BaSO_4) - m(\text{空白})] \times 0.4116}{m(\text{试样})} \times 100\% \tag{3-4}$$

式中，m(试样)为吸取待测液的体积所相当的样品质量；0.4116为$BaSO_4$与SO_4^{2-}的换算因子。

【注意事项】

(1) $BaSO_4$沉淀和滤纸灰化时，应保证充足的空气，否则$BaSO_4$易被滤纸烧成的炭还原为BaS。

(2) 灼烧温度不能太高，否则$BaSO_4$开始分解。

【思考题】

(1) 除重量法测定SO_4^{2-}外，还有哪些方法可以测定SO_4^{2-}？

(2) 本实验采用$BaSO_4$重量法测定SO_4^{2-}含量，该法能否用于Ba^{2+}含量的测定？

(3) 为何要在稀HCl介质中沉淀$BaSO_4$？如果HCl溶液浓度太大，将产生什么影响？

(4) 为什么在热溶液中沉淀$BaSO_4$，但要在冷却后过滤？制备晶形沉淀时需要遵循哪些原则？

实验三十七 鸡蛋壳中钙镁总量的测定(6～8学时)

【实验目的】

(1) 学习并掌握配位滴定法测定鸡蛋壳中钙镁总量的原理和方法。

(2) 学习使用配位掩蔽法消除干扰离子的影响。

(3) 熟悉金属离子指示剂变色原理及滴定终点的判断。

(4) 训练对实际样品的分析。

【预备知识】

(1) 配位滴定法原理、金属指示剂变色原理。
(2) 容量瓶、移液管、酸式滴定管的使用方法。

【实验原理】

鸡蛋含有大量的维生素、矿物质及蛋白质，是人类最好的营养来源之一。随着人们的生活水平不断提高，鸡蛋的消耗量与日俱增，因此产生了大量的鸡蛋壳。鸡蛋壳在医药、日用化工及农业等方面都有广泛的应用。鸡蛋壳中含有大量钙，主要以碳酸钙形式存在，其余还有少量镁、钾和微量铁等。鸡蛋壳在生活中来源广泛易得，由于是实物分析，不仅能提高学生的基本操作水平，还能激发学生的实验兴趣，锻炼学生分析、解决实际问题的能力。

鸡蛋壳中钙镁总量的测定方法有三种：酸碱滴定法、配位滴定法和氧化还原滴定法。相比较而言，配位滴定法操作过程比较简单，测定结果准确度和精密度都比较好。

鸡蛋壳的主要成分为 $CaCO_3$，其次为 $MgCO_3$、蛋白质、色素以及少量的 Fe、Al 等。本实验首先对鸡蛋壳进行预处理，将鸡蛋壳洗净，在水中煮沸以除去鸡蛋壳内的薄膜，烘干后碾成粉末，再加入 6 $mol \cdot L^{-1}$ 盐酸溶解制成溶液。在 pH=10 的氨性缓冲溶液中，以铬黑 T 作为指示剂，用 EDTA 测定 Ca^{2+}和 Mg^{2+}的总量。为了消除鸡蛋壳中所含少量铁和铝的干扰，在滴定前可加入过量的三乙醇胺掩蔽剂来掩蔽铁和铝。

滴定前：

$$Mg^{2+} + EBT = Mg\text{-}EBT \tag{3-5}$$

滴定后：

$$Ca^{2+} + Y = CaY \tag{3-6}$$

$$Mg\text{-}EBT + Y = MgY + EBT \tag{3-7}$$

【仪器和试剂】

仪器：电子天平(0.0001 g)、酸式滴定管(50 mL)、烧杯(100 mL)、容量瓶(250 mL)、锥形瓶(250 mL)、移液管(25 mL)、量筒(50 mL)、蒸发皿、酒精灯、石棉网、三脚架。

试剂和其他用品：HCl(6 $mol \cdot L^{-1}$)、铬黑 T 指示剂、三乙醇胺水溶液(1∶2)、NH_3-NH_4Cl 缓冲溶液(pH=10)、EDTA 标准溶液(0.01 $mol \cdot L^{-1}$)、乙醇(A.R.，95%)。

【实验内容】

1. 0.01 $mol \cdot L^{-1}$ EDTA 溶液的标定(以 EBT 为指示剂)

准确称取 0.17～0.20 g 锌片于 100 mL 烧杯中，加入 5 mL 1∶1 HCl 溶液，盖上表面皿，使锌完全溶解，将溶液定容到 250 mL 容量瓶中，贴上标签。用移液管移取 25.00 mL 溶液于 250 mL 锥形瓶中，慢慢滴加 1∶1 氨水溶液至出现浑浊(氢氧化锌沉淀)为止，依次加入 pH=10 的氨性缓冲溶液(NH_3-NH_4Cl) 10 mL 和纯水 20 mL。然后加入 5 滴 EBT 指示剂，用待标定的 EDTA 溶液滴定至溶液由紫红色变为纯蓝色为终点，滴定过程中间色为蓝紫色。平行滴定 3 次，计算 EDTA 溶液的浓度，即

$$c(\text{EDTA}) = \frac{m(\text{Zn}) \times 25.00}{M(\text{Zn}) \times V(\text{EDTA}) \times 250.0} \quad (3\text{-}8)$$

2. 鸡蛋壳中钙镁含量的测定

1) 鸡蛋壳样品预处理

先将鸡蛋壳洗净，加水煮沸 5～10 min，去除鸡蛋壳内表层的蛋白薄膜，然后把鸡蛋壳放于蒸发皿中用小火烤干，用研钵研成粉末。准确称取鸡蛋壳粉 0.24～0.26 g，加入 6 mol·L^{-1} HCl 约 5 mL，同时加入 20 mL 水，80 ℃水浴加热溶解完全，用蒸馏水转移到 250 mL 容量瓶中，定容，摇匀备用。

若有泡沫，则滴加 2～3 滴 95%乙醇，泡沫消除后，滴加蒸馏水至刻度线摇匀。

2) 鸡蛋壳中钙镁总量的测定

准确移取上述待测溶液 25.00 mL 于 250 mL 锥形瓶中，加入 5 mL 三乙醇胺(根据实际情况确定是否添加)，5～10 滴 1∶1 氨水，10 mL NH_3-NH_4Cl 缓冲溶液(pH=10)，加 5 滴铬黑 T 指示剂，摇匀，用上述 EDTA 标准溶液滴定至溶液由紫红色变为纯蓝色，记录所消耗的 EDTA 标准溶液的体积 V(mL)。平行滴定 3 次，根据式(3-9)计算鸡蛋壳中钙镁的总量(以 CaO 的含量表示)：

$$w(\text{CaO}) = \frac{c(\text{EDTA}) \times V(\text{EDTA}) \times 10 \times M(\text{CaO})}{m(\text{鸡蛋壳})} \quad (3\text{-}9)$$

【数据处理】

1. EDTA 浓度的标定

序号	I	II	III
EDTA 的终读数 V_e/mL			
EDTA 的初读数 V_0/mL			
V(EDTA)/mL			
c(EDTA)/(mol·L^{-1})			
c(EDTA)平均值/(mol·L^{-1})			
偏差			
相对平均偏差			

2. 鸡蛋壳中钙镁含量的测定

序号	I	II	III
鸡蛋壳粉质量 m/g			
EDTA 的终读数 V_e/mL			
EDTA 的初读数 V_0/mL			
V(EDTA)/mL			
钙镁总量/%			
钙镁总量平均值/%			
偏差			
相对平均偏差			

【思考题】

(1) 为什么要加入氨性缓冲溶液控制溶液的 pH=10？

(2) 鸡蛋壳粉溶解后稀释时为什么可以通过加 95%乙醇消除泡沫？

(3) 本实验中鸡蛋壳粉的称量范围是怎么确定的？

(4) 鸡蛋壳中钙镁含量还可以通过其他方法测定，试查阅资料了解相关的分析方法。

实验三十八　铝合金中铝含量的测定(8 学时)

【实验目的】

(1) 掌握 EDTA 标准溶液的配制和标定原理。

(2) 掌握返滴定法和置换滴定法测定 Al 含量的原理和方法。

(3) 了解配位滴定中溶液的酸度、温度和滴定速度的控制。

(4) 掌握二甲酚橙指示剂的应用，了解金属指示剂的特点。

【预备知识】

(1) 配位滴定法的原理、金属指示剂的变色原理。

(2) 容量瓶、移液管、酸式滴定管的使用方法。

【实验原理】

Al^{3+}易水解，在较低酸度时，易与 EDTA 形成羟基配位化合物，同时 Al^{3+}与 EDTA 配位反应速率较慢，在较高酸度下煮沸则容易配位完全，故一般采用返滴定法或置换滴定法测定铝。

采用置换滴定法时，先调节 pH 为 3～4，加入过量的 EDTA 溶液，煮沸，使 Al^{3+}与 EDTA 配位完全，冷却后，再调节溶液的 pH 为 5～6，以二甲酚橙为指示剂，用 Zn^{2+}标准溶液滴定过量的 EDTA(不计体积)。然后，加入过量的 NH_4F，加热至沸，使 AlY^-与 F^-发生置换反应，并释放出与 Al^{3+}等物质的量的 EDTA。释放出来的 EDTA 再用 Zn^{2+}标准溶液滴定至紫红色，即为终点。

【仪器和试剂】

仪器：电子天平(0.0001 g)、烧杯(100 mL、250 mL)、试剂瓶(500 mL)、量筒(10 mL、100 mL)、表面皿、容量瓶(100 mL、250 mL)、移液管(25 mL)、锥形瓶(250 mL)、酸式滴定管(50 mL)、洗瓶、酒精灯。

试剂和其他用品：乙二胺四乙酸钠(s，A.R.)、HCl(1∶1、1∶3)、锌片(s，A.R.)、二甲酚橙(0.2%)、六次甲基四胺(20%)、HNO_3-HCl-H_2O(1∶1∶2)混合酸、氨水(1∶1)、NH_4F 溶液(20%)、铝合金材料。

【实验内容】

1. 0.02 $mol \cdot L^{-1}$ EDTA 溶液的配制

称取 3.8 g 乙二胺四乙酸钠，溶解于 200 mL 温水中，稀释到 500 mL，转入试剂瓶中，摇匀，贴上标签。若有浑浊，应过滤。

2. 锌标准溶液的配制

准确称取 0.17～0.20 g 锌片于 100 mL 烧杯中，加入 5 mL 1∶1 HCl 溶液，并立即盖上表面皿，使锌片完全溶解，将溶液定容到 250 mL 容量瓶中。

3. 0.02 $mol \cdot L^{-1}$ EDTA 溶液的标定

用移液管吸取 25.00 mL 锌标准溶液于 250 mL 锥形瓶中，加入约 20 mL 蒸馏水，滴加 2 滴二甲酚橙指示剂，然后滴加六次甲基四胺溶液至溶液呈稳定的红紫色后，再多加 3 mL 六次甲基四胺溶液。用待标定的 EDTA 标准溶液滴定至溶液由红紫色变为亮黄色，即为终点。平行滴定 3 次，根据锌片的质量和消耗的 EDTA 溶液的体积，计算 EDTA 溶液的浓度。

4. 铝合金试液的制备

准确称取 0.10～0.15 g 铝合金于 250 mL 烧杯中，加入 10 mL 混合酸，并立即盖上表面皿，置于通风橱中，待试样完全溶解后，将溶液定容到 100 mL 容量瓶中。

5. 铝合金试液中铝含量的测定

用移液管吸取 25.00 mL 铝合金试液于 250 mL 锥形瓶中，加入 10 mL 0.02 $mol \cdot L^{-1}$ EDTA 溶液、2 滴二甲酚橙指示剂，溶液呈黄色，用 1∶1 氨水调至溶液恰呈紫红色。然后滴加 3 滴 1∶3 HCl，将溶液煮沸 3 min 左右，冷却，加入 20 mL 20%六次甲基四胺溶液，此时溶液应呈黄色(若不呈黄色，可用 HCl 调节，再补加 2 滴二甲酚橙指示剂)，用锌标准溶液滴定至溶液从黄色变为红紫色。加入 20% NH_4F 溶液 10 mL，将溶液加热至微沸，流水冷却，再补加 2 滴二甲酚橙指示剂，此时溶液应呈黄色(若溶液呈红色，应滴加 1∶3 HCl 使溶液呈黄色)，再用锌标准溶液滴定至溶液由黄色变为紫红色时，即为终点。平行滴定 3 次，根据消耗的锌溶液的体积计算 Al 的质量分数。

【数据处理】

1. 0.02 $mol \cdot L^{-1}$ EDTA 溶液的标定

序号	I	II	III
锌片质量 m/g			
EDTA 的初读数 V_0/mL			
EDTA 的终读数 V_e/mL			
V(EDTA)/mL			
c(EDTA)/($mol \cdot L^{-1}$)			
c(EDTA)平均值/($mol \cdot L^{-1}$)			
偏差			
相对平均偏差			

2. 铝合金试液中铝含量的测定

序号	I	II	III
铝合金试样质量 *m*/g			
待测液体积 *V*/mL			
$V(Zn^{2+})$/mL			
w(Al)/%			
w(Al)平均值/%			
相对平均偏差/%			

【思考题】

(1) 铝的测定为什么一般不采用 EDTA 直接滴定的方法？

(2) 为什么加入过量 EDTA 后，第一次用锌标准溶液滴定可以不计消耗的体积？

(3) 返滴定法测定简单试样中的 Al^{3+}时，加入 EDTA 溶液的浓度是否必须准确？为什么？

(4) 配位滴定法与酸碱滴定法相比，有哪些不同？操作中应注意哪些问题？

实验三十九　水的净化与软化处理(8 学时)

【实验目的】

(1) 了解离子交换法净化水的原理与方法。

(2) 了解配位滴定法测定水的硬度的基本原理和方法。

(3) 练习滴定操作和电导率仪的使用方法。

【预备知识】

(1) 配位滴定法测定水的硬度的基本原理。

(2) 电导率仪的使用方法。

【实验原理】

1. 水的硬度和水质的分类

通常溶有微量或不含 Ca^{2+}、Mg^{2+}等离子的水称为软水，而将溶有较多量 Ca^{2+}、Mg^{2+}等离子的水称为硬水。水的硬度是指溶于水中的 Ca^{2+}、Mg^{2+}等离子的含量。水中所含钙、镁的酸式碳酸盐加热易分解而析出沉淀，由这类盐所形成的硬度称为暂时硬度。而由钙镁的硫酸盐、氯化物、硝酸盐所形成的硬度称为永久硬度。暂时硬度和永久硬度的总和称为总硬度。

硬度可用水中所含 CaO 的浓度表示($mmol \cdot L^{-1}$)，也可用每升水中含 CaO 的质量表示($mg \cdot L^{-1}$)，也可用度(°)表示硬度，即每升水中含 10 mg CaO 为 1 度，水质可按硬度的大小进行分类，见表 3-1。

表 3-1 水质的分类

水质	水的总硬度	
	CaO/(mg·L^{-1})	CaO/(mmol·L^{-1})
很软水	0～40	0～0.72
软水	40～80	0.72～1.4
中等硬水	80～160	1.4～2.9
硬水	160～300	2.9～5.4
很硬水	＞300	＞5.4

2. 水的硬度的测定原理

水的硬度的测定方法很多，最常用的是 EDTA 配位滴定法。EDTA 是乙二胺四乙酸及其酸根离子的简称。由于 EDTA 在水溶液中溶解度较小，配位滴定实验中通常用 EDTA 的二钠盐(Na_2H_2EDTA)配制 EDTA 溶液。

在测定过程中，控制适当的 pH(一般用氨性缓冲溶液控制 pH 为 10)，用少量铬黑 T(EBT)作指示剂，Mg^{2+}、Ca^{2+}能与其反应，分别生成紫红色的配离子[Mg(EBT)]，但其稳定性不及与 EDTA 所生成的配离子$[Mg(EDTA)]^{2-}$。滴定时，EDTA 先与溶液中未配合的 Ca^{2+}、Mg^{2+}结合，然后与$[Mg(EBT)]^-$、$[Ca(EBT)]^-$反应，从而游离出指示剂 EBT，使溶液颜色由紫红色变为蓝色，表明滴定达到终点。这一过程可用化学反应式表示(式中 M 表示 Ca^{2+}或 Mg^{2+})：

$$\underset{\text{蓝色}}{\text{EBT}}+\text{M}=\!=\!=\underset{\text{紫红色}}{\text{M-EBT}}$$

$$\text{M}+\underset{\text{无色}}{\text{EDTA}}=\!=\!=\underset{\text{无色}}{\text{M-EDTA}}$$

$$\underset{\text{紫红色}}{\text{M-EBT}}+\text{EDTA}=\!=\!=\text{M-EDTA}+\underset{\text{蓝色}}{\text{EBT}}$$

根据下式可计算水样的总硬度：

$$总硬度=1000c(\text{EDTA})V(\text{EDTA})/V(H_2O)$$

或

$$总硬度=1000c(\text{EDTA})V(\text{EDTA})M(\text{CaO})/V(H_2O)$$

式中，c(EDTA)为 Na_2H_2EDTA 标准溶液的浓度，mol·L^{-1}；$V(H_2O)$为所取待测水样的体积，mL；M(CaO)为 CaO 的摩尔质量，g·mol^{-1}。

3. 水的软化和净化处理

天然水和自然水中含有多种无机和有机杂质，常见的无机杂质有 Ca^{2+}、Mg^{2+}、CO_3^{2-}、HCO_3^-和 Cl^-。常见的处理方法有蒸馏法、电渗法和离子交换法。本实验采用离子交换法净化水样。水样中的阳、阴离子分别与阳离子交换树脂和阴离子交换树脂进行离子交换除去水样中的杂质阳、阴离子而使水净化，所得的水称为去离子水。化学反应式可表示如下(以杂质离子 Mg^{2+}和 Cl^-为例)：

$$2R—SO_3H(s)+Mg^{2+}(aq)=\!=\!=(R—SO_3)_2Mg(s)+2H^+(aq)$$

$$2R—N(CH_3)_3OH(s)+2Cl^-(aq)=\!=\!=2R—N(CH_3)_3Cl(s)+2OH^-(aq)$$

$$H^+(aq)+OH^-(aq)=\!=\!=H_2O(l)$$

将离子交换树脂装填入带玻璃活塞的玻璃管中，做成离子交换柱(图 3-1)，一个阳离子交换柱和一个阴离子交换柱串联在一起使用，称为一级离子交换法水处理装置(图 3-2)。该装置串联的级数越多，去杂质的效果显然越好。离子交换柱在使用过一段时间后，柱内树脂的离子交换能力会出现下降，解决办法是分别让 NaOH 溶液和 HCl 溶液流过失效的阴离子和阳离子交换树脂，这一过程称为离子交换树脂的再生。

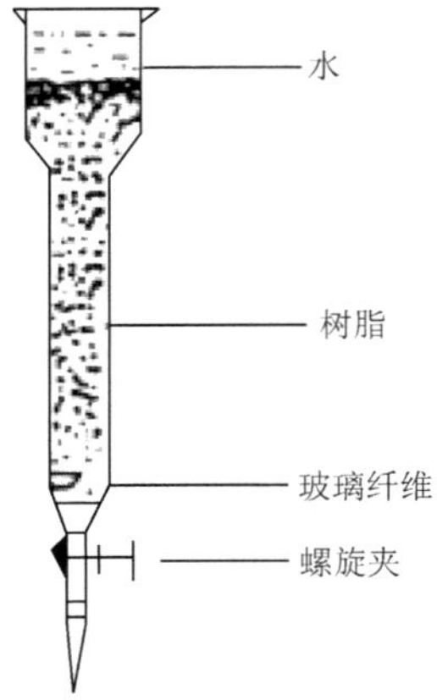

图 3-1　离子交换柱

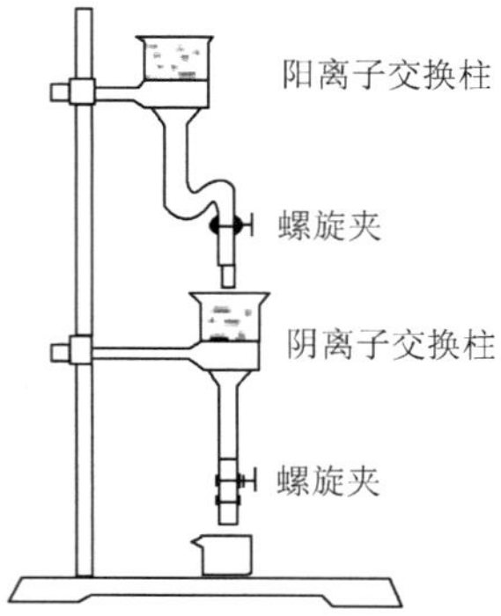

图 3-2　离子交换装置

纯水是一种极弱的电解质，水样中所含有的可溶性电解质(杂质)常使其导电能力增大。用电导率仪测定水样的电导率，可以确定去离子水的纯度。各种水样的电导率值大致范围见表 3-2。

表 3-2　各种水样的电导率

水样	电导率/($S·m^{-1}$)
自来水	$5.3\times10^{-2}\sim5.0\times10^{-1}$
一般实验室用水	$1.0\times10^{-4}\sim5.0\times10^{-3}$
去离子水	$8.0\times10^{-5}\sim5.0\times10^{-4}$
蒸馏水	$6.3\times10^{-6}\sim2.8\times10^{-4}$
最纯水	$\sim5.5\times10^{-4}$

水样中的 Ca^{2+}、Mg^{2+}等离子与阳离子交换树脂进行阳离子交换，交换后的水即为软化水(简称软水)。水中的微量 Ca^{2+}、Mg^{2+}可用铬黑 T 指示剂进行检验。在 pH=8～11 的溶液中，铬黑 T 能与 Ca^{2+}、Mg^{2+}作用生成紫红色的配离子。水中少量的 Cl^- 可用 $AgNO_3$ 溶液鉴定；SO_4^{2-} 可用 $BaCl_2$ 溶液鉴定。

【仪器和试剂】

仪器：离子交换柱(2 根)、烧杯(100 mL)、量筒(10 mL)、锥形瓶(250 mL)、铁台、螺旋夹、滴管、移液管(50 mL)、洗耳球、酸式滴定管(50 mL)、滴定管夹、玻璃纤维、电导率仪(附铂黑电极和铂光亮电导电极)。

试剂和其他用品：NH_3-NH_4Cl 缓冲溶液、水样、标准 EDTA 溶液、铬黑 T 指示剂(0.5%)、三乙醇胺 $N(CH_2CH_2OH)_3$(3%)、强酸型阳离子交换树脂(0017)、强碱型阴离子交换树脂(201×7)、HNO_3($1\ mol·L^{-1}$)、NaOH($2\ mol·L^{-1}$)、$NH_3·H_2O$($2\ mol·L^{-1}$)、$AgNO_3$($0.1\ mol·L^{-1}$)、$BaCl_2$($1\ mol·L^{-1}$)。

【实验内容】

1. 水的总硬度测定

用移液管吸取 100.00 mL 水样，置于 250 mL 锥形瓶中，首先加入 5 mL 三乙醇胺溶液和 5 mL NH_3-NH_4Cl 缓冲溶液，摇匀后，加 4～5 滴铬黑 T 指示剂，摇匀。用标准 EDTA 溶液滴定至溶液颜色由紫红色变为蓝色，即达到滴定终点，记录所消耗的标准 EDTA 溶液的体积。平行测定 3 次，取平均值，计算水样的总硬度(以 $mmol \cdot mL^{-1}$ 或 $mg \cdot mL^{-1}$ 表示)。

2. 离子交换法软化硬水

(1) 取阳、阴离子交换树脂分别放入水中浸泡过夜，使树脂溶胀。取 2 支交换柱，在底部垫上一些玻璃棉(或脱脂棉)，关闭活塞，注入蒸馏水，以铁支架和试管夹垂直固定交换柱。然后分别将已浸泡过的阳、阴离子交换树脂连同浸泡的水一起装入交换柱中，然后打开活塞使交换柱的水溶液缓缓流出，树脂即沉降到柱底。尽可能使树脂填装紧密，不留气泡。如出现气泡可以拿玻璃棒伸入树脂内部捣实。在装柱和实验过程中，交换柱液面应始终高于树脂柱面，树脂柱高 8～10 cm。

(2) 将已装好的阳、阴离子交换树脂柱按图 3-2 所示串联。将自来水加入阳离子交换柱上端的开口(注意：在实验过程中，要随时补充自来水，以防止树脂干涸，水位要求能堵住树脂表面)。调节螺旋夹，使得流出液的速度为每分钟 15～20 滴，并流过阴离子交换柱，而且要保持上下柱子流速一致。先让流出液流出 15 mL 以后用烧杯在阴离子交换柱下盛接去离子水，然后进行检验。

实验结束后将上下两个螺旋夹旋紧，并把两个柱子加满水。

3. 水的电导率的测定

用电导率仪分别测定去离子水样和水样的电导率并记录数据。

4. Ca^{2+}、Mg^{2+}的检验

自己设计方案检验水样和去离子水样中的SO_4^{2-} 和 Cl^-。

分别取水样和去离子水样各约 5 mL，各加入 1 滴铬黑 T 指示剂溶液，摇匀，观察并比较颜色，判断是否含有 Ca^{2+}和 Mg^{2+}，并按前述水的总硬度测定方法测定去离子水的总硬度。

【思考题】

(1) 用 EDTA 配位滴定法测定水硬度的基本原理是什么？使用什么指示剂？滴定终点的颜色变化如何？

(2) 用离子交换法使硬水软化和净化的基本原理是什么？操作中有哪些应注意之处？

(3) 为什么通常可用电导率值的大小估计水质的纯度？是否可以认为电导率值越小，水质的纯度越高？

(4) 现有下列无色、浓度均为 0.01 $mol \cdot L^{-1}$ 的葡萄糖溶液、氯化钠溶液、乙酸溶液和硫酸钠溶液，能否用测量电导率的方法进行区别？

(5) 水中钙镁含量的测定有哪些方法？请细述其测定原理。

实验四十　铁矿石中全铁含量的测定（无汞定铁法）（8 学时）

【实验目的】

（1）了解铁矿石的溶解方法。

（2）理解甲基橙既是氧化剂又是指示剂的原理与条件。

（3）掌握 $K_2Cr_2O_7$ 法测全铁含量的原理和方法。

【预备知识】

（1）矿石的前处理技术。

（2）$K_2Cr_2O_7$ 滴定法及其注意事项。

【实验原理】

炼铁的矿物主要是磁铁矿、赤铁矿、菱铁矿等。经典的测定方法一般是将试样用盐酸分解后，在热的浓盐酸中用 $SnCl_2$ 将三价铁还原为二价，过量的二氯化锡用氯化汞氧化除去，然后在硫-磷混酸介质中，以二苯胺磺酸钠为指示剂，用重铬酸钾标准溶液滴定至溶液呈现紫红色即为终点。由于氯化汞对环境有污染，且危害人体健康，因此本实验采用重铬酸钾-无汞盐法进行全铁含量的测定。

铁矿石用浓盐酸溶解后，在热 HCl 溶液中，以甲基橙为指示剂，用 $SnCl_2$ 将 Fe^{3+} 还原至 Fe^{2+}，并过量 1 滴（只能过量 1～2 滴）。还原反应为

$$2FeCl_4^- + SnCl_4^{2-} + 2Cl^- \xlongequal{\quad} 2FeCl_4^{2-} + SnCl_6^{2-} \tag{3-10}$$

接着除去过量的 $SnCl_4^{2-}$（$SnCl_4^{2-}$ 会消耗 $Cr_2O_7^{2-}$，所以必须将其除去），使用甲基橙指示 $SnCl_2$ 还原 Fe^{3+} 的原理是：Sn^{2+} 将 Fe^{3+} 还原完后，过量的 Sn^{2+} 可将甲基橙还原为氢化甲基橙而褪色，指示反应的终点，剩余的 Sn^{2+} 还能继续使氢化甲基橙还原成 *N*, *N*-二甲基对苯二胺和对氨基苯磺酸钠，反应为

$$(CH_3)_2NC_6H_4N{=}NC_6H_4SO_3Na \longrightarrow (CH_3)_2NC_6H_4NH{-}NHC_6H_4SO_3Na \longrightarrow (CH_3)_2NC_6H_4NH_2 + NH_2C_6H_4SO_3Na \tag{3-11}$$

以上反应是不可逆的，不但除去了过量的 Sn^{2+}，而且甲基橙的还原产物不消耗 $K_2Cr_2O_7$。

【仪器和试剂】

仪器：烘干箱、称量瓶、电子天平（0.0001 g）、锥形瓶（250 mL）、容量瓶（250 mL）、量筒（10 mL、50 mL）、干燥器、电热板等。

试剂和其他用品：$SnCl_2$（50 $g\cdot L^{-1}$）、甲基橙（1 $g\cdot L^{-1}$）、H_2SO_4-H_3PO_4 混酸、二苯胺磺酸钠（2 $g\cdot L^{-1}$）、$K_2Cr_2O_7$（s，A.R.）。

【实验内容】

1. $K_2Cr_2O_7$ 标准溶液的配制

直接法称取 $K_2Cr_2O_7$ 1.25 g 于烧杯中，用水溶解，定量转移至 250 mL 容量瓶中，定容。计算 $K_2Cr_2O_7$ 的浓度。

2. 铁矿石中全铁含量的测定

（1）称样：准确称取铁矿石粉 0.15～0.20 g（三份）于 250 mL 锥形瓶中。

(2) 溶解：将铁矿石样品用少量水润湿，加入 10 mL 浓 HCl 溶液，盖上表面皿，在通风橱中用电热板低温加热分解试样(若有带色不溶残渣，可滴加 20～30 滴 100 g·L^{-1} $SnCl_2$ 助溶)，直至溶完(剩白色的 SiO_2)。试样分解完全后，用少量水吹洗表面皿及锥形瓶内壁，再加水至总体积约为 30 mL。

(3) 试样的预处理：电热板上低温加热至近沸，加入 6 滴甲基橙，趁热边摇动锥形瓶边逐滴加入 50 g·L^{-1} $SnCl_2$ 还原 Fe^{3+}(先快后慢)，溶液由橙变红(慢滴，悬摇)，至溶液变为粉红色，停止滴加 $SnCl_2$，摇几下粉色褪去。立即用流水冷却，加 50 mL 蒸馏水。

(4) 滴定：做好滴定前的准备工作，加 20 mL 硫磷混酸、4 滴二苯胺磺酸钠，立即用 $K_2Cr_2O_7$ 标准溶液滴定至呈稳定的紫色即为终点。平行测定 3 次，计算矿石中铁的含量。

(5) 滴定中颜色变化：由无色变为浅绿色，进一步变成深绿色、绿色，最后变为紫色。

【思考题】

(1) 分解铁矿石时，为什么要在低温下进行？如果加热至沸会对结果产生什么影响？

(2) $SnCl_2$ 还原 Fe^{3+}的条件是什么？怎样控制 $SnCl_2$ 不过量？

(3) 结合所学知识，比较高锰酸钾法和重铬酸钾法测定 Fe 的利弊。

实验四十一　硫酸亚铁铵的制备及纯度分析(8 学时)

【实验目的】

(1) 了解复盐的一般制备方法和特性。

(2) 掌握无机物制备的基本操作。

(3) 学习产品纯度的检测分析方法。

【预备知识】

(1) 无机化合物制备的基本操作。

(2) 滴定分析的操作要点和注意事项。

(3) Fe 的检验分析方法。

【实验原理】

硫酸亚铁铵 $(NH_4)_2SO_4 \cdot FeSO_4 \cdot 6H_2O$ 又称莫尔盐，它是透明、淡绿色单斜晶体，比一般亚铁盐稳定，在空气中不易被氧化，因而在定量分析中常用莫尔盐配制 Fe^{2+}的标准溶液。

铁屑溶于稀硫酸中可制得硫酸亚铁：

$$Fe+H_2SO_4 = FeSO_4+H_2\uparrow \tag{3-12}$$

然后由新制备的硫酸亚铁与硫酸铵等物质的量反应即得到莫尔盐：

$$FeSO_4+(NH_4)_2SO_4+6H_2O = (NH_4)_2SO_4 \cdot FeSO_4 \cdot 6H_2O \tag{3-13}$$

$(NH_4)_2SO_4 \cdot FeSO_4 \cdot 6H_2O$ 在水中的溶解度比组成它的每一组分[$FeSO_4$ 或 $(NH_4)_2SO_4$]的溶解度都要小(表 3-3)，因此，只要将 $FeSO_4$ 与 $(NH_4)_2SO_4$ 的浓溶液混合加热即得到硫酸亚铁铵晶体。

表 3-3　三种盐在水中的溶解度[g·(100 g 水)$^{-1}$]

温度/℃	$FeSO_4·7H_2O$	$(NH_4)_2SO_4$	$(NH_4)_2SO_4·FeSO_4·6H_2O$
10	20.5	73.0	17.2
20	26.5	75.4	21.6
30	32.9	78.0	28.1

由于硫酸亚铁在中性溶液中能被溶于水中的少量氧气氧化，并进一步发生水解，甚至出现棕黄色的碱性硫酸铁(或氢氧化铁)沉淀，所以制备过程中溶液应保持足够的酸度。

$$4FeSO_4+O_2+2H_2O \xlongequal{} 4Fe(OH)SO_4 \tag{3-14}$$

所制得硫酸亚铁铵晶体的纯度可通过测定 Fe^{2+}的含量来确定。Fe^{2+}含量可采用吸光光度法或高锰酸钾法测定。

$$5Fe^{2+}+MnO_4^-+8H^+ \xlongequal{} 5Fe^{3+}+Mn^{2+}+4H_2O \tag{3-15}$$

【仪器和试剂】

仪器：722 型分光光度计、电子天平(0.01 g、0.0001 g)、容量瓶(25 mL、250 mL)、锥形瓶(25 mL、100 mL)、微型滴定管(5 mL)、烧杯(100 mL、500 mL)、量筒(10 mL、50 mL)、蒸发皿、表面皿、抽滤瓶、布氏漏斗、酒精灯、减压抽滤装置、恒温水浴锅。

试剂和其他用品：铁屑(s，A.R.)、浓 H_2SO_4、Na_2CO_3(10%)、$(NH_4)_2SO_4$(s，A.R.)、乙醇(A.R.，95%)、H_3PO_4(A.R.，85%)、$KMnO_4$ 标准溶液(0.02 mol·L^{-1})、HCl(6 mol·L^{-1})、Fe^{2+}标准溶液(10 mg·L^{-1})、盐酸羟胺(10%)、NaAc-HAc 缓冲溶液、邻菲咯啉(0.15%水溶液)。

【实验内容】

1. 铁屑的净化

称取 2 g 铁屑于 100 mL 锥形瓶中，加入 20 mL 10% Na_2CO_3 溶液(因为工厂的铁屑表面积有一层油膜，所以使用前必须用热的碱液将其除去)，用小火缓慢加热 10 min 以除去铁屑上的油污，用倾析法除去碱液，再用蒸馏水将铁屑洗净。如果是纯净的铁粉，则可以省略这一步。

2. 硫酸亚铁的制备

向上述锥形瓶中加入 20 mL 3 mol·L^{-1} H_2SO_4(自己配制)，在水浴上加热(最好在通风橱中进行，反应过程中会产生有刺激性气味的气体，有毒)至不再有气泡冒出，趁热减压过滤，用少量热水洗涤锥形瓶及漏斗上的残渣，抽干，及时将滤液转入蒸发皿中(蒸发皿中为饱和硫酸铵溶液，下一步提前进行)。收集铁屑残渣，用水洗净，用碎滤纸吸干后称量，计算已反应的铁屑的质量。如果是纯净的铁粉，残渣很少，可以认为铁反应完全。

3. 硫酸亚铁铵的制备

根据已反应的铁屑的物质的量(假设铁屑完全反应，不溶物为杂质)，按反应方程式(3-13)计算并称取所需 $(NH_4)_2SO_4$ 固体的量，将其在蒸发皿中配成饱和溶液，与过滤后的 $FeSO_4$ 溶液混合。在水浴上蒸发浓缩至表面出现晶膜为止。取下静置，让其自然冷却结晶。减压过滤除去母液，用 5 mL 95%乙醇洗涤晶体，抽干，将晶体转至表面皿上用吸水纸轻压吸干。观察晶体的颜色和形状，称量，计算产率。

4. 硫酸亚铁铵晶体的纯度分析

1) 吸光光度法

准确称取 0.17～0.19 g 硫酸亚铁铵样品于小烧杯中，加入 5 mL 6 $mol \cdot L^{-1}$ HCl 溶液，溶解后定量转入 250 mL 容量瓶中，稀释至刻度，摇匀。用移液管取 10.00 mL 此液于 100 mL 容量瓶中，稀释至刻度，按数据处理 2 中的表格操作，分别取两份 5.00 mL 溶液作待测液进行测定。

在 λ=510 nm 处分别以试剂溶液为参比，测定各溶液的吸光度，作图，求出待测液的浓度，计算自制的 $(NH_4)_2SO_4 \cdot FeSO_4 \cdot 6H_2O$ 的纯度。

2) $KMnO_4$ 法

准确称取 0.8～1.2 g (准确称至 0.0001 g) 硫酸亚铁铵样品于小烧杯中，加入 10 mL 水和 2 mL 3 $mol \cdot L^{-1}$ H_2SO_4 溶液，溶解后定量转入 25 mL 容量瓶中，稀释至刻度，摇匀。

移取该溶液 2.00 mL 于微型锥形瓶中，加入 1 mL 3 $mol \cdot L^{-1}$ H_2SO_4 和 8～10 滴 85% H_3PO_4 溶液，用 $KMnO_4$ 标准溶液滴定至溶液呈微红色且在 30 s 内不褪色即为滴定终点，记录 $KMnO_4$ 溶液消耗的体积。平行测定 3 份。

【数据处理】

1. 硫酸亚铁铵的制备

铁屑质量/g	
$(NH_4)_2SO_4$ 固体质量/g	
硫酸亚铁铵实际产量/g	
硫酸亚铁铵理论产量/g	
硫酸亚铁铵产率/%	

2. 硫酸亚铁铵晶体的纯度分析

1) 吸光光度法

比色管号	参比	1	2	3	4	5	待测 1	待测 2
10 $mg \cdot L^{-1}$ 亚铁标准溶液/mL	—	1.00	2.00	3.00	4.00	5.00	—	—
待测液/mL	—	—	—	—	—	—	5.00	5.00
盐酸羟胺/mL	1.5	1.5	1.5	1.5	1.5	1.5	0	0
NaAc-HAc 缓冲溶液/mL	2.5	2.5	2.5	2.5	2.5	2.5	2.5	2.5
0.15%邻菲咯啉/mL	2.5	2.5	2.5	2.5	2.5	2.5	2.5	2.5
总体积/mL	25	25	25	25	25	25	25	25
吸光度 A	0							

从标准曲线上查得 c_x=____________$mg \cdot L^{-1}$

原试液 $c(Fe^{2+})$=____________$mg \cdot L^{-1}$

硫酸亚铁铵晶体的纯度按式(3-16a)计算：

$$w=\frac{c_x(\mathrm{Fe}^{2+})\times 250\times\frac{100}{10.0}\times\frac{25.00}{5.00}\times 10^{-3}\times\frac{M[(\mathrm{NH_4})_2\mathrm{SO_4}\cdot\mathrm{FeSO_4}\cdot 6\mathrm{H_2O}]}{M(\mathrm{Fe})}}{m_s}\times 100\% \quad (3\text{-}16a)$$

2) $KMnO_4$ 法

硫酸亚铁铵晶体的纯度(w)按式(3-16b)计算：

$$w=\frac{5\times c(\mathrm{KMnO_4})\times V(\mathrm{KMnO_4})\times M[(\mathrm{NH_4})_2\mathrm{SO_4}\cdot\mathrm{FeSO_4}\cdot 6\mathrm{H_2O}]\times 10^{-3}}{m_s\times\frac{2.00}{25.00}}\times 100\% \quad (3\text{-}16b)$$

测定序号	I	II	III
样品质量 m(样品)/g			
$c(KMnO_4)/(mol\cdot L^{-1})$			
$KMnO_4$ 的终体积 V_e/mL			
$KMnO_4$ 的初体积 V_0/mL			
$V(KMnO_4)$/mL			
硫酸亚铁铵纯度 w/%			
w 平均值/%			
相对平均偏差			

【思考题】

(1) 制备硫酸亚铁铵时，采取什么措施防止 Fe^{2+} 被氧化？

(2) 在制备硫酸亚铁和蒸发浓缩溶液时，为什么采用水浴加热？

(3) 在本实验中，如何计算 $(NH_4)_2SO_4\cdot FeSO_4\cdot 6H_2O$ 的理论产量？为什么？

(4) 用分光光度法测定产物的纯度时，为何不加入盐酸羟胺？如果加入盐酸羟胺，结果如何？

实验四十二　三草酸合铁(III)酸钾的合成和组成分析(8 学时)

【实验目的】

(1) 了解三草酸合铁(III)酸钾的合成方法。

(2) 掌握确定化合物化学式的基本原理和方法。

(3) 巩固无机合成、滴定分析和重量分析的基本操作。

【预备知识】

(1) 无机配合物的合成技术。

(2) 元素分析技术。

(3) 化学分析技术及其基本操作。

【实验原理】

三草酸合铁(III)酸钾 $K_3[Fe(C_2O_4)_3]\cdot 3H_2O$ 为亮绿色单斜晶体，易溶于水(100 g 水中溶解度：0 ℃时为 4.7 g，100 ℃时为 118 g)，难溶于乙醇、丙酮等有机溶剂。受热时，在 110 ℃下可失去结晶水，到 230 ℃即分解。该配合物为光敏物质，光照下易分解。

本实验利用$(NH_4)_2Fe(SO_4)_2$与$H_2C_2O_4$反应制取FeC_2O_4，然后在过量$K_2C_2O_4$存在下，用H_2O_2氧化FeC_2O_4即可制得产物三草酸合铁(III)酸钾，反应中同时产生$Fe(OH)_3$，可通过加入适量的$H_2C_2O_4$将其转化为产物。有关反应式如下：

$$(NH_4)_2Fe(SO_4)_2+H_2C_2O_4 = FeC_2O_4(s)+(NH_4)_2SO_4+H_2SO_4 \tag{3-17}$$

$$6FeC_2O_4+3H_2O_2+6K_2C_2O_4 = 4K_3[Fe(C_2O_4)_3]+2Fe(OH)_3(s) \tag{3-18}$$

$$2Fe(OH)_3+3H_2C_2O_4+3K_2C_2O_4 = 2K_3[Fe(C_2O_4)_3]+6H_2O \tag{3-19}$$

该配合物的组成可通过化学分析确定。自行设计分析方案，测定合成产物中结晶水、$C_2O_4^{2-}$、Fe^{3+}、K^+的含量，最后确定该配合物产品的组成。

【仪器和试剂】

仪器：烧杯(100 mL)、锥形瓶(250 mL)、量筒(10 mL、50 mL)、酸式滴定管(50 mL)、抽滤瓶(250 mL)、布氏漏斗、酒精灯、电子天平(0.01 g、0.0001 g)、烘箱、恒温水浴锅。

试剂和其他用品：$(NH_4)_2Fe(SO_4)_2\cdot 6H_2O$(s，A.R.)、$H_2SO_4$(3 $mol\cdot L^{-1}$)、$H_2C_2O_4$(饱和)、$K_2C_2O_4$(饱和)、C_2H_5OH(95%、50%)、H_2O_2(10%)、$KMnO_4$标准溶液(0.02 $mol\cdot L^{-1}$)、Zn粉(s，A.R.)、丙酮(A.R.)。

【实验内容】

1. 三草酸合铁(Ⅲ)酸钾的合成

称取5 g $(NH_4)_2Fe(SO_4)_2\cdot 6H_2O$加入20 mL水中，加10滴3 $mol\cdot L^{-1}$ H_2SO_4酸化，加热使其溶解。在不断搅拌下再加入25 mL饱和$H_2C_2O_4$溶液，然后将其加热至沸，静置，得黄色FeC_2O_4沉淀，倾去上层清液，用倾析法洗涤沉淀2～3次，每次用水约10 mL。

在上述沉淀中加入10 mL饱和$K_2C_2O_4$溶液，水浴加热至40 ℃，用滴管缓慢滴加6 mL 10% H_2O_2溶液，边滴加边搅拌并维持温度在40 ℃左右，此时溶液中有棕色的$Fe(OH)_3$沉淀产生。加完H_2O_2后将溶液加热至沸，分两次加入10 mL饱和$H_2C_2O_4$溶液(先一次性加入5 mL，然后缓慢滴加其余5 mL；也可以直接加入少许$H_2C_2O_4\cdot 2H_2O$晶体)，保持沸腾状态，此时体系应变成亮绿色透明溶液。如果体系浑浊可趁热过滤。在滤液中加入10 mL 95%乙醇，这时若溶液变浑浊，微热使其变澄清。置于阴暗处，让其自然冷却结晶。抽滤，用50%乙醇溶液洗涤晶体，再用少量丙酮淋洗晶体两次，抽干，在空气中自然干燥。称量，计算产率。因产品对光敏感，产物应避光保存。

2. 组成分析

根据设计方案，利用实验室提供的仪器及药品，分别测定合成产物中结晶水、$C_2O_4^{2-}$、Fe^{3+}、K^+的含量，最后确定该配合物产品的组成。

【思考题】

(1)合成过程中，滴加H_2O_2以后为什么还要将溶液煮沸？

(2)合成产物的最后一步，加入95%乙醇的作用是什么？能否用蒸干溶液的方法取得产物？为什么？

(3)产物为什么要经过多次洗涤？洗涤不充分对其组成测定会产生怎样的影响？

(4)根据三草酸合铁(III)酸钾的性质，给出保存该化合物的方法。

实验四十三　水体中化学需氧量的测定(高锰酸钾法)(8 学时)

【实验目的】

(1) 初步了解化学需氧量(COD)的意义及其在环境监测中的应用。

(2) 初步了解水中化学需氧量(COD)与水体污染的关系。

(3) 掌握 $KMnO_4$ 法测定水样中 COD 的原理和方法。

【预备知识】

(1) 水体中有机物污染物的来源。

(2) 有机物的分析测定方法。

(3) 化学需氧量的定义。

【实验原理】

化学需氧量(chemical oxygen demand，COD)是指天然水中可被高锰酸钾或重铬酸钾氧化的有机物的含量。化学需氧量测定的常用方法为高锰酸钾法、重铬酸钾法和碘酸盐法。本实验采用高锰酸钾法，其原理如下：

在酸性(或碱性)条件下，高锰酸钾具有很高的氧化性，水溶液中多数的有机物都可以被氧化，但反应过程相当复杂，只能用式(3-20)表示其中的部分过程：

$$4KMnO_4+6H_2SO_4+5C = 2K_2SO_4+6H_2O+4MnSO_4+5CO_2\uparrow \tag{3-20}$$

上述反应剩余的 $KMnO_4$ 用过量的 $Na_2C_2O_4$ 还原，再用 $KMnO_4$ 溶液滴至微红色即为终点，反应如下：

$$2KMnO_4+8H_2SO_4+5Na_2C_2O_4 = 5Na_2SO_4+K_2SO_4+8H_2O+2MnSO_4+10CO_2\uparrow \tag{3-21}$$

【仪器和试剂】

仪器：电子天平(0.0001 g)、台秤(0.01 g)、锥形瓶(250 mL)、烧杯、试剂瓶、酸式滴定管(50 mL)、移液管(20 mL、50 mL)、水浴锅。

试剂和其他用品：$KMnO_4$(0.02 $mol\cdot L^{-1}$)、H_2SO_4(1∶3，即 6 $mol\cdot L^{-1}$)。

【实验内容】

1. 0.02 $mol\cdot L^{-1}$ $KMnO_4$ 溶液的配制

称取 $KMnO_4$ 固体约 1.6 g 溶于 500 mL 水中，盖上表面皿加热至沸并保持微沸状态 1 h，冷却后，用微孔玻璃漏斗(3 号或 4 号)过滤。滤液储存于棕色试剂瓶中。将溶液在室温条件下静置 2～3 d 后过滤备用。

2. 用 $Na_2C_2O_4$ 标定 $KMnO_4$ 溶液

准确称取 0.20～0.25 g $Na_2C_2O_4$ 基准物质 3 份，分别置于 250 mL 锥形瓶中，加入 60 mL 水使其溶解，再加入 15 mL H_2SO_4，在水浴中加热到 75～85 ℃。趁热用高锰酸钾溶液滴定。开始滴定时反应速率慢，待溶液中产生了 Mn^{2+}后，滴定速度可加快，直至溶液呈现微红色并持续半分钟不褪色即为终点。

3. 0.002 $mol\cdot L^{-1}$ $KMnO_4$ 溶液的配制

由 0.02 $mol\cdot L^{-1}$ $KMnO_4$ 溶液(由实验室提供)稀释而成。

4. 酸性溶液中测定 COD

取 10.00～100.00 mL 水样于 250 mL 锥形瓶中(若不足 100 mL 的，用蒸馏水稀至 100 mL)，加入 10 mL 1∶3 H_2SO_4、10.00 mL 0.002 mol·L^{-1} $KMnO_4$标准溶液，加热煮沸 10 min(此时红色若褪去，应补加适量的 $KMnO_4$)，立即加入 15.00 mL $Na_2C_2O_4$溶液(此时应为无色，若仍为红色，再补加 5.00 mL)，趁热用 $KMnO_4$溶液滴至微红色(30 s 不变即可。若滴定温度低于 60 ℃，应加热至 60～80 ℃再进行滴定)。平行 3 份并做两次空白实验(以蒸馏水取代样品，按同样操作进行)。

【数据处理】

平行测定 3 份，分别计算结果，若它们的相对偏差不超过 0.3%，则可以取其平均值作为最终结果。否则，不能取平均值，而要查找原因，作出合理解释。

序号	I	II	III
$Na_2C_2O_4$的质量 m/g			
$KMnO_4$的终体积 V_e/mL			
$KMnO_4$的初体积 V_0/mL			
$KMnO_4$的浓度 c/(mol·L^{-1})			
水的体积 V/mL			
$KMnO_4$的终体积 V_e/mL			
$KMnO_4$的初体积 V_0/mL			
COD/(mg·L^{-1})			
平均 COD/(mg·L^{-1})			
偏差			
相对平均偏差			

【思考题】

(1) 出本实验方法外，还有哪些方法可以测定水体 COD？

(2) 水样的采集及保存应当注意哪些事项？

(3) 水样中加入 $KMnO_4$煮沸后，若紫红色消失说明什么？应采取什么措施？

(4) 当水样中 Cl^-含量高时，能否用该法测定？为什么？

(5) 同一个样品，分别用高锰酸钾法、重铬酸钾法和碘酸盐法测得 COD，其数值会一样吗？为什么？

实验四十四　磷肥中水溶性磷的测定(4 学时)

【实验目的】

(1) 熟悉和掌握重量分析操作。

(2) 了解磷肥中水溶性磷的测定原理和方法。

【预备知识】

(1) 倾析过滤法操作。

(2) 重量分析的基本操作。

(3) 重量分析法中误差的来源及减少误差的方法。

【实验原理】

磷肥的组成较为复杂，其中游离磷酸和 $Ca(H_2PO_4)_2$ 等成分统称为水溶性磷。用 $NaHCO_3$ 水溶液可提取出磷肥试样中的水溶性磷，在酸性溶液中水溶性磷可与喹钼柠酮试剂生成黄色磷钼酸喹啉沉淀。

$$PO_4^{3-}+3C_9H_7N+12MoO_4^{2-}+27H^+ \xlongequal{} (C_9H_7N)_3\cdot H_3PO_4\cdot 12MoO_3\downarrow +12H_2O \tag{3-22}$$

将沉淀过滤、洗涤、干燥后称量，可计算水溶性磷的含量：

$$w(P_2O_5)=\frac{0.03207\times m}{m_s\times\dfrac{25.00}{250.0}} \tag{3-23}$$

式中，m 为磷钼酸喹啉沉淀质量，g；m_s 为磷肥试样质量，g；0.03207 为 $(C_9H_7N)_3\cdot H_3PO_4\cdot 12MoO_3$ 沉淀换算成 P_2O_5 的系数。

【仪器和试剂】

仪器：电子天平(0.0001 g)、台秤(0.01 g)、蒸发皿(75 mL)、普通漏斗、容量瓶(250 mL)、移液管(25 mL)、烧杯(500 mL)、量筒(10 mL、50 mL、100 mL)、酒精灯、表面皿、玻璃棒、恒温水浴锅、烘箱、4 号玻璃坩埚式滤器、真空泵、抽滤瓶。

试剂和其他用品：

硝酸溶液(1∶1，体积比)、滤纸。

喹钼柠酮试剂：

溶液 a：称取 70 g 钼酸钠溶解于 150 mL 水中。

溶液 b：称取 60 g 柠檬酸溶解于 100 mL 水与 85 mL 1∶1 硝酸溶液的混合液中，冷却。

溶液 c：在不断搅拌下将溶液 a 加入溶液 b 中，混匀。

溶液 d：将 5 mL 喹啉溶解于 100 mL 水与 35 mL 1∶1 硝酸溶液的混合液中。

将溶液 d 缓慢加入溶液 c 中，不断搅拌混匀，静置 24 h 后过滤。在滤液中加入 280 mL 丙酮，用水稀释至 1 L 并混匀，储存于聚乙烯瓶中，避光存放。

磷肥试样(粒径＜1 mm)。

【实验内容】

1. 试样的制备

用电子天平准确称取 1.0～1.5 g 已充分磨细的试样(准确至 0.1 mg)于蒸发皿中，加 25 mL 水充分搅拌和研磨，用倾析法将试液过滤到 250 mL 容量瓶中(其中已预先注入 5 mL 1∶1 硝酸溶液)，重复研磨和过滤试样 3 次，每次用 25 mL 水，然后将不溶物转移到滤纸上，用水洗涤蒸发皿和不溶物，滤液至容量瓶中，滤液用水稀释至刻度，混匀。

2. 试样的测定

用移液管移取 25.00 mL 试样溶液于 500 mL 烧杯中，加入 10 mL 1∶1 硝酸溶液，用水稀释至 100 mL，加热煮沸数分钟，加入 35 mL 喹钼柠酮试剂，盖上表面皿，置于近沸水浴中加热至沉淀分层，取出烧杯，静置冷却至室温(冷却过程中搅拌 3～4 次)。

用倾析法过滤，洗涤沉淀 1～2 次(每次用水 25 mL)，将沉淀全部转移至预先干燥至恒量的 G-4 号玻璃坩埚式滤器，再用水继续洗涤。将滤器与沉淀一起置于 180 ℃的烘箱内烘 45 min，移入干燥器中冷却，称量。根据试样及沉淀的质量，计算水溶性磷的含量 $w(P_2O_5)$。

【数据处理】

磷肥试样质量/g	
磷钼酸喹啉沉淀质量/g	
水溶性磷的含量 $w(P_2O_5)$/%	

【思考题】

(1) 溶液为什么要酸化？

(2) 加入喹钼柠酮试剂的作用是什么？

(3) 为了准确称量烘干后的沉淀，在操作过程中应注意哪些问题？

实验四十五　碘酸铜溶度积的测定(4～6 学时)

【实验目的】

(1) 了解分光光度法测定碘酸铜溶度积的原理和方法，加深对溶度积概念的理解。

(2) 学会 722 型分光光度计的使用。

(3) 巩固溶液配制、移液等基本操作。

【预备知识】

(1) 查阅硫酸铜、碘酸钾、碘酸铜的溶解度。

(2) 了解 722 型分光光度计的使用及其注意事项。

(3) 了解如何运用坐标制作图，或者 Excel 和 Origin 作图。

【实验原理】

碘酸铜是难溶强电解质，在其饱和水溶液中，存在着下列平衡：

$$Cu(IO_3)_2(s) \rightleftharpoons Cu^{2+}(aq) + 2IO_3^-(aq) \tag{3-24}$$

在一定温度下，平衡溶液中 Cu^{2+}相对浓度与 IO_3^- 相对浓度平方的乘积是一常数：

$$K_{sp}^{\ominus} = c(Cu^{2+})c^2(IO_3^-) \tag{3-25}$$

式中，$c(Cu^{2+})$ 和 $c(IO_3^-)$ 为平衡时 Cu^{2+}和 IO_3^- 物质的量浓度；$K_{sp}^{\ominus}$ 称为溶度积常数，它和其他平衡常数一样，随温度的不同而改变。因此，如果能测得在一定温度下碘酸铜饱和溶液中的 $c(Cu^{2+})$ 和 $c(IO_3^-)$，就可以求出该温度下的 $K_{sp}^{\ominus}$。

本实验是由硫酸铜和碘酸钾作用制备碘酸铜饱和溶液，然后利用饱和溶液中的 Cu^{2+}与过量 $NH_3·H_2O$ 作用生成深蓝色的配离子$[Cu(NH_3)_4]^{2+}$，这种配离子对波长 600 nm 的光具有强吸收，而且在一定浓度下，它对光的吸收程度(用吸光度 A 表示)与溶液浓度成正比。因此，用分光光度计测得碘酸铜饱和溶液中 Cu^{2+} 与 $NH_3 \cdot H_2O$ 作用后生成的 $[Cu(NH_3)_4]^{2+}$ 溶液的吸光度，利用工作曲线并通过计算就能确定饱和溶液中的 $c(Cu^{2+})$。

利用平衡时 $Cu(IO_3)_2$ 饱和溶液中 $c(Cu^{2+})$ 与 $c(IO_3^-)$ 的关系，就能求出碘酸铜的溶度积 $K_{sp}^{\ominus}$ 。

工作曲线的绘制方法：配制一系列 $[Cu(NH_3)_4]^{2+}$ 标准溶液，用分光光度计测定该标准系列中各溶液的吸光度，然后以吸光度 A 为纵坐标，相应的 Cu^{2+} 浓度为横坐标作图，得到的直线称为工作曲线(也称标准曲线)。

【仪器和试剂】

仪器：电子天平(0.0001 g)、台秤(0.01 g)、移液管(2 mL、20 mL)、容量瓶(50 mL)、量筒(50 mL、100 mL)、烧杯(100 mL、250 mL)、定量滤纸、长颈漏斗、温度计(273～373 K)、722 型分光光度计。

试剂和其他用品：$CuSO_4$(0.100 $mol \cdot L^{-1}$)、KIO_3(s，A.R.)、$NH_3 \cdot H_2O$(6 $mol \cdot L^{-1}$)、$BaCl_2$(0.1 $mol \cdot L^{-1}$)。

【实验步骤】

1. $Cu(IO_3)_2$ 沉淀的制备

在小烧杯中分别将 2.0 g $CuSO_4 \cdot 5H_2O$ 和 3.4 g KIO_3 配制成饱和溶液(适当加入一定量的水促进其溶解)，搅拌下混合，置于 70～80 ℃的恒温水浴中保持 15～20 min，然后取出静置至室温，弃去上层清液，采用倾析法用约 20 mL 蒸馏水洗涤沉淀 6～8 次，至无 SO_4^{2-} 为止，制得 $Cu(IO_3)_2$ 沉淀。

2. $Cu(IO_3)_2$ 饱和溶液的制备

将上述制得的 $Cu(IO_3)_2$ 沉淀配制成 60 mL 饱和溶液，倾析法洗涤两次后，用干燥的双层滤纸过滤，将饱和溶液收集于干燥的烧杯中。

3. 工作曲线的绘制

分别吸取 0.40 mL、0.80 mL、1.20 mL、1.60 mL 和 2.00 mL 0.100 $mol \cdot L^{-1}$ $CuSO_4$ 溶液于 5 个 50 mL 比色管中，各加入 6 $mol \cdot L^{-1}$ $NH_3 \cdot H_2O$ 溶液 4 mL，摇匀，用蒸馏水稀释至 25 mL，再摇匀。

以蒸馏水中加入 4 mL 6 $mol \cdot L^{-1}$ $NH_3 \cdot H_2O$ 溶液稀释至 25.00 mL 作参比液，选用 1 cm 比色皿，选择入射光波长为 600 nm，用 722 型分光光度计分别测定各溶液的吸光度。以吸光度 A 为纵坐标，相应 Cu^{2+} 浓度 c 为横坐标，绘制工作曲线。

4. 饱和溶液中 Cu^{2+} 浓度的测定

吸取 20.00 mL 过滤后的 $Cu(IO_3)_2$ 饱和溶液于 50 mL 比色管中，加入 4 mL 6 $mol \cdot L^{-1}$ $NH_3 \cdot H_2O$ 溶液，摇匀，用水稀释至 25 mL，再摇匀。按上述测定工作曲线的同样条件测定溶液的吸光度。根据工作曲线求出饱和溶液中的 $c(Cu^{2+})$。

【数据处理】

(1)绘制工作曲线。

编号	1	2	3	4	5	6	待测 1	待测 2
$V(CuSO_4)$/mL	0.00	0.40	0.80	1.20	1.60	2.00	20.00 mL 待测液 +0.40 mL Cu^{2+} 标准溶液	20.00 mL 待测液 +0.40 mL Cu^{2+} 标准溶液
相应的 $c(Cu^{2+})/(mol\cdot L^{-1})$								
吸光度 A								

(2)根据 $Cu(IO_3)_2$ 饱和溶液的吸光度，通过工作曲线求出饱和溶液中 Cu^{2+}的浓度，计算 $K_{sp}^{\ominus}$。

【思考题】

(1)怎样制备 $Cu(IO_3)_2$ 饱和溶液？制备 $Cu(IO_3)_2$ 时，何种物质过量？

(2)如果 $Cu(IO_3)_2$ 溶液未达饱和，对测定结果有何影响？

(3)假如在过滤 $Cu(IO_3)_2$ 饱和溶液时有 $Cu(IO_3)_2$ 固体穿透滤纸，将对实验结果产生什么影响？

(4)铜的测定方法还有哪些？结合所学知识阐述。

附 铜试剂分析铜样品

测定铜的方法很多，主要包括原子吸收法、电化学方法、色谱法、光谱法等，相对于其他方法，分光光度法不需昂贵的仪器，并且操作较为简便，所以应用广泛。我国环境保护标准采用二乙基二硫代氨基甲酸钠分光光度法测定水质中的铜离子。该法是在氨性溶液(pH=8～10)的条件下，铜与二乙基二硫代氨基甲酸钠作用生成物质的量比为 1∶2 的黄棕色配合物，用四氯化碳或三氯甲烷萃取该配合物，颜色可稳定 1 h，用分光光度计在 440 nm 处测量其吸光度。可用 EDTA-柠檬酸铵溶液掩蔽消除铁、锰、镍、钴等干扰铜的测定。此法适用于地表水、地下水、生活污水和工业废水中总铜和可溶性铜的测定。与二乙基二硫代氨基甲酸钠分光光度法相似的还有 2, 9-二甲基-1, 10-菲咯啉(新亚铜灵)分光光度法，以及二苯硫腙-CCl_4-萃取-分光光度法。双硫腙分光光度法是以双硫腙为螯合剂，使之与金属离子反应生成带色物质，而后用分光光度法测定该金属离子的方法。这是环境监测中常用的一种间接、萃取分光光度法。几种方法都需要萃取步骤，萃取可以使所测量的铜离子富集，因而可以检测低浓度铜离子。

二乙基二硫代氨基甲酸钠和双硫腙都是测定 Cu^{2+}可用的显色剂，双硫腙又称铅试剂，在测定 Pb^{2+}时更为灵敏，而二乙基二硫代氨基甲酸钠又可称为铜试剂，是分光光度法测定 Cu^{2+}使用的典型显色剂。由图 3-3 可以看出，在 400～700 nm 范围 Cu^{2+}的吸收有最大吸收峰，两个峰分别处于 427 nm 和 436 nm。在 λ=436 nm 处采用二乙基二硫代氨基甲酸钠的方法(铜试剂法)测定溶液中的铜离子更加灵敏。

具体实验方法如下：取 1 mL 铜标准溶液(或者试样)加去离子水至 2.5 mL，再倒入于 30 mL 的分液漏斗中；加 EDTA-柠檬酸铵-氨性溶液 0.5 mL；再加 NH_4Cl-NH_3H_2O 缓冲溶液 2.5 mL；加 2.5 mL 显色剂(二乙基二硫代氨基甲酸钠)，振荡均匀，静置 2 min；加入四氯化碳萃取液 2.5 mL，振荡 2 min，静置。收集下层四氯化碳层于 10 mL 比色管，再次加入 2.5 mL 四氯化碳溶液，振荡 2 min，静置，合并四氯化碳层，定容至刻度。以纯四氯化碳作参比溶液，在 λ=436 nm 处，得到不同浓度铜标准溶液的工作曲线。测定铜试液的吸光度，通过工作曲线得到试样中铜的浓度。

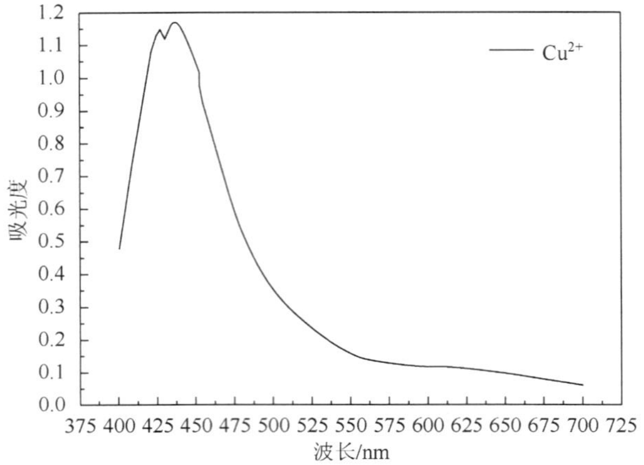

图 3-3　二乙基二硫代氨基甲酸钠法测定 Cu^{2+}的吸收光谱

实验四十六　邻菲咯啉铁配合物组成及稳定常数的测定(4～6 学时)

【实验目的】

(1) 学习和掌握分光光度计的使用方法。

(2) 了解吸光光度法在测定配合物组成及稳定常数方面的应用。

【预备知识】

(1) 吸光光度法相关理论知识和用于分析的基本原理。

(2) 配位化合物、配位平衡理论和相关知识。

【实验原理】

设金属离子 M 和配位剂 R 形成一种有色配合物 MR_n(电荷省略)。反应如下：

$$M+nR=\!=\!=MR_n \tag{3-26}$$

测定配合物的组成，就是要确定 MR_n 中的 n。本实验采用物质的量比法。首先固定金属离子浓度 $c(M)$，选择不同的配位比浓度 $c(R)$，混合后得一系列 $c(R)/c(M)$ 比值不同的溶液，以试剂为空白，在一定波长下测定，得到 $c(R)/c(M)$ 相对应的一系列吸光度值。然后以吸光度值为纵坐标，以相对的 $c(R)/c(M)$ 为横坐标作图，得到一条曲线，如图 3-4 所示。在未达到最大配比时，$c(R)$ 增大，配合物的生成量不断增多，溶液的吸光度也在不断地增大。当中心离子全部形成配合物时，再增加 $c(R)$ 时，配合物的浓度不再增加，溶液的吸光度也不增加，曲线成为与横坐标平行的直线。由曲线转为直线的转折点应该是金属离子恰好与配位体全部生成配合物时的配位比 $c(R)/c(M)$，即为该配合物的配位比(n)。在实际测量时，由于配合物的解离，曲线的转折不够明显(图 3-4)，可以用外推法使上升曲线与直线相交于一点，从交点作横轴的垂线与横轴相交，交点的 $c(R)/c(M)$ 即为配合物的配位比(n)。

两直线的交点对应的吸光度为 A_1，它应是金属离子与配位剂全部形成配合物时的吸光度，而曲线最高点吸光度为 A_2(由曲线的实际情况而得)，较 A_1 小，这是配合物的解离引起的。设配合物的解离度为 α，则

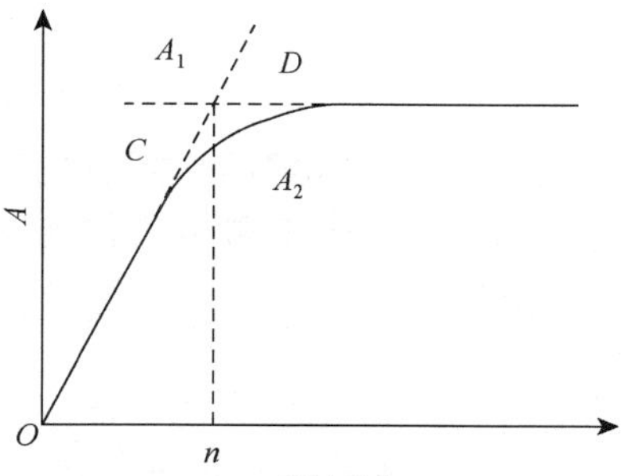

图 3-4　A-c(R)/c(M)关系图

$$\alpha = \frac{A_1 - A_2}{A_1} \tag{3-27}$$

对于配位反应：

$$\mathrm{M} + n\mathrm{R} = \mathrm{MR}_n \tag{3-28}$$

平衡时　　$c\alpha$　　$nc\alpha$　　$c-c\alpha$

式中，c 为配合物的总浓度。配合物的稳定常数 $K_f^\ominus$ 应为

$$K_f^\ominus = \frac{c(\mathrm{MR}_n)}{c(\mathrm{M})c^n(\mathrm{R})} = \frac{c - c\alpha}{c\alpha \times (nc\alpha)^n} = \frac{1-\alpha}{(n\alpha)^n \alpha^{n+1}} \tag{3-29}$$

【仪器和试剂】

仪器：电子天平(0.0001 g)、722 型分光光度计、比色皿(1 cm)、比色管(50 mL)、吸量管(2 mL、5 mL、10 mL)、洗耳球、烧杯(100 mL)、容量瓶(1000 mL)。

试剂和其他用品：邻菲咯啉、$(NH_4)_2Fe(SO_4)_2 \cdot 6H_2O$(s，A.R.)、HCl(1.0 $mol \cdot L^{-1}$)、总浓度为 0.20 $mol \cdot L^{-1}$ 的 NaAc-HAc(1∶1)、盐酸羟胺(2%)、吸水纸、称量纸。

【实验内容】

1. 标准溶液的配制

(1) 1.8×10^{-3} $mol \cdot L^{-1}$ 铁标准溶液：准确称取 0.7030 g 硫酸亚铁铵[$(NH_4)_2Fe(SO_4)_2 \cdot 6H_2O$]于 250 mL 烧杯中，加 100 mL 1.0 $mol \cdot L^{-1}$ HCl 溶液，完全溶解后，移入 1.0 L 容量瓶中，并用蒸馏水稀释至刻度，混匀。

(2) 1.8×10^{-3} $mol \cdot L^{-1}$ 邻菲咯啉标准溶液：准确称取 0.3568 g 邻菲咯啉于 250 mL 烧杯中，加蒸馏水溶解，移入 1.0 L 容量瓶中，稀释至刻度，混匀。

2. 配制一系列溶液

取 11 只 50 mL 比色管，按顺序编号。按下表配制系列溶液。

试剂＼编号	1(CK)	2	3	4	5	6	7	8	9	10	11
铁标准溶液	2.0	2.0	2.0	2.0	2.0	2.0	2.0	2.0	2.0	2.0	2.0
邻菲咯啉标准溶液	0.0	2.0	4.0	5.0	5.5	5.8	6.0	6.2	6.5	7.0	8.0
2%盐酸羟胺	2.0	2.0	2.0	2.0	2.0	2.0	2.0	2.0	2.0	2.0	2.0
NaAc-HAc 缓冲溶液	5.0	5.0	5.0	5.0	5.0	5.0	5.0	5.0	5.0	5.0	5.0
吸光度											

3. 测定溶液的吸光度值

选定波长 λ=510 nm，1 cm 比色皿，将 10 份溶液的吸光度依次测出，用空白溶液作参比。然后以吸光度为纵坐标、邻菲咯啉标准溶液体积/铁标准溶液体积为横坐标作图。从图中找出最大吸收峰值，求出配合物组成和配位常数。

【数据处理】

要求以两种方法处理数据：①以坐标纸作图，处理数据；②以 Excel 或 Origin 软件作图，处理数据。求出 n 值和 $K_f^\ominus$ 值。

【思考题】

(1) 在等物质的量系列法测定配合物组成时，为什么说其中金属离子的浓度与配体浓度之比正好与其配合物组成相同的溶液中，其配合物浓度最大？

(2) 在测吸光度时，如果温度有变化，对测得的配合物稳定常数是否有影响？

实验四十七　植物叶片中叶绿素含量的测定(4～6 学时)

【实验目的】

(1) 熟悉叶绿素提取的基本操作。

(2) 掌握可见分光光度法测定叶绿素含量的原理和方法。

【预备知识】

(1) 朗伯-比尔定律。

(2) 分光光度计的使用方法。

(3) 测定叶绿素的原理。

【实验原理】

叶绿素广泛存在于果蔬等绿色植物组织中，并在植物细胞中与蛋白质结合成叶绿体。当植物细胞死亡后，叶绿素即游离出来，游离叶绿素很不稳定，对光、热较敏感；在酸性条件下叶绿素生成绿褐色的脱镁叶绿素，在稀碱液中可水解成鲜绿色的叶绿酸盐以及叶绿醇和甲醇。高等植物中叶绿素有两种：叶绿素 a 和叶绿素 b，两者均易溶于乙醇、乙醚、丙酮和氯仿。

叶绿素的含量测定方法有分光光度法、原子吸收光谱法、叶绿素测定仪、光声光谱法等。其中分光光度法和原子吸收光谱法是应用最为广泛的方法。

(1) 原子吸收光谱法：通过测定镁元素的含量，进而间接计算叶绿素的含量。

(2) 分光光度法：利用分光光度计测定叶绿素提取液在最大吸收波长下的吸光度值，即可用朗伯-比尔定律计算提取液中各色素的含量。但同为分光光度法，若用不同的试剂作为溶剂，所得叶绿素含量的测定结果有少许差异。

叶绿素 a 和叶绿素 b 在 645 nm 和 663 nm 处(也有资料表明它们在 649 nm 和 665 nm 处)有最大吸收，且两吸收曲线相交于 652 nm 处。因此，测定提取液在 645 nm、663 nm、652 nm 波长下的吸光度值，并根据经验公式可分别计算叶绿素 a、叶绿素 b 和总叶绿素的含量。

本实验采用分光光度法测定叶绿素含量。根据朗伯-比尔定律，有色溶液的吸光度 A 与其

溶质的浓度 c 成正比，即

$$A=kbc \tag{3-30}$$

在本实验中，采用 95%乙醇作溶剂，提取植物叶片中的叶绿素。叶绿素提取液对可见光具有吸收，且其中含有多种吸光物质，在此条件下，混合溶液在某一波长下的总吸光度等于各组分在该波长下吸光度的总和。本实验测定植物叶片中的叶绿素 a、叶绿素 b 的含量，只需要在两个特定波长下用 1 cm 比色皿测定提取液的吸光度 A，即可以计算叶绿素 a、叶绿素 b 的含量，相关的计算公式如下：

叶绿素 a　$$c_a(\mathrm{mg \cdot L^{-1}})=13.95A_{663}-6.88A_{645} \tag{3-31}$$

叶绿素 b　$$c_b(\mathrm{mg \cdot L^{-1}})=24.96A_{645}-7.32A_{663} \tag{3-32}$$

植物叶片中叶绿素 a 的含量：

$$\rho_a(\mathrm{mg \cdot g^{-1}})=\frac{c_a \times V}{m} \tag{3-33}$$

植物叶片中叶绿素 b 的含量：

$$\rho_b(\mathrm{mg \cdot g^{-1}})=\frac{c_b \times V}{m} \tag{3-34}$$

式中，V 为容量瓶的体积；m 为植物叶片的质量。

【仪器和试剂】

仪器：台秤(0.01 g)、722 型分光光度计、研钵、漏斗、容量瓶(100 mL)、量筒(10 mL)、剪刀。

试剂和其他用品：95%乙醇(或 80%丙酮)、石英砂、碳酸钙粉末。

【实验内容】

取新鲜植物叶片(或其他绿色组织)，用吸水纸擦净组织表面污物，去除中脉剪碎。称取剪碎的新鲜样品 2 g，放入研钵中，加少量石英砂和碳酸钙粉及 3 mL 95%乙醇，研成匀浆，再加 10 mL 乙醇，继续研磨至组织变白。静置 3～5 min。

取 1 张滤纸置于漏斗中，用乙醇湿润，沿玻璃棒把提取液倒入漏斗，滤液流至 100 mL 棕色容量瓶中；用少量乙醇冲洗研钵、研棒及残渣数次(注意控制洗液用量)，最后连同残渣一起倒入漏斗中。

用滴管吸取乙醇，将滤纸上的叶绿体色素全部洗入容量瓶中。直至滤纸和残渣中无绿色为止。最后用乙醇定容至 100 mL，摇匀。

取叶绿体色素提取液在波长 663 nm 和 645 nm 下测定吸光度，以 95%乙醇为空白对照。

【数据处理】

序号		I	II	III
叶片质量 m/g				
吸光度 A	A_{663}			
	A_{645}			
色素浓度/($\mathrm{mg \cdot L^{-1}}$)	c_a			
	c_b			

续表

序号		I	II	III
叶片中叶绿素a的浓度/$(mg\cdot g^{-1})$	ρ_a			
	ρ_a平均值			
	相对平均偏差			
叶片中叶绿素b的浓度/$(mg\cdot g^{-1})$	ρ_b			
	ρ_b平均值			
	相对平均偏差			

【思考题】

(1) 植物叶片中的其他叶绿素对测定结果有何影响？

(2) 还有哪些方法可以测定绿色植物叶片中叶绿素含量？

实验四十八　紫外分光光度法测定水果或蔬菜中的抗坏血酸(维生素C)含量(8学时)

【实验目的】

(1) 掌握紫外分光光度法测定抗坏血酸(维生素C)的方法。

(2) 掌握紫外分光光度法修正背景的原理。

(3) 掌握绘制标准曲线的方法。

(4) 了解样品处理、制备和试样的处理过程。

【预备知识】

(1) 朗伯-比尔定律。

(2) 紫外分光光度计的使用方法。

(3) 测定抗坏血酸含量的基本原理。

【实验原理】

维生素C化学名称为抗坏血酸，广泛存在于水果、蔬菜、饮料和药物中，是人体的必需营养物，也是维持机体正常生理功能的重要维生素之一。自然界存在两种形式维生素C：抗坏血酸(还原型Vc)和脱氢抗坏血酸(氧化型DHVc)。抗坏血酸化学名称为L-3-氧代苏己糖醛酸内酯，分子式为$C_6H_8O_6$，相对分子质量为176.13。抗坏血酸在溶液状态下不稳定，易被金属离子催化氧化，形成氧化型的脱氢抗坏血酸。在样品处理时，以EDTA作为稳定溶液，实验证明抗坏血酸可以至少维持3 h的活性。

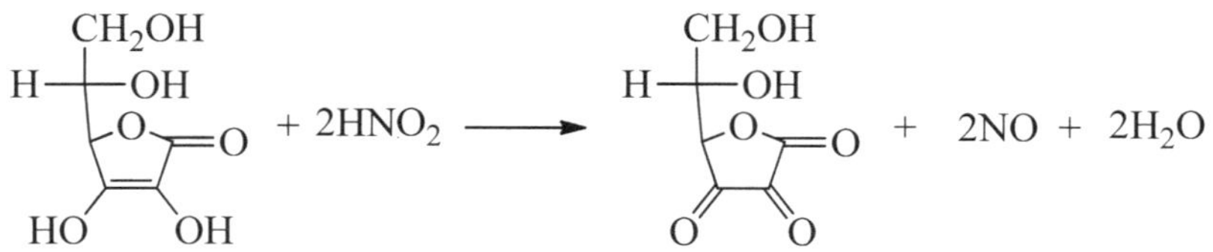

抗坏血酸测得在紫外区λ=256 nm(pH=4.1)处有最大吸收峰，而且在较大范围内具有良好

的线性关系，而氧化型抗坏血酸在这个区域没有吸收，可以根据这个特异的紫外吸收性质检测还原型抗坏血酸的含量。但由于果蔬样品中的其他成分在紫外区也有吸收，因此必须对果蔬样品紫外区本底吸收进行校正。

在酸性介质中，利用亚硝酸对还原型抗坏血酸的氧化作用对样品进行背景校正，根据氧化前后吸光度差值($\Delta A=A_1-A_2$)直接测定抗坏血酸的含量。

柑橘中维生素 C 含量的参考值为 20～60 mg·(100 g)$^{-1}$。

【仪器和试剂】

仪器：紫外-可见分光光度计、电子天平(0.0001 g)、台秤(0.01 g)、离心机、移液管(1 mL、5 mL)、容量瓶(100 mL 或 250 mL)、比色管(50 mL)、离心管(10 mL)。

试剂：冰醋酸(HAc)、NaAc、抗坏血酸、EDTA、$NaNO_2$。

缓冲溶液(pH=4.1)：冰醋酸 HAc(0.035 mol·L^{-1})和 NaAc(9.77×10^{-3} mol·L^{-1})的混合溶液在重蒸水中配制。

EDTA 稳定溶液(6.45×10^{-4} mol·L^{-1})：称取 EDTA 固体(0.24 g)，用缓冲溶液溶解稀释至 1 L。

抗坏血酸标准溶液(5.65×10^{-4} mol·L^{-1}，100 μg·mL^{-1})：将 0.025 g 抗坏血酸固体用稳定溶液溶解，转移至 250 mL 容量瓶中，用含 EDTA 的稳定溶液定容，得到 100 μg·mL^{-1} 抗坏血酸的标准溶液。新鲜配制。

$NaNO_2$ 溶液(0.11 mol·L^{-1})：称量 0.78 g $NaNO_2$，将其用 100 mL 稳定溶液溶解、定容(全班 35 人只需配一份)。

【实验内容】

1. 吸收曲线的绘制

用移液管吸取 4.00 mL 抗坏血酸溶液(100 μg·mL^{-1})于 50 mL 比色管中，用稳定溶液定容、摇匀，用 1 cm 石英比色皿，以试剂空白(仅稳定溶液)为参比溶液，在 210～320 nm 全程扫描吸收光谱，从吸收曲线上确定抗坏血酸最大吸收波长为 256 nm。最大吸收波长对 pH 敏感，若 pH 不同，可能会出现些许差异。

2. 标准曲线的绘制

准确吸取抗坏血酸标准溶液(100 μg/mL) 0 mL、0.50 mL、1.00 mL、2.00 mL、3.00 mL、4.00 mL 于 6 支洁净的 50 mL 比色管中，用稳定溶液定容、摇匀，以稳定溶液作参比，在 λ=256 nm 波长下，用 1 cm 石英比色皿测定吸光度 A。最后根据吸光度与抗坏血酸的含量作标准曲线。

3. 水果或蔬菜汁样品溶液的制备

称取 50 g 水果或蔬菜，先用榨汁机或压汁器榨汁，并加入 40 mL 酸性的稳定溶液浸泡残渣，再榨汁，溶液合并，转移并用稳定溶液定容到 100 mL 容量瓶中混匀。倒取约 10 mL 此溶液于 10 mL 离心管中，注意离心平衡，离心(4000 r·min^{-1}，5 min)。从上层清液中分别取 1.0 mL 离心后样品于两支 25 mL 比色管中，其中一支再加入 1 mL $NaNO_2$ 溶液(0.11 mol·L^{-1})，分别用稳定溶液定容。

4. 样品中抗坏血酸含量的测定

将上述实验内容 3 中两个样品分别设定测定参比，前者还原态的参比就为不加样品的空白，即稳定溶液，后者氧化态样品中加了 $NaNO_2$，对应的参比就为 1 mL $NaNO_2$ 溶液(0.11 $mol\cdot L^{-1}$)于 25 mL 比色管中稳定溶液定容，分别对应参比，测定实验内容 3 中两个样品的吸光度，在波长 256 nm 处检测，得到还原态(A_1)和氧化态(A_2)的吸光度差值($\Delta A=A_1-A_2$)，根据标准曲线或回归方程计算得到样品中的抗坏血酸的含量。

【数据处理】

(1) 将标准样品检测记录的数据列成表格。

序号	1	2	3	4	5	6
100 $\mu g\cdot mL^{-1}$ 抗坏血酸标准溶液/mL	0	0.50	1.00	2.00	3.00	4.00
稳定溶液定容，总体积/mL	50	50	50	50	50	50
吸光度(A)	0					

(2) 运用作图纸或者计算机软件制成标准曲线。

(3) 检测实际待测样品的吸光度，根据标准曲线求得抗坏血酸的含量。

序号	S1	S2	S3	S4
离心后的实际样品溶液/mL	0	1.00	0	1.00
0.11 $mol\cdot L^{-1}$ $NaNO_2$/mL	0	0	1.00	1.00
稳定溶液定容，总体积/mL	25	25	25	25
吸光度(A)	0	A_1	0	A_2

$\Delta A=A_1-A_2$，以 ΔA 从上述标准曲线中找到对应的浓度 c_x，则

$$w[\text{mg}\cdot(100\text{g})^{-1}]=\frac{c_x(\mu\text{g}\cdot\text{mL}^{-1})\times 25(\text{mL})\times\frac{100}{1}}{\frac{m_s(\text{g})}{100(\text{g})}}\times 10^{-3}$$

【思考题】

(1) 本实验的蔬菜或水果中抗坏血酸含量的测定为什么采用紫外分光光度法？

(2) 为什么加入 EDTA 溶液到新鲜制备的抗坏血酸样品中？

(3) 处理实际样品时为什么采用 $NaNO_2$ 溶液处理来做对照？

(4) 除本实验所采用的方法外，抗坏血酸含量还有哪些检测方法？

实验四十九　植物样品中维生素 B_2 的分子荧光测定(4～6 学时)

【实验目的】

(1) 了解分子荧光分析法的基本原理。

(2) 掌握用荧光法测定维生素 B_2 的基本步骤。

(3) 掌握荧光光度计的基本操作方法。

【预备知识】

(1) 标准溶液的配制方法。
(2) 工作曲线的绘制方法。
(3) 分子荧光分析法的原理及操作。
(4) 植物样品中维生素 B_2 的提取方法。

【实验原理】

维生素 B_2 又称核黄素，微溶于水，在 5%乙酸溶液中是一个强荧光物质，在中性和酸性溶液中对热稳定，在碱性溶液中较易被破坏。通过实验确定它的最佳激发波长(370 nm 和 440 nm)和发射波长(520 nm)，在所确定的波长条件下，测定维生素 B_2 标准系列溶液的荧光强度，并绘制工作曲线。用标准曲线法测定生物样品(蔬菜)中的维生素 B_2 含量。

【仪器和试剂】

仪器：荧光分光光度计、容量瓶(25 mL、100 mL、250 mL)、移液管(10 mL)、量筒(10 mL、50 mL)、锥形瓶(250 mL)、漏斗。

试剂和其他用品：乙酸(5%)、NaOH(1 $mol·L^{-1}$)、HCl(1 $mol·L^{-1}$)、H_2O_2(1∶100，体积比)、$KMnO_4$(3%，使用前过滤)、冰醋酸。

维生素 B_2 标准储备液(100 $mg·L^{-1}$)：准确称取 25 mg 维生素 B_2(准确至 0.1 mg)，用 5%乙酸溶液溶解后，定量转入 250 mL 容量瓶中，用 5%乙酸稀释至刻度，保存于冰箱中。

实验样品：如绿叶蔬菜、豆类等低脂肪含量物质。

【实验内容】

1. 标准系列溶液的配制

移取维生素 B_2 标准储备溶液 10.00 mL，用 5%乙酸稀释定容于 100 mL 容量瓶中，摇匀。分别吸取该稀释溶液(10.0 $mg·L^{-1}$) 0.00 mL、0.50 mL、1.00 mL、2.00 mL、3.00 mL 和 4.00 mL，用 5%乙酸稀释定容于 6 只 100 mL 容量瓶中，摇匀，此标准系列溶液的浓度分别为 0.00 $mg·L^{-1}$、0.05 $mg·L^{-1}$、0.10 $mg·L^{-1}$、0.20 $mg·L^{-1}$、0.30 $mg·L^{-1}$ 和 0.40 $mg·L^{-1}$。

2. 样品溶液的制备

称取 50 g 新鲜蔬菜，加 40 mL 水榨汁，向菜汁中加入 20 mL 1 $mol·L^{-1}$ HCl 和 10 mL 水煮沸 1 h，冷却，不断搅拌滴加 2 $mol·L^{-1}$ NaOH，调节 pH 为 6，再用稀 HCl 调节 pH 至 4.5，过滤，用水洗涤样品，洗涤液和过滤液合并定量转移至 100 mL 容量瓶中，加水稀释至刻度。

3. 工作曲线的绘制

取标准系列溶液之一，优化实验条件，找出最佳荧光发射波长。在所确定的波长条件下测定标准系列溶液的荧光强度，绘制荧光强度与浓度的工作曲线。

4. 测定

分别吸取 10.00 mL 样品溶液 3 份，依次置于 3 只 25 mL 容量瓶中，加入 1.25 mL 冰醋酸，再加入 0.5 mL 3% $KMnO_4$ 溶液，放置 2 min，边摇边滴加 10% H_2O_2，使 $KMnO_4$ 刚好褪色，用纯水稀释至刻度，在荧光光度计上分别测定其荧光强度。

【数据处理】

在坐标纸上绘制 I_f-c 的工作曲线，并根据测定的 I_{fx}，从工作曲线上查出溶液中维生素 B_2 的 c_x(mg·L^{-1})，代入式(3-35)计算样品中维生素 B_2 的含量[mg·(100 g)$^{-1}$]：

$$c(\text{维生素B}_2)[\text{mg}\cdot(100\text{g})^{-1}] = c_x \times 25.00\times 10^{-3} \times \frac{100.0}{10.00} \times \frac{1}{m_s} \times 100 \tag{3-35}$$

【注意事项】

(1) 本方法适用于粮食、蔬菜、调料、饮料等脂肪含量少的样品，对脂肪含量过高、含较多不易除去色素的样品不适用。

(2) 配制标准系列溶液时采用 5% HAc 溶液定容，配制样品溶液时采用蒸馏水定容。

(3) 用 5 mL 移液管量取 2 mL、3 mL、4 mL 溶液时必须先吸到满刻度。

(4) 用浓度最大的标准溶液找出最佳荧光发射波长，并确定测定时仪器的工作条件(选择合适的灵敏度值与纵坐标放大值)。

(5) 过滤时先将样品分批倒入小布袋，用漏斗接液，漏斗下端用 100 mL 容量瓶接液。

(6) 提取液中加 10% H_2O_2 应逐滴加入，使高锰酸钾颜色刚好褪去(边滴边摇)。

(7) 样品液测定条件与标准曲线测定条件一致(测定时所用灵敏度值与纵坐标放大值一致)。

【思考题】

(1) 分子荧光分析法适用于哪类物质的分析？

(2) 荧光分光光度计与紫外-可见分光光度计在仪器结构上有何不同？

实验五十　过氧化氢酶活性测定方法的比较(16 学时)

【实验目的】

(1) 了解过氧化氢酶在植物代谢中的作用。

(2) 掌握化学滴定方法和光度法测定过氧化氢酶的原理和方法。

(3) 初步分析不同实验方法获得的实验结果的有效性和偏差产生的原因。

(4) 根据实验情况，能选择最佳实验方案。

【预备知识】

(1) 实验材料酶液的提取。

(2) 分光光度计的使用方法。

【实验原理】

过氧化氢酶是植物组织中普遍存在的一种酶，植物代谢强度及抗逆能力与过氧化氢酶的活性有一定关系。过氧化氢酶活性的测定对植物生理生化研究有重要意义。

过氧化氢酶能催化过氧化氢分解为水和氧分子，一般根据过氧化氢的消耗量测定该酶活力大小。运用较多的有化学滴定法、光度法、电化学法、放射化学测定法等。但同时，影响测定结果的因素很多，各种方法的准确性有一定的差异。

本实验以同一植物叶片为实验材料，通过两种化学滴定法(高锰酸钾法和碘量法)、两种光度法(紫外吸收法和钼酸铵法)共四种实验方式测定过氧化氢酶的活性，并进行比较分析。

【实验内容】

1. 酶液提取

取小麦(或其他植物)叶片 2 g，加入少量 pH=7.8 的磷酸缓冲溶液研磨成匀浆，用同一缓冲溶液定容至 50 mL，离心取上清液，4 ℃保存，即为待测酶液。

2. 酶活性测定

1) 高锰酸钾滴定法

在酸性条件下，用标准高锰酸钾滴定过氧化氢。

$$2KMnO_4+5H_2O_2+3H_2SO_4 = K_2SO_4+2MnSO_4+5O_2\uparrow+8H_2O\text{(酸性条件下)}$$

2) 碘量法

利用 H_2O_2 能将 KI 中的 I^-氧化生成 I_2，以淀粉作为滴定终点指示剂，用硫代硫酸钠滴定，计算生成 I_2 的量，再换算成所消耗 H_2O_2 的量。

$$2I^-+H_2O_2+2H^+ = I_2+2H_2O$$

$$I_2+2S_2O_3^- = 2I^-+S_4O_6^{2-}$$

3) 钼酸铵法

过氧化氢能氧化 MoO_4^{2-} (Ⅵ)成 MoO_5^{2-} (Ⅷ)，MoO_5^{2-} (Ⅷ)接受氢氧根的电子成键，分子间立即脱水缩合，分子内也形成众多—O—H—O—氢键，得到稳定的黄色复合物$(H_2MoO_4\cdot xH_2O)_n$ 在 λ=405 nm 处有强烈吸收峰，其吸光度值和过氧化氢浓度呈线性关系。测定出体系剩余过氧化氢在 405 nm 的吸光度值，即得到剩余过氧化氢的量，就得到了过氧化氢酶(CAT)的催化活性。

$$MoO_4^{2-}+H_2O_2 \longrightarrow MoO_5^{2-}+H_2O \longrightarrow (H_2MoO_4\cdot xH_2O)_n$$

4) 紫外吸收法

H_2O_2 在 λ=240 nm 有强吸收峰，随着过氧化氢酶的分解，溶液吸光度随反应时间下降。可根据吸光度的反应速率测出过氧化氢的活性。

3. 四种测定方法结果比较

将四种方法的测定结果进行比较，简要说明它们之间差异的原因。

【实验总结】

(1) 提交文献综述一篇。

(2) 实验过程总结。

(3) 撰写实验报告。

【实验考核】

考核的重点是学生运用理科知识综合分析问题和解决问题的创新思维能力，按如下方法给出实验的总成绩：文献综述 10%、实验设计 20%、实验过程 40%、实验报告 30%。

实验五十一　茶叶中微量元素的定性与定量分析(12 学时)

【实验目的】

(1) 了解并掌握茶叶中几种微量元素的简单检出方法。

(2) 进一步熟练和巩固溶液配制、加热、过滤等基本操作。

(3) 掌握配位滴定法测茶叶中钙、镁含量的方法和原理。

(4) 掌握分光光度法测茶叶中微量铁的方法。

【预备知识】

(1) 生物样品的前处理技术。

(2) 分析化学中滴定实验的操作。

(3) 配位滴定法原理、金属指示剂变色原理。

(4) 邻菲咯啉分光光度法测定 Fe 的原理及反应条件的控制。

(5) 722 型分光光度计的使用。

【实验原理】

茶叶属植物类，经现代科学的分离和鉴定，茶叶中含有机化学成分达 450 多种，无机矿物元素达 40 多种，含有许多营养成分和药效成分。其中无机矿物元素主要有 K、Ca、Mg、Co、Fe、Al、Mn、Na、Zn、Cu 等。本实验的目的是要求从茶叶中定性鉴定 Fe、Al、Ca、Mg 等元素，并对 Fe、Ca、Mg 进行定量测定。

茶叶需先进行灰化处理，即将试样置于敞口的蒸发皿后于坩埚中加热，把有机物经氧化分解而烧成灰烬。这一方法特别适用于生物和食品的预处理。灰化后，经酸溶解，即可逐级进行分析。

铁、铝混合液中 Fe^{3+}对 Al^{3+}的鉴定有干扰。利用 Al^{3+}的两性，加入过量的碱，使 Al^{3+}转化为 AlO_2^- 留在溶液中，Fe^{3+}则生成 $Fe(OH)_3$ 沉淀，经分离去除后，消除了干扰。

钙、镁混合液中，Ca^{2+}和 Mg^{2+}的鉴定互不干扰，可直接鉴定，不必分离。

铁、铝、钙、镁各自的特征反应式如下：

$$Fe^{3+} + nKSCN(\text{饱和}) \longrightarrow Fe(SCN)_n^{3-n}(\text{血红色}) + nK^+$$

$$Al^{3+} + \text{铝试剂} + OH^- \longrightarrow \text{红色絮状沉淀}$$

$$Mg^{2+} + \text{镁试剂} + OH^- \longrightarrow \text{天蓝色沉淀}$$

$$Ca^{2+} + C_2O_4^{2-} \xrightarrow{\text{HAc介质}} CaC_2O_4(\text{白色沉淀})$$

根据上述特征反应的实验现象，可分别鉴定 Fe、Al、Ca、Mg 4 种元素。

钙、镁含量的测定，可采用配位滴定法。测定 Ca^{2+}、Mg^{2+}的总量时，用缓冲溶液调节溶液的 pH 为 10，以铬黑 T(EBT)为指示剂，用 EDTA 标准溶液进行测定。测定 Ca^{2+}含量时，先用 NaOH 调节溶液的 pH=12～13，使 Mg^{2+}生成氢氧化物沉淀，以 EDTA 标准溶液滴定 Ca^{2+}，钙指示剂指示滴定终点，用差减法即得 Mg^{2+}的含量。Fe^{3+}、Al^{3+}的存在会干扰 Ca^{2+}、Mg^{2+}的测定，分析时，可用三乙醇胺掩蔽 Fe^{3+}与 Al^{3+}。

茶叶中铁含量较低，可用分光光度法测定。在 pH=2～9 时，Fe^{2+}和邻菲咯啉(1, 10-邻二氮菲)反应生成橘红色配合物，在 λ=510 nm 处进行比色法分析。

【仪器和试剂】

仪器：电热干燥箱、电子天平(0.0001 g)、台秤(0.01 g)、研钵、称量瓶、蒸发皿、酒精灯、烧杯(200 mL)、中速定量滤纸、长颈漏斗、漏斗架、容量瓶(250 mL)、点滴板、试管、比色管(50 mL)、锥形瓶(250 mL)、酸式滴定管(50 mL)、吸量管(5 mL、10 mL)、722 型分光光度计。

试剂和其他用品：HCl(2 $mol \cdot L^{-1}$、6 $mol \cdot L^{-1}$)、$NH_3 \cdot H_2O$(6 $mol \cdot L^{-1}$)、HAc(2 $mol \cdot L^{-1}$、6 $mol \cdot L^{-1}$)、NaOH(6 $mol \cdot L^{-1}$)、镁试剂(0.1%)、$(NH_4)_2C_2O_4$(0.25 $mol \cdot L^{-1}$)、饱和 KSCN 溶液、NH_4F(1 $mol \cdot L^{-1}$)、铝试剂(0.1%)、EDTA(0.01 $mol \cdot L^{-1}$，自配并标定)、铬黑 T(1%)、三乙醇胺水溶液(25%)、NH_3-NH_4Cl 缓冲溶液(1.0 $mol \cdot L^{-1}$)、钙指示剂、Fe 标准溶液(10 $mg \cdot L^{-1}$)、HAc-NaAc 缓冲溶液(1.0 $mol \cdot L^{-1}$)、邻菲咯啉(0.15%水溶液)、盐酸羟胺(1%水溶液，新鲜配制)。

【实验内容】

1. 茶叶的预处理

取在 100～105 ℃下烘干的茶叶 7～8 g 于研钵中研成细末，转移至称量瓶中，用差减法称出茶叶的准确质量。

将盛有茶叶末的蒸发皿加热，使茶叶完全灰化，冷却后，加 10 mL 6 $mol \cdot L^{-1}$ HCl 于蒸发皿中，搅拌溶解，将溶液完全转移至烧杯中，加 20 mL 蒸馏水，再加适量 6 $mol \cdot L^{-1}$ $NH_3 \cdot H_2O$ 控制溶液 pH 为 6～7 致沉淀产生。置于沸水浴中加热 30 min，过滤。滤液直接用 250 mL 容量瓶盛接并稀释定容，摇匀，贴上标签，标明为 Ca^{2+}、Mg^{2+}试液(1 号)，待测。

另取一只 250 mL 容量瓶于长颈漏斗之下，用 10 mL 6 $mol \cdot L^{-1}$ HCl 溶解滤纸上的沉淀，并少量多次地洗涤滤纸。完毕后，稀释定容，摇匀，贴上标签，标明为 Fe^{3+}试液(2 号)，待测。

2. Fe、Al、Ca、Mg 元素的定性分析

从 1 号容量瓶中取 1 mL 试液于一洁净的试管中，然后从试管中取试液 2 滴于点滴板上，加入 6 $mol \cdot L^{-1}$ NaOH 溶液及镁试剂各 1～2 滴，若有天蓝色沉淀生成，表示有 Mg^{2+}存在。

从上述试管中再取试液 2～3 滴于另一试管中，加 2 滴 2 $mol \cdot L^{-1}$ HAc 溶液，再加饱和$(NH_4)_2C_2O_4$溶液，有白色沉淀生成，再加 2 $mol \cdot L^{-1}$ HCl 溶液沉淀溶解，表示有 Ca^{2+}存在。

从 2 号容量瓶中取 1 mL 试液于一洁净试管中，然后从试管中取试液 2 滴于点滴板上，出现血红色，加入 1 $mol \cdot L^{-1}$ NH_4F 溶液，血红色褪去，表示有 Fe^{3+}存在。

在上述试管剩余的试液中，加 6 $mol \cdot L^{-1}$ NaOH 直至白色沉淀溶解为止，离心分离，取上层清液于另一试管中，加 6 $mol \cdot L^{-1}$ HAc 酸化，加 3～4 滴铝试剂，放置片刻后，加 6 $mol \cdot L^{-1}$ $NH_3 \cdot H_2O$ 碱化，在水浴中加热，观察实验现象。

3. 茶叶中 Ca、Mg 总量的测定

从 1 号容量瓶中用移液管准确移取 25.00 mL 试液于 250 mL 锥形瓶中，加入 5 mL 三乙醇胺溶液，再加入 10 mL pH=10 的氨性缓冲溶液(NH_3-NH_4Cl)，加入 5 滴铬黑 T 指示剂，摇匀，用 EDTA 标准溶液滴定至溶液由紫红色变为纯蓝色，记录所消耗 EDTA 标液的体积 V(mL)。

平行滴定 3 次，计算茶叶中 Ca、Mg 的总量(以 MgO 的质量分数表示)。

4. 茶叶中 Fe 含量的测量

1) 显色溶液的配制

取八支 50 mL 比色管，编号。在 1～6 号比色管中用移液管分别加入 0.00 mL、2.00 mL、4.00 mL、6.00 mL、8.00 mL、10.00 mL 10 mg·L^{-1} Fe^{2+}标准溶液于比色管中，在第 7、8 号比色管中分别加入 5.00 mL 2 号容量瓶待测试液，然后再各加入 2.50 mL 盐酸羟胺溶液、5.00 mL NaAc-HAc 缓冲溶液和 5.0 mL 邻菲咯啉溶液，用蒸馏水稀释至刻度，摇匀后静置 10 min。

2) 吸收曲线的制作

用 1 cm 比色皿，以试剂溶液(1 号比色管)为参比溶液，用第 6 号比色管测定。在 440～600 nm 范围，每隔 10～20 nm 测定一次吸光度值 A。以波长(λ)为横坐标，吸光度(A)为纵坐标，绘制吸收曲线，从而选择测量 Fe 的最佳波长(一般选用最大吸收波长λ_{max})。

3) 标准曲线的制作和 Fe 含量的测定

在所选择的波长(一般为 510 nm)处，用 1 cm 比色皿，以试剂溶液为参比，依次测定各溶液的吸光度值。以 Fe 标准溶液的浓度 $c(Fe^{2+})$为横坐标，吸光度 A 为纵坐标，绘制标准曲线。从曲线上查出试液的浓度，再计算原试液中 Fe^{2+}含量(以 Fe_2O_3 的质量分数表示)。

【思考题】

(1) 茶叶若灰化不完全，对实验结果有何影响？

(2) 欲测该茶叶中的 Al 含量，应如何设计方案？

(3) 试讨论，为什么 pH=6～7 时，能将 Fe^{3+}、Al^{3+}与 Ca^{2+}、Mg^{2+}分离完全。

(4) 结合本实验，谈谈你对运用化学知识分析和解决生活实际问题的看法。

实验五十二　废干电池的回收利用(8 学时)

【实验目的】

(1) 进一步熟悉无机物的实验室提取、制备、提纯、分析等方法与技能。

(2) 了解废弃物中有效成分的回收利用方法。

【预备知识】

(1) 了解干电池回收利用的必要性。

(2) 无机物提取、制备、分析等方法和操作技能。

【实验原理】

如今环境保护日益受到人们的重视，生活垃圾的无害化处理能变废为宝将是每个地球村公民所乐见并追求的。

电池是人们生活中不可缺少的能源，随着社会经济的发展，各式各样的电池也充满了我们的生活。但是对于废干电池，人们一般都会随手扔掉，不予重视，殊不知废电池被遗弃于大自然后并不会立即分解、消失，它会缓慢地被氧化，既而“释放”很多有毒的化学物质，严重影响了环境，危害到人类的健康。例如，在废电池里含有大量重金属汞、锌等，当废电池长期日晒雨淋，表面表皮层锈蚀，其中的成分就会渗透到土壤和地下水。人们一旦食用受污染的土地生产的农作物或是喝了受污染的水，这些有毒的重金属就会进入人体，慢慢地沉积下来，对人类健康造成极大威胁！一节1号电池烂在土壤里，可以使1 m^2土地永久失去利用价值。实现废弃电池回收、处理再利用已迫在眉睫。

废电池中存在可回收利用的锌、铜及氯化铵和二氧化锰，根据这四类物质及主要杂质的性质，尽量做到用最少的成本做到最大量的回收，分析从实验室回收到工业规模发展的可能性。

目前，我国还处于回收废旧电池阶段，随着科技的发展，电池的污染及综合利用一定会得到处理。我们也可以开发新能源代替干电池。这样不仅能减轻环境污染，还能合理利用资源。

【仪器和试剂】

仪器：玻璃棒、酒精灯、三脚架、石棉网、烧杯、火柴、小刀、滤纸、漏斗、天平、铁坩埚、铁漏斗、蒸发皿。

试剂和其他用品：废干电池、蒸馏水、高锰酸钾(s，A.R.)。

【实验内容】

1. 制取锌粒

取一节5号干电池，用小刀小心地将锌壳剥下洗刷干净、剪碎、晾干，即得锌片，可用于制氢气。如果要得到锌粒，把碎片放到铁坩埚中加强热使其熔化(锌的熔点是410.6 ℃)。熔化中会有少量氯化锌白雾生成，熔化后除去浮渣，将熔融液倒入放在盛水桶上的铁漏勺中，就得到锌粒，可用作实验试剂。

2. 提取氯化铵

将干电池中的黑色糊状物放入水中搅拌洗涤，其中不溶于水的物质主要是二氧化锰(含少量炭黑)。氯化铵溶于洗液中，把洗液抽滤一次即得澄清的滤液，经加热、蒸发、浓缩、结晶即得氯化铵晶体(其中含有少量的氯化锌)。如果要得到较纯的氯化铵，可以进行重结晶处理。

3. 收集铜帽

取下电池盖，用小刀除去沥青，用钳拔出碳棒，取下铜帽集存，可用于生产硫酸铜等化工原料。

4. 提取二氧化锰

将干电池中的黑色糊状物放在烧杯里，加热水搅拌，洗5～6次，除去其中的氯化铵、氯化锌等可溶物，取出黑色沉淀物，放在石棉网上先小火烘干，然后渐渐加大火焰，对烘干的黑色粉末强热(温度由低到高慢慢加热)，使黑色粉末中的炭黑和石墨不断被氧化。灼烧温度不能过高，时间不宜过长，因为温度超过 530 ℃时有部分二氧化锰被分解。当粉末中不再产生气体时，停止加热，略冷却。加入 1 药匙高锰酸钾，充分研细混匀，再次加热灼烧，这时会产生一些火星，说明一部分炭已和高锰酸钾反应。如没有火星再次冷却，这时少量残留的炭已基本被除尽。用自制的二氧化锰和氯酸钾制氧气，效果很好。

5. 选取电极

取出废干电池得碳棒，用水洗净、晾干，可用作电极，也可粉碎重新用作化工原料。

【数据处理】

分别计算一节 5 号电池可回收所得氯化铵、二氧化锰、碳棒和铜帽的质量。

【思考题】

(1) 认识废电池每个组成部分，讨论并了解它们的实际利用价值。
(2) 在干电池二氧化锰的提取步骤中，为什么后期加入 1 药匙高锰酸钾？
(3) 分析废电池回收的可行性，讨论其在环境保护中的意义。

实验五十三　计算机虚拟仿真实验(4 学时)

【实验目的】

(1) 初步认识和了解计算机模拟实验及其操作方法。
(2) 了解计算机模拟实验的应用，弥补实验室操作的不足，扩大实验信息量。

【实验内容】

上机选做以下若干个实验。

1. 初级实验部分

(1) 无水二氯化锡的制备。
学习无水盐的制备方法，了解蒸发、过滤、干燥等基本操作。
(2) 硫代硫酸钠的制备。
了解非水溶剂重结晶的一般原理，掌握硫代硫酸钠合成的原理与操作。
(3) 结晶学初步。
通过对各种模型的操作，初步了解晶体的基本结构特点。
(4) 阿伏伽德罗常量的测定。
了解电解法测定阿伏伽德罗常量的原理和方法，学习电解操作。
(5) 原电池。
通过锌铜原电池，了解原电池的工作原理和电化学的基本知识。
(6) 化学反应速率。
通过测量过二硫酸铵氧化碘化钾的反应速率，了解浓度、温度、催化剂对反应速率的影响，进一步加深对活化能的理解。
(7) 由三氧化二铬制备重铬酸钾。
掌握由铬矿制备重铬酸钾的原理，熟悉有关铬化合物的性质。

(8) 配合物的生成和性质。

进一步了解配离子的生成和稳定性，以及沉淀平衡、氧化还原平衡对配位平衡的影响。

2. 中级实验部分

(1) 双(环戊二烯基)合铁的制备。

了解双(环戊二烯基)合铁的制备方法，掌握无机合成中的一些无水、无氧和低温实验操作技术。

(2) 四氯化碳氯化法制备无水三氯化铬。

了解无水氯化物的一般制备方法。

(3) 凝胶法生长难溶酒石酸钙单晶体。

了解凝胶法生长难溶物质的基本操作步骤和原理。

(4) C_{60}。

了解 C_{60} 的发现、制备和结构特点。

(5) 红外光谱在无机化学中的应用。

了解红外光谱仪的基本结构和原理，掌握仪器的操作步骤和不同的制样技术。

(6) 一水草酸钙的热化学分析。

了解热重分析的基本原理和操作，掌握应用热重分析研究物质性质的方法。

(7) 降温法生长磷酸二氢钾单晶体。

了解磷酸二氢钾(KDP)单晶体的生长方法和操作。

实验五十四　分光光度法测定维生素片中的铁(4学时)

【实验目的】

掌握分光光度法定量测定市售维生素片中铁含量的基本方法。

【实验原理】

1. 铁与人体健康

铁是地壳中含量第四的元素，在生物系统中也是无处不在的。这两个事实是密切相关的，铁在生命体中具有多种功能，一般呈现铁(Ⅱ)和铁(Ⅲ)两个氧化态，这两种氧化铁通常是蛋白质的活性成分。

成年人体内一般含有4～6 g铁，人体中大多数的铁存在于血液中一种名为血红蛋白的蛋白质中。这种蛋白质的功能是从肺部输送氧气到身体中的各种组织，把新陈代谢的副产品之一——二氧化碳，通过血红蛋白运回到肺部。在运输过程中，氧和二氧化碳分子结合在血红蛋白的铁离子上。

人类主要从食物中获得必需的铁，如肉和绿色蔬菜中通常含有丰富的铁。当膳食中铁摄入量不足时，会引起贫血。贫血患者会表现出缺乏活力和异常苍白的肤色(血液的红色主要由于铁存在于血红蛋白里)。口服含铁的维生素(如[Fe(Ⅱ)($C_4H_2O_4^{2-}$)])，可改善贫血的状况。

2. 分光光度分析法测定铁

分光光度法是测定铁最常用的定量分析方法之一。在分光光度法中，样品所吸收的电磁辐射量用分光光度计测量，吸光度与样品所分析的物质的浓度有关。当使用可见光辐射源时，吸光度 A 和浓度之间的关系，称为比尔定律：

$$A=\varepsilon cl \tag{3-36}$$

在这个方程式中，溶液的浓度单位为 $mol \cdot L^{-1}$。

因此，在溶液中溶质的物质的量可以通过下式计算：

溶质物质的量=摩尔浓度×溶液的体积(L)

另一个变量 ε 称为摩尔吸光系数，l 为溶液中吸收池的长度。

由于摩尔吸光系数的值并不总是一个已知量，通常采用一系列标准溶液获得校准曲线。解决方案是测量已知的几个标准溶液的吸光度，与对应的浓度绘制曲线，得到其函数。如果吸收物质的行为符合比尔定律，就会得到一条直线[式(3-36)]。未知浓度的溶液的吸光度可以用分光光度计测定，根据该值与校准曲线，就可确定未知溶液的浓度。

3. 铁分光光度法分析

在这个实验中，将采用分光光度法分析市售的维生素片中铁的含量。要做到这一点，首先将铁与邻菲咯啉配位，使其吸收处于可见光区域。邻菲咯啉的结构如图 3-5 所示。铁与邻菲咯啉配位的结构如图 3-6 所示。这种化合物在溶液中的颜色是橙红色，它吸收可见光区域的光，最大吸收波长为 508 nm。

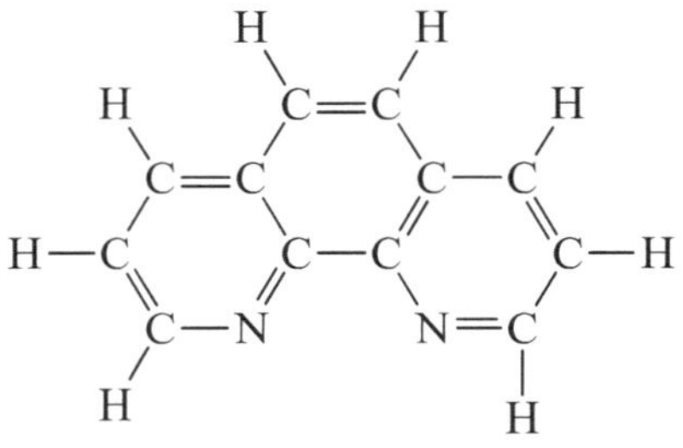

图 3-5　邻菲咯啉的结构

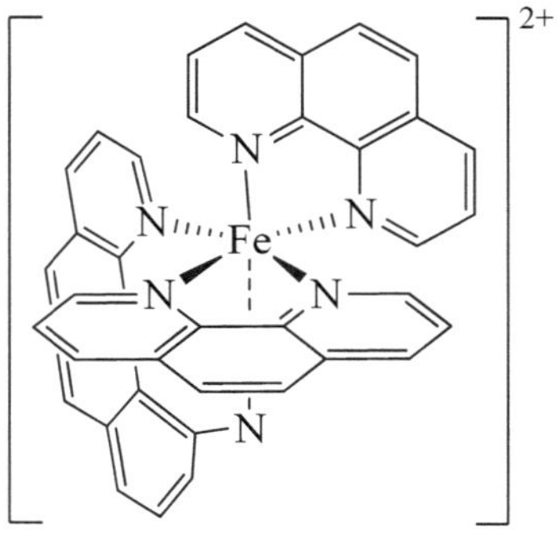

图 3-6　邻菲咯啉合铁的结构(化合物 1)

将邻菲咯啉和预先用盐酸溶解的维生素片混合反应。为了使反应发生，铁离子必须是二价的。由于在酸性水溶液中二价铁离子容易被氧化成三价铁离子，因此在溶液中加入了还原剂对苯二酚。而且，实验中必须控制溶液的酸度，否则不能生成化合物 1。在溶液中加入柠檬酸三钠将中和一部分酸并且维持合适的 pH。配好的溶液将被稀释到合适的浓度，并进行吸收光谱的测定。同时，需要配制一系列已知浓度的邻菲咯啉合铁溶液并测定其吸光度，绘制标准曲线。这样根据样品的吸光度测定值和标准曲线，就可以计算样品和维生素片中铁的含量。

【实验内容】

1. 制备“初始”的铁溶液

在研钵中将 2 片维生素片研磨成粉状(不需要非常细)，倒入装有 25 mL 6 $mol \cdot L^{-1}$ 盐酸的 100 mL 小烧杯中。摇动烧杯几分钟，观察到反应变慢后，将烧杯放在通风橱中的加热板上，盖上表面皿，加热至沸，并保持沸腾 15 min。在加热过程中，如果发现溶液体积减少到少于 15 mL，需补充蒸馏水。加热 15 min 后将烧杯从加热板上取下，用蒸馏水冲洗表面皿并盛接到烧杯中。

采用普通过滤方法将漏斗架在漏斗架上趁热过滤溶液，滤液直接用一个 100 mL 容量瓶盛接。过滤的同时，用 250 mL 烧杯装几十毫升蒸馏水在加热板上加热。过滤完后，用少量加热的热水润洗烧杯，将润洗液转移至漏斗中过滤至 100 mL 容量瓶中，然后再重复洗涤两次。一定要注意洗涤时不要加太多的热水，以免过滤后液面超过了容量瓶刻度线。最后关掉加热板。

待容量瓶中溶液冷到室温，用蒸馏水稀释至刻度线并混合均匀。加水时注意最后改用胶头滴管或洗瓶滴加，以免超过刻度线。容量瓶中的溶液就是“初始”铁溶液。将容量瓶中溶液转入 250 mL 干燥的锥形瓶中，贴上标签“初始铁溶液”，并放置在一边。将容量瓶用少量蒸馏水冲洗干净。

2. 第一次稀释

将一根 5 mL 移液管用蒸馏水洗涤干净，并用锥形瓶中的初始铁溶液润洗 2～3 次，移取 5.00 mL 初始铁溶液到 100 mL 容量瓶中，用水稀释至刻度线，摇匀并标记成“瓶 A”(初始溶液保留，以防稀释过程中出错。实验完成后将初始溶液倒入回收瓶并标记上“铁和盐酸”)。

3. 测定维持合适 pH 所需柠檬酸三钠的量

标记一个干净、干燥的 125 mL 锥形瓶为“瓶 B”。将一根 10 mL 移液管用蒸馏水洗涤干净，并用瓶 A 的溶液润洗 2～3 次，然后移取 10.00 mL 瓶 A 中的溶液到瓶 B 中。用量筒量取约 8 mL 浓度为 10%的柠檬酸三钠溶液，并准备一些 pH 试纸条。逐滴滴加柠檬酸三钠溶液至瓶 B 中，并记住所滴加滴数。滴加 10 滴后，用试纸检验 pH。试纸应该是黄绿色，表明 pH 为 3～4(与比色卡对照)。如果 pH 仍然低于 3，继续逐滴滴加柠檬酸三钠溶液，每 4～5 滴检验一下溶液的 pH，直到达到 3～4；如果 pH 超过了 4，则重新移取 10.00 mL 瓶 A 中的溶液到瓶 B 中，加入少于 10 滴的柠檬酸三钠溶液再检验 pH，直到达到 3～4 为止。把 pH 达到 3～4 所需的柠檬酸三钠溶液的滴数记录在笔记本上。

4. 第二次稀释，并将铁离子转化成邻菲咯啉合铁

取一个洁净干燥的 250 mL 锥形瓶，标为“瓶 C”。将瓶 A 中的溶液倒入瓶 C 中。用二次蒸馏水冲洗瓶 A。用移液管取 10.00 mL 瓶 C 中的溶液移入干净的容量瓶中。接着加相同滴数的柠檬酸钠去中和溶液，柠檬酸钠的量记录在前面的实验中。然后加入 2 mL 浓度为 10%的对苯二酚溶液和 3 mL 浓度为 0.15%的邻二氮杂菲溶液到容量瓶中，摇匀。最后用二次蒸馏水定容并摇匀。测量之前放置 15 min 显色。

作出工作曲线并测量样品溶液的吸光度。

将仪器波长固定在 508 nm 处。注意：不要将丙酮倒入比色皿中，因为它会使容器表面起雾模糊。

每一台分光光度计都必须用标准溶液作一条工作曲线。邻菲咯啉合铁的标准溶液浓度依次为 0.500×10^{-5} mol·L^{-1}、1.00×10^{-5} mol·L^{-1}、2.00×10^{-5} mol·L^{-1}、3.00×10^{-5} mol·L^{-1}、5.00×10^{-5} mol·L^{-1}。用二次蒸馏水作为空白溶液。

测量样品溶液之前需要一个新的空白溶液再次调节分光光度计的零点。将一滴柠檬酸钠、一滴对苯二酚溶液和一滴邻菲咯啉加入蒸馏水彻底冲洗过的比色皿中，然后用蒸馏水将比色

皿加满，用小的搅拌棒搅拌均匀。用这个溶液作为空白溶液对仪器进行校正，接着用样品溶液润洗比色皿之后，再来测量样品溶液的吸光度。

将最终的样品溶液和标准溶液倒入标有“邻菲咯啉合铁”的回收瓶中。将初始铁溶液倒入标有“铁和盐酸”的回收瓶中。

【数据处理】

1. 作标准曲线

(1) 用 Excel 软件作图。根据提示作出拟合得最好的穿过数据点的直线。

(2) 用线函数计算斜率和截距。根据提示和标准曲线读出样品溶液的浓度。

(3) 打印拟合的图和数据表，并贴在报告册上。

2. 计算维生素片中铁离子的浓度

(1) 计算初始铁溶液(在煮沸过滤之后定容在容量瓶中的溶液) 中铁离子的物质的量浓度。注意：原液被稀释了两次之后才测量其吸光度。

(2) 知道了初始铁溶液的浓度之后，计算一个维生素片中铁离子的质量。

【思考题】

(1) 趁热过滤维生素片的盐酸溶液之后，如果没有用热水洗涤烧杯，会使得实验结果偏高还是偏低？解释原因。它将如何影响报告中维生素片的铁离子含量？

(2) 你绘制的标准曲线很好地符合了比尔定律吗？为什么呢？根据你得到的标准曲线，计算摩尔吸光系数的值（假设比色皿的厚度是 1.00 cm）。

(3) 列出实验中的重要误差来源以及它们是如何影响实验结果的。讨论这些误差。

第 4 章　研究设计性实验

研究设计性实验，顾名思义是要通过一系列的研究探索才能完成的实验，是基于学生综合运用化学知识解决实际问题的能力，促进学生自主创新的兴趣和能力的培养。指导思想是：集成基础、加强综合、培养创新，体现“传统与现代、教学与科研”相结合的原则，将科研成果转化成实验教学资源，培养学生综合运用化学知识解决实际问题的能力，促进学生以实践创新为核心的综合素质的提高。主要特点是：①实验过程是探索和研究，不是“照方抓药”；②实验结果是开放的和多元化的，没有统一的标准答案；③训练环节系统完整，从文献综述、实验方案、技术路线、实验过程、表征测试、数据处理到实验报告等多个环节，反映的是一个系统完整的研究性训练的过程。主要实施对象是：对化学实验感兴趣，有志于创新的学生。全校理、工、农(包括生命科学等)专业均可，即只要学习了无机及分析化学、有机化学、基础化学实验等课程的学生均可选修该研究设计性实验项目。

研究设计性实验项目来源于教师的科研项目，经改造后具备研究设计性实验的功能，每一个实验项目实际上是一个一级项目，在每一个项目下，可以设置若干个二级子项目，所要完成的任务和一级项目规定的没有区别，只是在实验对象、方法、手段等方面的区别。这些项目的特点是：①具备综合性，全部跨化学的两个以上二级学科；②体现交叉融合，既有数理化基础学科的交叉融合，又有与农科或生命科学的交叉融合，具备多学科全方位交叉融合的特色；③突出先进性，实验项目在内容上紧跟学科前沿和研究热点，如生物质能源转化、纳米生物分析等。基于以上特点，本研究设计性实验项目还具备两大功能：①综合训练功能；②创新能力培养功能。

每个项目 2～3 人为一组，项目实施时间集中在假期，实验学时根据专业和项目的实际情况确定。

实验五十五　纳米氧化铁的合成及其吸附 Cr(Ⅵ)的实验(30 学时)

【实验目的】

(1) 了解水热水解法制备纳米材料的原理与方法。

(2) 加深对水解反应影响因素的认识。

(3) 熟悉分光光度计、离心机、酸度计的使用。

(4) 溶液中 Cr(Ⅵ)的比色分析。

【预备知识】

(1) 朗伯-比尔定律。

(2) 分光光度计的使用方法。

(3) 水解反应的原理。

(4) 纳米材料的性质与制备。

【实验原理】

纳米材料是指晶粒和晶界等显微结构能达到纳米级尺度水平的材料，是材料科学的一个重要发展方向。纳米材料由于粒径很小，比表面积很大，表面原子数会超过体原子数，因此纳米材料常表现出与本体材料不同的性质。在保持原有物质化学性质的基础上，呈现出热力学上的不稳定性。例如，纳米材料可大大降低陶瓷烧结及反应的温度，明显提高催化剂的催化活性、气敏材料的气敏活性和磁记录材料的信息存储量。

氧化物纳米材料的制备方法很多，有化学沉淀法、热分解法、固相反应法、溶胶-凝胶法、气相沉积法、水解法等。水热水解法是较新颖的制备方法，它通过控制一定的温度和 pH 条件. 使一定浓度的金属盐水解，生成氢氧化物或氧化物沉淀。若条件适当可得到颗粒均匀的多晶态溶胶，其颗粒尺寸在纳米级，对提高气敏材料的灵敏度和稳定性有利。

为了得到稳定的多晶溶胶，可降低金属离子的浓度，也可用配位剂控制金属离子的浓度，例如，加入 EDTA，可适当增大金属离子的浓度，制得更多的沉淀，同时也可影响产物的晶形。若水解后生成沉淀，说明成核不同步，可能是玻璃仪器未清洗干净，或者是水解液浓度过大，或者是水解时间太长。此时的沉淀颗粒尺寸不均匀，粒径也比较大。

$FeCl_3$ 水解过程中，由于 Fe^{3+}转化为 Fe_2O_3，溶液的颜色发生变化，随着时间增加，Fe^{3+}量逐渐减小，Fe_2O_3 粒径也逐渐增大，溶液颜色也趋于一个稳定位，可用分光光度计进行动态监测。

本实验以 $FeCl_3$ 为例，试验 $FeCl_3$ 的浓度、溶液的温度、反应时间与 pH 等对水解反应的影响。

六价铬 Cr(Ⅵ)对人类有很大的危害性，被列为诱导有机体突变和致癌物质。所有可能含有 Cr(Ⅵ)的样品及实验中用到的试剂均要小心处理及存放。

Cr(Ⅵ)通过酸性条件下与 1, 5-二苯碳酰肼反应来确定。在该反应中 Cr(Ⅵ)被还原成 Cr(Ⅲ)，而二苯碳酰肼被氧化成二苯碳酰腙。然后 Cr(Ⅲ)与二苯碳酰肼进一步反应，生成一种红-紫罗兰色的复合物。

该复合物溶液可利用分光光度计在 540 nm 处定量测定。如果样品中含有大量有机类的污染物，建议碱性消解法后用离子层离法进行处理，即一定量的碱化提取的溶液经过滤注射到离子层离仪中，Cr(Ⅵ)和二苯碳酰肼沿柱子生成的衍生物由 540 nm 处有色复合物反映出来。

在比色测试过程中可能存在由六价铬的还原和三价铬的氧化等引起的干扰问题，以及 Ph、铁离子、硫、六价钼以及汞盐等的干扰也会存在。含有 Cr(Ⅵ)的溶液或废料应妥善处理。例如，可以利用抗坏血酸或其他还原剂将 Cr(Ⅵ)还原成 Cr(Ⅲ)。

【仪器和试剂】

仪器：台式烘箱、722 型分光光度计、医用高速离心机、pHS-2 型酸度计、多用滴管、具塞锥形瓶(20 mL)、容量瓶(10 mL、25 mL、50 mL)、离心管(50 mL)、吸管(50 mL)、移液管(10 mL)。

试剂和其他用品：$FeCl_3$(1.0 mol·L^{-1})、HCl(1.0 mol·L^{-1})、EDTA 溶液(1.0 mol·L^{-1})、$(NH_4)_2SO_4$(1.0 mol·L^{-1})、CH_3CH_2OH(A.R.)、NaOH(s，A.R.)、Na_2SO_3(s，A.R.)。

【实验内容】

1. 纳米氧化铁的制备

方法一：

(1) 玻璃仪器的清洗。

实验中所用一切玻璃器皿均需严格清洗。先用铬酸洗液洗，再用去离子水冲洗干净。然后烘干备用(该步骤可由实验室教师完成)。

(2)水解温度的选择。

根据文献和实验时间，本实验选定 105 ℃为水解温度，有兴趣的学生可做 95 ℃、80 ℃对照。

(3)水解时间的影响。

按 1.8×10^{-2} mol·L^{-1} $FeCl_3$、8×10^{-4} mol·L^{-1} EDTA 的要求配制 20 mL 水解液，通过多用滴管加入 1 mol·L^{-1} HCl，用酸度计调节溶液的 pH 为 1.3，置于 20 mL 具塞锥形瓶中，放入 105 ℃的烘箱中，观察水解前后水解液的变化。每隔 30 min 取样 2 mL，于 550 nm 处观察水解液吸光度的变化，直到吸光度基本不变，观察到橘红色溶胶为止，绘制 A-t 图。约需读数 6 次。

(4)水解液 pH 的影响。

改变上述水解液的 pH，分别在 pH=1.0、1.5、2.0、2.5、3.0 的条件下，用分光光度计观察水解 pH 的影响，绘制 pH-t 图。

(5)水解液中 Fe^{3+}浓度的影响。

改变步骤(3)中水解液 Fe^{3+}的浓度，分别为 2.5×10^{-2} mol·L^{-1}、5×10^{-3} mol·L^{-1}、1.0×10^{-3} mol·L^{-1}，用分光光度计观察水解液中 Fe^{3+}浓度对水解的影响，绘制 A-c 图。

(6)沉淀的分离。

取上述水解液两份，迅速用冷水冷却，一份用高速离心机离心分离，另一份加入$(NH_4)_2SO_4$使溶胶沉淀后用普通离心机离心分离。沉淀用去离子水洗至无 Cl^-为止(怎样检验？)。比较两种分离方法的效率。

方法二：

分别量取一定浓度的 $FeCl_3$ 溶液置于圆底烧瓶中，在 70 ℃的水浴中恒温保持一段时间，同时缓慢加入 1 mg·mL^{-1} NaOH-CH_3CH_2OH 溶液，调节 pH 为 4～5；安装回流装置，加入少量 Na_2SO_3，在 80～90 ℃下回流一定时间后，冷却，静置，倾出上层清液，下层悬液用大离心管离心 20 min(转速 4000 r·min^{-1})，得到前驱体；蒸馏水洗涤多次，烘干，得到纳米氧化铁产物。

2. 纳米氧化铁的吸附性能实验

1)纳米氧化铁对 Cr(Ⅵ)的吸附

准确称取约 10 mg 制备的产物纳米氧化铁粉末于 50 mL 离心管中，加入 1.0 mL 3.5 mg·L^{-1} Cr(Ⅵ)标准溶液以及 4.0 mL pH=3.00 的缓冲溶液。在电磁搅拌器上搅拌 1 h，静置 10 min 后，在 3000 r·min^{-1} 的转速下离心 3 min，溶液转入 25 mL 比色管中，加蒸馏水 15 mL、0.2%二苯碳酰肼 2.5 mL，调节 pH=2.00，用蒸馏水定容至 25 mL，20 min 后置于 λ=540 nm 处测定溶液的吸光度(A)。

2)比色法定量测定六价铬

绘制标准曲线：

(1)用移液管移取一定量的 Cr 标准溶液置于 10 mL 容量瓶中，配制 0.1～5 mg·L^{-1} Cr(Ⅵ)的系列标准溶液。如果样品中 Cr(Ⅵ)的浓度超出了原来的校准曲线范围，应利用其他浓度范围的校准曲线。

(2)将适量的标准溶液置于一个 1 cm 的吸收池(比色皿)中，测定其在 540 nm 处的吸光度。

(3)用上述同样程序制备空白样，减去空白吸光度即得校正后的吸光度。

(4)以校正后的吸光度和 Cr(Ⅵ)的值(μg·mL^{-1})为坐标轴，绘制校准曲线。

【实验总结】

(1) 提交文献综述一篇。
(2) 实验过程总结。
(3) 撰写实验报告。

【实验考核】

考核的重点是学生运用理科知识综合分析问题和解决问题的创新思维能力，按如下方法给出实验的总成绩：文献综述 10%、实验设计 20%、实验过程 40%、实验报告 30%。

实验五十六　豆芽中铜含量的检测技术研究(30 学时)

【实验目的】

(1) 了解铜对生命体的重要意义。
(2) 了解铜离子的各种检测技术。
(3) 掌握实际样品的前处理方法。
(4) 掌握原子吸收光谱法和紫外-可见分光光度法检测豆芽中铜含量的基本原理和方法。
(5) 了解铜对豆芽生长发育的影响。
(6) 学会数据处理技术。

【基本要求】

查阅国内外相关文献资料，了解铜缺乏与铜中毒对生命体的影响，并对目前的各种检测技术和发展趋势进行综述。结合平时掌握的实验技能和实验方法，通过与指导教师讨论拟定合理、可行的实验方案。在教师的指导下，独立完成相关实验任务，并撰写实验总结报告。

实验完成时间总计 30 学时，1 个学分。建议理、工、农科大二以上学生选学，2 人一组。

【研究内容】

1. 富铜豆芽的培养

挑选上好的黄豆或绿豆，水中浸泡一段时间后，放入准备好的容器中培养 3～4 d，每天用含铜的培养液浇淋数次。

2. 豆芽的前处理

将豆芽在电热鼓风干燥箱中干燥至恒量并粉碎。称取一定量粉碎的样品，通过湿消化法、干灰化法、微波消解法等样品前处理方法消化样品。

3. 豆芽中铜含量的检测

样品消化后，吸取一定体积的消化溶液，采用原子吸收光谱法、紫外-可见分光光度法等技术检测豆芽中的铜含量。

4. 铜对豆芽生长发育的影响

测量不同浓度的培养液培养的豆芽的株高、胚轴长、直径和质量等，研究铜对豆芽生长发育的影响。

【实验总结】

(1)提交文献综述一篇。

(2)实验过程总结。

(3)撰写实验报告。

【实验考核】

考核的重点是学生运用理科知识综合分析问题和解决问题的创新思维能力，按如下方法给出实验的总成绩：文献综述 10%、实验设计 20%、实验过程 40%、实验报告 30%。

实验五十七 苹果无损检测技术研究(30 学时)

【实验目的】

(1)学会综合运用物理、化学、数学、计算机等学科的相关知识解决实际问题的方法。

(2)了解电荷耦合器件(CCD)成像原理，熟悉近红外定量分析的一般方法。

(3)掌握利用化学方法测定苹果中水含量、有效酸度和总酸度以及可溶性糖含量的方法和技术。

(4)学会数据处理技术，学会运用数学建模方法构建苹果无损检测的数学模型，学会利用 C 语言等基本语言进行编程的方法和技术。

(5)了解果品无损检测技术的构建方法。

【基本要求】

学生根据选择的研究设计性实验内容，查阅国内外相关文献资料，了解苹果的光特性、电特性、声学特性检测原理及方法，并对目前的各种检测技术和发展趋势进行综述。结合平时掌握的实验技能和实验方法，通过与指导教师讨论拟定合理、可行的实验方案。在教师的指导下，独立完成相关实验任务，并撰写实验总结报告。

实验完成时间总计 30 学时，1 个学分。建议理、工、农科大二以上学生选学，2～3 人一组。

【研究内容】

1. 物理指标测定

(1)CCD 分析：组建 CCD 成像系统(图 4-1)，确定苹果的果梗和花蕊位置，并由此确定

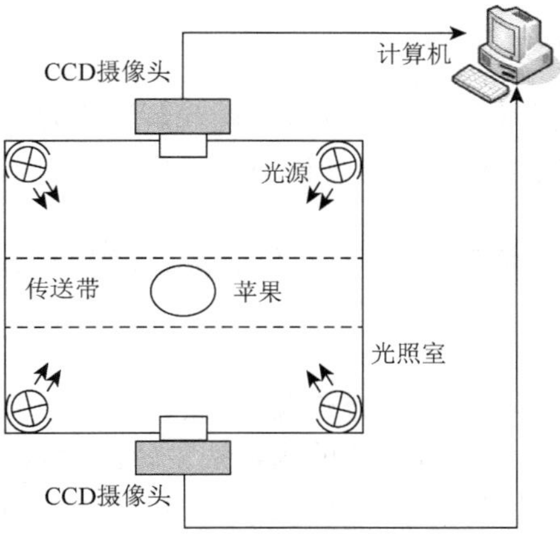

图 4-1 CCD 成像系统结构示意图

果轴方向，再根据果轴求得果径、果高、对称性、长宽比等指标。

(2) 近红外分析：采用近红外定量技术，测定苹果酸、维生素 C、果糖等的含量。

2. 化学分析

(1) 水分含量的测定：采用烘箱法测定样品水含量。

(2) 有效酸度和总酸度的测定：采用酸度计法测定有效酸度，采用酸碱滴定法测定总酸度。

(3) 糖含量的测定：采用费林试剂法测定可溶性糖含量。

3. 图像信息的处理和识别

低层处理、特征提取和模式识别与理解。

具体方法如下：

(1) 将 CCD 采集卡与计算机连接。

(2) 将 CCD 放置于光学调节架上，调节位置，对准传送带的苹果检测的位置。

(3) 设定光源类型和强度。

(4) 打开采集软件，将苹果图像拍摄到计算机保存。

(5) 采用 Matlab 或 C 语言对图像进行预处理，去掉噪声。

(6) 采用神经网络等算法进行特征识别，以此得到果径、果高、对称性、长宽比等参数指标等。

4. 数学建模及模型验证

依据果品外形数据、近红外分析数据和糖含量、酸度、水分数据等，建立无损检测的数学模型。通过建立的模型验证测定的可靠性，以提高模型的预测准确性。

【实验总结】

(1) 提交文献综述一篇。

(2) 根据物理、化学检测数据建立数学模型。

(3) 实验过程总结。

(4) 撰写实验报告。

【实验考核】

考核的重点是学生运用理科知识综合分析问题和解决问题的创新思维能力，按如下方法给出实验的总成绩：文献综述 10%、实验设计 20%、实验过程 40%、实验报告 30%。

实验五十八　植物组织中氮的组成及定量分析(30 学时)

【实验目的】

(1) 了解植物组织中氮素的多种组成方式及生理意义。

(2) 学会综合运用化学、生物学等学科的相关知识解决实际问题的方法。

(3) 掌握用化学方法测定硝态氮及蛋白质氮含量的方法和技术。

(4) 学会数据处理技术，能够运用数据说明研究问题。

【基本要求】

学生根据选择的研究设计性实验内容，查阅国内外相关文献资料，了解植物组织中氮素的生理作用及其组成分类，对目前各种测氮总量、有机氮(主要是蛋白质氮)、无机氮(主要是硝态氮)等的检测方法和发展趋势进行综述。结合平时掌握的实验技能和实验方法，通过与指导教师讨论拟定合理可行的实验方案。在教师的指导下，独立完成相关实验任务，并撰写实验总结报告。

实验完成时间总计 30 学时，1 个学分。建议农科、食品、生命科学学生选学，2～3 人一组。

【研究内容】

(1) 植物组织总氮含量的测定。

微量凯氏定氮法：消化—蒸馏—滴定。

(2) 植物组织中硝态氮总含量的测定。

(3) 植物组织中硝态氮的分类 N-NO_3^-、N-NO_2^- 分析。

【实验总结】

(1) 提交文献综述一篇。

(2) 实验过程总结。

(3) 撰写实验报告。

【实验考核】

考核的重点是学生运用理科知识综合分析问题和解决问题的创新思维能力，按如下方法给出实验的总成绩：文献综述 10%、实验设计 20%、实验过程 40%、实验报告 30%。

实验五十九　农作物废弃秸秆制备生物乙醇的研究(30 学时)

【实验目的】

(1) 了解利用农作物废弃秸秆生产生物能源的途径和方法。

(2) 学会综合运用化学、生物学、植物学等学科的相关知识解决实际问题的方法。

(3) 了解红外光谱分析法、液相色谱分析法和气相色谱-质谱联用技术。

(4) 掌握利用化学方法测定五碳糖、六碳糖含量的方法，学会运用 Van Soest 法测定秸秆中纤维素、半纤维素、木质素含量的方法。

(5) 掌握酶解、发酵技术。

(6) 了解通过物理-化学-生物方法从秸秆中获得燃料乙醇的方法和技术。

【基本要求】

学生根据选择的研究设计性实验内容，查阅国内外相关文献资料，了解农作物秸秆综合利用转化为生物乙醇的原理和方法，并对目前的各种转化技术和发展趋势进行综述。结合平时掌握的实验技能和实验方法，通过与指导教师讨论拟定合理、可行的实验方案。在教师的指导下，独立完成相关实验任务，并撰写实验总结报告。

实验完成时间总计 30 学时，1 个学分。建议理、工、农科大二以上学生选学，2～3 人一组。

【研究内容】

实验流程：秸秆干燥→物理粉碎→化学预处理→酶解→发酵→生物乙醇。

1. 秸秆的选定和样品的制备

农作物秸秆，如玉米、水稻、小麦、高粱等的秸秆均可，去叶片，使用茎秆，自然条件下干燥或烘箱干燥，然后粉碎过 40 目筛，样品储存于干燥器中待用。

2. 化学预处理

称取 0.5 g 样品于 15 mL 带盖塑料试管中，按固液比 1∶20（质量/体积，g/mL）加入含有酸或碱的溶液，密封后置于恒温振荡器中于一定温度下反应一定时间，反应完毕后，离心分离，溶液留待化学分析，固体留待下一步酶解。

3. 化学分析

(1) 五碳糖、六碳糖含量测定，分别采用蒽酮法和地衣酚法。
(2) 预处理前后秸秆中纤维素、半纤维素、木质素含量测定，采用 Van Soest 法。
(3) 预处理前后秸秆基团变化和热稳定性分别用红外光谱和热分析仪分析。

4. 酶解

以纤维素复合酶在指定 pH、温度等条件下水解一定时间，反应完毕后，离心分离，溶液留待化学分析。酶解液糖含量的测定采用蒽酮法和地衣酚法。

5. 发酵

以酿酒酵母发酵酶解液制备燃料乙醇，糖浓度、温度、pH 等条件在指定条件下。以重铬酸钾法测定发酵液中乙醇含量。

【实验总结】

(1) 提交文献综述一篇。
(2) 实验过程总结，重点放在实验过程和仪器设备的使用方面。
(3) 撰写实验报告，严格按照科技论文格式。

【实验考核】

考核的重点是学生运用理科知识综合分析问题和解决实际问题的创新思维能力，按如下方法给出实验的总成绩：文献综述 10%、实验设计 20%、实验过程 40%、实验报告 30%。

实验六十　固体碱催化剂的制备及其在生物柴油中的应用（30 学时）

【实验目的】

(1) 了解固体碱催化剂的发展现状和趋势，以及不同类型固体碱催化剂的制备方法和用途。

(2) 了解生物柴油的制备方法和关键技术。

(3) 了解表征固体碱催化剂的一些基本方法，如扫描电镜、比表面积和孔径分布及碱强度的表征等。

(4) 掌握利用均匀沉淀法、等体积浸渍法等技术制备固体碱催化剂。

(5) 掌握生物柴油的制备方法。

(6) 学会利用气相色谱分析法检测生物柴油含量。

【基本要求】

在项目实施过程中，按统一规划和要求，实行指导教师负责制。学生根据具体情况进行分组，在教师指导下，学生查阅相关文献，在小组成员充分讨论的基础上，提出初步实验方案，然后与指导教师讨论研究，确定实施方案。小组成员分工协作，开展探索研究，教师进行跟踪指导。完成实验内容后，进行数据分析处理，撰写实验报告。项目结束后，学生个人提交文献综述和实验总结，各小组提交实验方案和实验报告。

在一级课题下自选实验子项目，即每个小组做的均是固体碱，但具体的对象不同，在方法和实施步骤上有区别。这样做能够让每一个学生都了解，虽然都是制备固体碱，且都用来催化制备生物柴油，但对象不同，具体方法不同，得到生物柴油产率也不一样。

实验完成时间总计 30 学时，1 个学分。建议理、工、农科大二以上学生选学，2～3 人一组。

【研究内容】

1. 催化剂的制备

各小组分别拟制备的固体碱催化剂：KF-KNO_3/Al_2O_3、KF/Al_2O_3、K_2CO_3/Al_2O_3、KNO_3/CaO、CaO/SiO_2、酒石酸钾钠/Al_2O_3、KF/CaO、KF/CaO-Al_2O_3、CaO/MgO、KOH/ZrO_2、Na_2SiO_3。

均匀沉淀法：一定浓度的试剂+沉淀剂→沉淀→洗涤→过滤→干燥→焙烧→产品。

等体积浸渍法：负载物→加入浸渍剂→浸渍→蒸发→干燥→焙烧→产品。

考察的条件：物料配比、焙烧温度、焙烧时间。

2. 催化剂表征及催化活性

用扫描电镜表征催化剂表面形貌，用比表面积和孔径分布仪表征催化剂比表面积和孔径分布，以哈米特(Hammett)指示剂表征碱强度。在 70 ℃、催化剂用量占油重 3%、醇油物质的量比 1∶12、反应时间 3 h 条件下制备生物柴油，考察不同条件下所制备的催化剂的催化活性。

3. 产品分析

用气相色谱法测定生物柴油的产率。

4. 生物柴油制备条件优化

考察温度、催化剂用量(占油重质量分数)、醇油物质的量比、反应时间等对生物柴油转化率的影响，从而得到不同催化剂制备生物柴油的最优化条件。

【实验总结】

(1)提交文献综述一篇。

(2)实验过程总结，重点放在实验过程(含实验方案)和仪器设备的使用方面。

(3)撰写实验报告，严格按照科技论文格式。

【实验考核】

考核的重点是学生运用理科知识综合分析问题和解决实际问题的创新思维能力，按如下方法给出实验的总成绩：文献综述 10%、实验设计 20%、实验过程 40%、实验报告 30%。

实验六十一　CdS 量子点的合成及其与蛋白质相互作用的研究(30 学时)

【实验目的】

(1)学会综合运用化学、数学、计算机等学科的相关知识解决实际问题的方法。

(2)掌握 CdS 量子点合成方法。

(3)掌握利用紫外-可见吸收光谱、荧光光谱、透射电子显微镜等手段对 CdS 量子点进行表征。

(4)掌握荧光猝灭法研究量子点与蛋白质的相互作用。

(5)学会数据处理技术，学会根据荧光猝灭数据计算相互作用的焓变、熵变及自由能的变化。

【基本要求】

学生根据选择的研究设计性实验内容，查阅国内外相关文献资料，了解 CdS 量子点合成的基本原理及量子点与蛋白质相互作用的基本原理及基本方法，并对目前的各种合成方法和发展趋势进行综述。结合平时掌握的实验技能和实验方法，通过与指导教师讨论拟定合理、可行的实验方案。在教师的指导下，独立完成相关实验任务，并撰写实验总结报告。

实验完成时间总计 30 学时，1 个学分。建议理、工、农科大二以上学生选学，2～3 人一组。

【研究内容】

1. CdS 量子点的合成及表征

(1)CdS 量子点合成及表征：组建 CdS 量子点合成装置，确定量子点合成过程中各种前体及表面修饰试剂的浓度、合成温度、反应时间等基本条件。

(2)CdS 量子点的表征：采用紫外-可见吸收光谱、荧光光谱、透射电子显微镜等技术对所合成的量子点进行表征，确定量子点的尺寸大小、单分散性及浓度。

2. CdS 量子点与蛋白质相互作用的研究

(1)蛋白质浓度的确定：通过荧光光谱技术确定 CdS 量子点与蛋白质作用过程中量子点及蛋白质的最佳浓度。

(2)温度对相互作用的影响：研究不同温度下 CdS 量子点与蛋白质的相互作用，探讨温度对作用的影响。

(3) 离子强度对相互作用的影响：研究不同离子强度下量子点与蛋白质相互作用的影响，探讨二者的作用模式。

3. 作用机理探讨

用施特恩-福尔默(Stern-Volmer)方程，处理实验数据：

$$F_0/F=1+K_{SV}[Q]=1+K_q\tau_0[Q] \tag{4-1}$$

式中，F_0 为无猝灭剂时荧光探针的荧光强度；F 为有磁性纳米氧化铁时荧光探针的荧光强度；$[Q]$为磁性纳米氧化铁浓度；当生成物不发荧光时，K_{SV} 为动态猝灭常数(施特恩-福尔默猝灭常数，它描述了荧光分子与猝灭剂分子彼此扩散和相互碰撞达到动态平衡时的量效关系)；K_q 为动态荧光猝灭速率常数，它反映了体系中分子的彼此扩散和相互碰撞对荧光分子荧光寿命衰减速率的影响。

根据热力学方程：

$$\ln(K_2/K_1)=(\Delta H^{\ominus}/R)(1/T_1-1/T_2) \tag{4-2}$$

$$\Delta G^{\ominus}=-RT\ln K^{\ominus} \tag{4-3}$$

$$\Delta G^{\ominus}=\Delta H^{\ominus}-T\Delta S^{\ominus} \tag{4-4}$$

求出反应中的$\Delta H^{\ominus}$、$\Delta G^{\ominus}$、$\Delta S^{\ominus}$。

【实验总结】

(1) 提交文献综述一篇。
(2) 实验过程总结。
(3) 撰写实验报告。

【实验考核】

考核的重点是学生运用理科知识综合分析问题和解决问题的创新思维能力，按如下方法给出实验的总成绩：文献综述 10%、实验设计 20%、实验过程 40%、实验报告 30%。

实验六十二　利用农产品合成碳点及其与金属离子相互作用的研究(30 学时)

【实验目的】

(1) 学会利用农产品合成碳点的基本原理、基本方法。
(2) 掌握高速离心机、酸度计、紫外-可见吸收光谱仪、荧光光谱仪等仪器的使用方法。
(3) 掌握不同金属离子标准溶液的配制方法。
(4) 掌握荧光猝灭法研究碳点与金属离子的相互作用；学会检出限、线性方程等的计算。

【基本要求】

碳点是一种尺寸在 1～10 nm 可发射荧光的碳纳米粒子，碳点发光行为与无机半导体量子点类似，主要是表面缺陷中电子和空穴的辐射重组而产生的。目前，碳点在金属离子检测、细胞成像、活体诊断等领域得到研究者的广泛关注。

在碳点的合成过程中，一些农产品已经成为碳点合成的重要原料。学生根据选择的研究性实验内容，查阅国内外相关文献资料，了解利用农产品(如小麦粉、白菜、秸秆等)等合成碳点的基本原理，掌握荧光法测定碳点与不同金属离子相互作用的基本原理及基本方法，并对目前的各种合成方法和发展趋势进行综述。结合平时掌握的实验技能和实验方法，通过与指导教师讨论拟定合理、可行的实验方案。在教师的指导下，独立完成相关实验任务，并撰写实验总结报告。

实验完成时间总计 30 学时，1 个学分。建议理、工、农科大二以上学生选学，2～3 人一组。

【研究内容】

1. 碳点的合成及表征

(1) 碳点的合成：组建 CdS 量子点合成装置，确定碳点合成的原料，合成所采用的仪器装置，合成过程中温度、压力、反应时间等基本条件的控制。

(2) 碳点的表征：采用紫外-可见吸收光谱、荧光光谱、透射电子显微镜等技术对所合成的碳点进行表征，确定碳点的尺寸大小、单分散性、最大激发波长、最大发射波长、荧光量子产率等参数。

2. 碳点与金属离子相互作用的研究

(1) 不同金属离子标准溶液的配制：通过查阅文献及分析化学手册，配制 Cu^{2+}、Ca^{2+}、Na^{+}、K^{+}、Ni^{2+}、Fe^{2+}、Fe^{3+}等金属离子标准溶液，采用荧光光谱技术研究不同金属离子与碳点的相互作用，确定哪些金属离子增强碳点的荧光、哪些金属离子猝灭碳点的荧光。

(2) pH 对相互作用的影响：重点选择对碳点荧光影响大的金属离子，研究不同 pH 下碳点与金属离子的相互作用。

(3) 碳点表面电荷对相互作用的影响：通过改变合成条件，合成表面带有正电荷及负电荷的碳点，研究电荷对碳点与金属相互作用的影响，探讨二者的作用模式。

3. 作用机理探讨

针对对碳点荧光有猝灭的金属离子，用施特恩-福尔默方程，处理实验数据：

$$F_0/F=1+K_{SV}[Q]$$

式中，F_0 为无金属离子存在时碳点的荧光强度；F 为有金属离子存在时碳点的荧光强度；$[Q]$ 为金属离子的浓度。根据实验数据，计算碳点检测金属离子的线性方程、检出限等数据。

采用红外光谱、拉曼光谱等手段分析碳点与金属离子作用前后表面状态的变化，揭示可能的作用机理。

【实验总结】

(1) 提交文献综述一篇。

(2) 实验过程总结 ppt 一份。

(3) 撰写实验报告一份。

【实验考核】

考核的重点是学生运用理科知识综合分析问题和解决问题的创新思维能力，按如下方法给出实验的总成绩：文献综述 10%、实验设计 20%、实验过程 40%、实验报告 30%。

【参考文献】

Liu L，Chen L，Liang J，et al. 2016. A novel ratiometric probe based on nitrogen-doped carbon dots and rhodamine B isothiocyanate for detection of Fe^{3+} in aqueous solution. Journal of Analytical Methods in Chemistry，4939582

梁建功. 2015. 纳米荧光探针. 北京：中国农业科学技术出版社

实验六十三　基于纳米多孔薄膜的蛋白质印迹研究(30 学时)

【实验目的】

(1) 了解蛋白质印迹的途径和方法。

(2) 了解原子力显微镜技术和电镜技术。

(3) 熟悉多孔纳米薄膜的制备方法，熟悉利用溶胶-凝胶技术、模板法、分子偶联技术制备纳米多孔蛋白质印迹聚合物薄膜的方法，掌握紫外-可见分光光度技术。

(4) 学会综合运用化学、生物学、材料学等学科的相关知识解决实际问题的方法。

【基本要求】

学生根据选择的研究设计性实验内容，查阅国内外相关文献资料，了解蛋白质印迹的原理和方法，并对目前的各种方法和发展趋势进行综述。结合平时掌握的实验技能和实验方法，通过与指导教师讨论拟定合理、可行的实验方案。在教师的指导下，独立完成相关实验任务，并撰写实验总结报告。

实验完成时间总计 30 学时，1 个学分。建议理、工、农科大二以上学生选学，2～3 人一组。

【研究内容】

实验流程：玻璃表面的硅烷化预处理→玻璃表面聚苯乙烯微球的组装→蛋白质在聚苯乙烯微球表面的偶联→印迹聚合物薄膜的旋涂→聚苯乙烯微球及蛋白质的除去→蛋白质的印迹。

1. 玻璃表面的硅烷化

玻璃表面清洗干净，使用硅烷化的方法使玻璃表面带上疏水基团。

2. 玻璃表面多层聚苯乙烯微球的制备

使用离心清洗的方法将水中分散的聚苯乙烯微球以一定浓度转移分散到乙醇中，将硅烷化的玻璃置于其中制备多层聚苯乙烯微球，通过控制聚苯乙烯微球浓度来控制聚苯乙烯多层的层数。用扫描电镜进行表征。

3. 蛋白质在聚苯乙烯微球表面的偶联

采用 EDC-NHS 方法或戊二醛偶联技术将蛋白质偶联到聚苯乙烯微球的表面，用紫外-可见分光光度方法进行表征。

4. 印迹聚合物薄膜的旋涂

采用溶胶-凝胶法制备二氧化硅溶胶，然后使用真空旋涂仪将二氧化硅溶胶旋涂到上述聚苯乙烯微球多层上，放置干燥形成凝胶薄膜。

5. 聚苯乙烯微球及蛋白质的除去

用氯仿除掉聚苯乙烯微球，再用乙酸和十二烷基硫酸钠(SDS)配制的洗液洗掉残留的蛋白质。用原子力显微镜进行表征。

6. 蛋白质的印迹

将制备的纳米多孔蛋白质印迹薄膜置于蛋白质溶液中，通过紫外-可见分光光度计测试其印迹能力。

【实验总结】

(1) 提交文献综述一篇。
(2) 实验过程总结，重点放在实验过程和仪器设备的使用方面。
(3) 撰写实验报告，严格按照科技论文格式。

【实验考核】

考核的重点是学生运用理科知识综合分析问题和解决实际问题的创新思维能力，按如下方法给出实验的总成绩：文献综述 10%、实验设计 20%、实验过程 40%、实验报告 30%。

实验六十四　南瓜营养成分分析与品质评价(30 学时)

【实验内容】

对不同品种南瓜中的氨基酸、蛋白质、总糖、还原糖以及微量元素钾、钠、钙、镁、铁、锰、铜和锌等营养成分的含量进行测定，采用数理统计的方法对不同品种的南瓜品质进行评价。

【设计提示】

(1) 查阅文献确定南瓜的主要营养成分。
(2) 确定各种营养成分的测定方法。
(3) 查阅文献，确定各营养成分分析的样品前处理方案。
(4) 查阅文献，确定不同品种南瓜的品质评价方案。

【实验要求】

从市场上购买至少 10 个以上品种的南瓜，测定其氨基酸、蛋白质、总糖、还原糖以及微量元素钾、钠、钙、镁、铁、锰、铜和锌等营养成分含量，采用数理统计的方法对其品质进行评价。

【实验总结】

(1) 提交文献综述一篇。

(2) 实验过程总结，重点放在实验过程和仪器设备的使用方面。

(3) 撰写实验报告，严格按照科技论文格式。

【实验考核】

考核的重点是学生运用理科知识综合分析问题和解决实际问题的创新思维能力，按如下方法给出实验的总成绩：文献综述 10%、实验设计 20%、实验过程 40%、实验报告 30%。

参 考 文 献

崔学桂，张晓丽，胡清萍. 2010. 基础化学实验Ⅰ：无机及分析化学实验. 2 版. 北京：化学工业出版社

丁宗庆，李小玲. 2008. 溴甲酚紫光度法测定水果的抗氧化活性. 食品研究与开发，29(3)：54-57

高胜利，陈三平，崔斌. 2011. 基础化学实验Ⅰ(无机化学与化学分析实验). 北京：科学出版社

郭伟强. 2010. 大学化学基础实验. 2 版. 北京：科学出版社

侯振雨，郝海玲，娄天军. 2009. 无机及分析化学实验. 2 版. 北京：化学工业出版社

胡应喜. 2009. 基础化学实验. 北京：石油工业出版社

贾瑛，吴婉娥，许国根. 2010. 大学化学实验. 西安：西北工业大学出版社

贾永. 2006. 废干电池的综合利用研究. 科学时代，11：157-158

李志林，马志领，翟永清. 2007. 无机及分析化学实验. 北京：化学工业出版社

刘汉标，石建新，邹小勇. 2010. 基础化学实验. 北京：科学出版社

刘汉兰，陈浩，文利柏. 2009. 基础化学实验. 2 版. 北京：科学出版社

南京大学大学化学实验教学组. 2010. 大学化学实验. 2 版. 北京：高等教育出版社

倪惠琼. 2009. 普通化学实验. 上海：华东理工大学出版社

任丽萍，毛富春. 2006. 无机及分析化学实验. 北京：高等教育出版社

孙尔康，张剑荣. 2010. 无机及分析化学实验. 南京：南京大学出版社

王保士. 2002. 国外废干电池的回收利用及其管理. 再生资源研究，36-39

王传胜. 2009. 无机化学实验. 北京：化学工业出版社

王凤云，丰利. 2009. 无机及分析化学实验. 北京：化学工业出版社

王秋长，赵鸿喜，张守民，等. 2003. 基础化学实验. 北京：科学出版社

文利柏，虎玉森，白红进. 2010. 无机化学实验. 北京：化学工业出版社

徐家宁，门瑞芝，张寒琦. 2006. 基础化学实验(上册)：无机化学和化学分析实验. 北京：高等教育出版社

尹国兰，陈杨红，邬宗炯，等. 2003. 富铜功能性食品原料的研制. 山西食品工业，4：26-27

张捷莉，高雨，侯冬岩. 2004. 紫外分光光度法测定维多康中维生素 C 的含量. 食品科学，25：235-237

张开诚. 2011. 大学化学实验(上). 武汉：华中科技大学出版社

周剑平. 2007. Origin 7.5 使用教程. 西安：西安交通大学出版社

Haynes W M. 2015～2016. CRC Handbook of Chemistry and Physics. 96th ed. Boca Raton：CRC Press/Taylor and Francis

http：//www.bc.edu/schools/cas/chemistry/undergrad/genexp.html [Boston College 网站提供的基础化学实验室讲义]

Salkić M，Kubiček R. 2008. Background correction method for the determination of L-ascorbic acid in pharmaceuticals using direct ultraviolet spectrophotometry. European Journal of Scientific Research，23：351-360

Speight J G. 2004. Lange's Handbook of Chemistry. 16th ed. New York：McGraw-Hill Education

附　　录

附录1　国际相对原子质量表

元素	符号	相对原子质量	元素	符号	相对原子质量	元素	符号	相对原子质量	元素	符号	相对原子质量
锕	Ac	227.0	铒	Er	167.3	锰	Mn	54.94	钌	Ru	101.1
银	Ag	107.9	锿	Es	252.1	钼	Mo	95.95	硫	S	32.06
铝	Al	26.98	铕	Eu	152.0	氮	N	14.01	锑	Sb	121.8
镅	Am	243.1	氟	F	19.00	钠	Na	22.99	钪	Sc	44.96
氩	Ar	39.95	铁	Fe	55.85	铌	Nb	92.91	硒	Se	78.97
砷	As	74.92	镄	Fm	257.1	钕	Nd	144.2	硅	Si	28.09
砹	At	210.0	钫	Fr	223.0	氖	Ne	20.18	钐	Sm	150.4
金	Au	197.0	镓	Ga	69.72	镍	Ni	58.69	锡	Sn	118.7
硼	B	10.81	钆	Gd	157.2	锘	No	259.1	锶	Sr	87.62
钡	Ba	137.3	锗	Ge	72.63	镎	Np	237.1	钽	Ta	180.9
铍	Be	9.012	氢	H	1.008	氧	O	16.00	铽	Tb	158.9
铋	Bi	209.0	氦	He	4.003	锇	Os	190.2	锝	Tc	98.91
锫	Bk	247.1	铪	Hf	178.5	磷	P	30.97	碲	Te	127.6
溴	Br	79.90	汞	Hg	200.6	镤	Pa	231.0	钍	Th	232.0
碳	C	12.01	钬	Ho	164.9	铅	Pb	207.2	钛	Ti	47.88
钙	Ca	40.08	碘	I	126.9	钯	Pd	106.4	铊	Tl	204.4
镉	Cd	112.4	铟	In	114.8	钷	Pm	144.9	铥	Tm	168.9
铈	Ce	140.1	铱	Ir	192.2	钋	Po	210.0	铀	U	238.0
锎	Cf	251.0	钾	K	39.10	镨	Pr	140.9	钒	V	50.94
氯	Cl	35.45	氪	Kr	83.80	铂	Pt	195.1	钨	W	183.8
锔	Cm	247.1	镧	La	138.9	钚	Pu	244.0	氙	Xe	131.3
钴	Co	58.93	锂	Li	6.938	镭	Ra	226.0	钇	Y	88.91
铬	Cr	52.00	铹	Lr	260.1	铷	Rb	85.47	镱	Yb	173.1
铯	Cs	132.9	镥	Lu	175.0	铼	Re	186.2	锌	Zn	65.38
铜	Cu	63.55	钔	Md	258.0	铑	Rh	102.9	锆	Zr	91.22
镝	Dy	162.5	镁	Mg	24.30	氡	Rn	222.0			

注：摘译自 Haynes W M. CRC Handbook of Chemistry and Physics. 96th ed. 2015～2016。

附录2　常用物质的摩尔质量

化合物	$M/(g\cdot mol^{-1})$	化合物	$M/(g\cdot mol^{-1})$	化合物	$M/(g\cdot mol^{-1})$
Ag_3AsO_4	462.52	AgCl	143.32	Ag_2CrO_4	331.73
AgBr	187.77	AgCN	133.89	AgI	234.77

续表

化合物	$M/(g·mol^{-1})$	化合物	$M/(g·mol^{-1})$	化合物	$M/(g·mol^{-1})$
$AgNO_3$	169.87	$Co(NO_3)_2$	182.94	$Fe(NH_4)_2(SO_4)_2·6H_2O$	392.13
AgSCN	165.95	$Co(NO_3)_2·6H_2O$	291.03	H_3AsO_3	125.94
$AlCl_3$	133.34	CoS	90.99	H_3AsO_4	141.94
$AlCl_3·6H_2O$	241.43	$CoSO_4$	154.99	H_3BO_3	61.83
$Al(NO_3)_3$	213.00	$CoSO_4·7H_2O$	281.10	HBr	80.91
$Al(NO_3)_3·9H_2O$	375.13	$CO(NH_2)_2$(尿素)	60.06	HCN	27.03
Al_2O_3	101.96	C_6H_5OH	94.113	HCOOH	46.03
$Al(OH)_3$	78.00	CH_2O	30.03	CH_3COOH	60.05
$Al_2(SO_4)_3$	342.14	$CrCl_3$	158.36	H_2CO_3	62.02
$Al_2(SO_4)_3·18H_2O$	666.41	$CrCl_3·6H_2O$	266.45	$H_2C_2O_4$	90.04
As_2O_3	197.84	$Cr(NO_3)_3$	238.01	$H_2C_2O_4·2H_2O$	126.07
As_2O_5	229.84	Cr_2O_3	151.99	$H_2C_4H_4O_4$(丁二酸)	118.09
As_2S_3	246.03	CuCl	99.00	$H_2C_4H_4O_6$(酒石酸)	150.09
$BaCO_3$	197.34	$CuCl_2$	134.45	$H_3C_6H_5O_7·H_2O$(柠檬酸)	210.14
BaC_2O_4	225.35	$CuCl_2·2H_2O$	170.48	$H_2C_4H_4O_5$(苹果酸)	134.09
$BaCl_2$	208.24	CuI	190.45	$HC_3H_6NO_2$(α-丙氨酸)	89.10
$BaCl_2·2H_2O$	244.27	$Cu(NO_3)_2$	187.56	HCl	36.46
$BaCrO_4$	253.32	$Cu(NO_3)·3H_2O$	241.60	HF	20.01
BaO	153.33	CuO	79.54	HI	127.91
$Ba(OH)_2$	171.34	Cu_2O	143.09	HIO_3	175.91
$BaSO_4$	233.39	CuS	95.61	HNO_2	47.01
$BiCl_3$	315.34	CuSCN	121.62	HNO_3	63.01
CO_2	44.01	$CuSO_4$	159.06	H_2O	18.015
CaO	56.08	$CuSO_4·5H_2O$	249.68	H_2O_2	34.02
$CaCO_3$	100.09	$FeCl_2$	126.75	H_3PO_4	98.00
CaC_2O_4	128.10	$FeCl_2·4H_2O$	198.81	H_2S	34.08
$CaCl_2$	110.99	$FeCl_3$	162.21	H_2SO_3	82.07
$CaCl_2·6H_2O$	219.08	$FeCl_3·6H_2O$	270.30	H_2SO_4	98.07
$Ca(NO_3)_2·4H_2O$	236.15	$FeNH_4(SO_4)_2·12H_2O$	482.18	$Hg(CN)_2$	252.63
$Ca(OH)_2$	74.09	$Fe(NO_3)_3$	241.86	$HgCl_2$	271.50
$Ca_3(PO_4)_2$	310.18	$Fe(NO_3)_3·9H_2O$	404.00	Hg_2Cl_2	472.09
$CaSO_4$	136.14	FeO	71.85	HgI_2	454.40
$CdCO_3$	172.42	Fe_2O_3	159.69	$Hg(NO_3)_2$	324.60
$CdCl_2$	183.82	Fe_3O_4	231.54	$Hg_2(NO_3)_2$	525.19
CdS	144.47	$Fe(OH)_3$	106.87	$Hg_2(NO_3)_2·2H_2O$	561.22
$Ce(SO_4)_2$	332.24	FeS	87.91	HgO	216.59
$Ce(SO_4)_2·4H_2O$	404.30	Fe_2S_3	207.87	HgS	232.65
$CoCl_2$	129.84	$FeSO_4$	151.91	$HgSO_4$	296.65
$CoCl_2·6H_2O$	237.93	$FeSO_4·7H_2O$	278.01	Hg_2SO_4	497,24

续表

化合物	M/(g·mol^{-1})	化合物	M/(g·mol^{-1})	化合物	M/(g·mol^{-1})
$KAl(SO_4)_2·12H_2O$	474.38	$MnCO_3$	114.95	$Na_2HPO_4·12H_2O$	358.14
KBr	119.00	$MnCl_2·4H_2O$	197.91	$Na_2H_2C_{10}H_{12}O_8N_2$(EDTA二钠盐)	336.21
$KBrO_3$	167.00	$Mn(NO_3)_2·6H_2O$	287.04	$Na_2H_2C_{10}H_{12}O_8N_2·2H_2O$	372.24
KCl	74.55	MnO	70.94	$NaNO_2$	69.00
$KClO_3$	122.55	MnO_2	86.94	$NaNO_3$	85.00
$KClO_4$	138.55	MnS	87.00	Na_2O	61.98
KCN	65.12	$MnSO_4$	151.00	Na_2O_2	77.98
K_2CO_3	138.21	$MnSO_4·4H_2O$	223.06	NaOH	40.00
K_2CrO_4	194.19	NO	30.01	Na_3PO_4	163.94
$K_2Cr_2O_7$	294.18	NO_2	46.01	Na_2S	78.04
$K_3Fe(CN)_6$	329.25	NH_3	17.03	$Na_2S·9H_2O$	240.18
$K_4Fe(CN)_6$	368.35	CH_3COONH_4	77.08	NaSCN	81.07
$KFe(SO_4)_2·12H_2O$	503.24	$NH_2OH·HCl$(盐酸羟胺)	69.49	Na_2SO_3	126.04
$KHC_2O_4·H_2O$	146.14	NH_4Cl	53.49	Na_2SO_4	142.04
$KHC_2O_4·H_2C_2O_4·H_2O$	254.19	$(NH_4)_2CO_3$	96.09	$Na_2S_2O_3$	158.10
$KHC_4H_4O_6$(酒石酸氢钾)	188.18	$(NH_4)_2C_2O_4$	124.10	$Na_2S_2O_3·5H_2O$	248.17
$KHC_8H_4O_4$(邻苯二甲酸氢钾)	204.22	$(NH_4)_2C_2O_4·H_2O$	142.11	$NiCl_2·6H_2O$	237.70
$KHSO_4$	136.16	NH_4HCO_3	79.06	NiO	74.70
KI	166.00	$(NH_4)_2MoO_4$	196.01	$Ni(NO_3)_2·6H_2O$	290.80
KIO_3	214.00	NH_4NO_3	80.04	NiS	90.76
$KIO_3·HIO_3$	389.91	$(NH_4)_2HPO_4$	132.06	$NiSO_4·7H_2O$	280.86
$KMnO_4$	158.03	$(NH_4)_2S$	68.14	P_2O_5	141.95
$KNaC_4H_4O_6·4H_2O$	282.22	NH_4SCN	76.12	$PbCO_3$	267.21
KNO_3	101.10	$(NH_4)_2SO_4$	132.13	PbC_2O_4	295.22
KNO_2	85.10	NH_4VO_3	116.98	$PbCl_2$	278.10
K_2O	94.20	Na_3AsO_3	191.89	$PbCrO_4$	323.19
KOH	56.11	$Na_2B_4O_7$	201.22	$Pb(CH_3COO)_2·3H_2O$	379.30
KSCN	97.18	$Na_2B_4O_7·10H_2O$	381.37	$Pb(CH_3COO)_2$	325.29
K_2SO_4	174.25	$NaBiO_3$	279.97	PbI_2	461.01
$MgCO_3$	84.31	NaCN	49.01	$Pb(NO_3)_2$	331.21
$MgCl_2$	95.21	Na_2CO_3	105.99	PbO	223.20
$MgCl_2·6H_2O$	203.30	$Na_2CO_3·10H_2O$	286.14	PbO_2	239.20
MgC_2O_4	112.33	$Na_2C_2O_4$	134.00	$Pb_3(PO_4)_2$	811.54
$Mg(NO_3)_2·6H_2O$	256.41	CH_3COONa	82.03	PbS	239.30
$MgNH_4PO_4$	137.32	$CH_3COONa·3H_2O$	136.08	$PbSO_4$	303.30
MgO	40.30	$Na_3C_6H_5O_7$(柠檬酸钠)	258.07	SO_3	80.06
$Mg(OH)_2$	58.32	NaCl	58.44	SO_2	64.06
$Mg_2P_2O_7$	222.55	NaClO	74.44	$SbCl_3$	228.11
$MgSO_4·7H_2O$	246.47	$NaHCO_3$	84.01	$SbCl_5$	299.02

续表

化合物	M/(g·mol^{-1})	化合物	M/(g·mol^{-1})	化合物	M/(g·mol^{-1})
Sb_2O_3	291.50	SnS_2	150.75	$ZnCl_2$	136.29
Sb_2S_3	339.68	$SrCO_3$	147.63	$Zn(CH_3COO)_2$	183.47
SiF_4	104.08	SrC_2O_4	175.64	$Zn(CH_3COO)_2·2H_2O$	219.50
SiO_2	60.08	$SrCrO_4$	203.61	$Zn(NO_3)_2$	189.39
$SnCl_2$	189.60	$Sr(NO_3)_2$	211.63	$Zn(NO_3)_2·6H_2O$	297.48
$SnCl_2·2H_2O$	225.63	$Sr(NO_3)_2·4H_2O$	283.69	ZnO	81.38
$SnCl_4$	260.50	$SrSO_4$	183.69	ZnS	97.44
$SnCl_4·5H_2O$	350.58	$ZnCO_3$	125.39	$ZnSO_4$	161.54
SnO_2	150.69	ZnC_2O_4	153.40	$ZnSO_4·7H_2O$	287.55

注：摘自 Speight J G. Lange's Handbook of Chemistry. 16th ed. 2004。

附录 3　不同温度下水的饱和蒸气压（$\times10^2$ Pa，273.2～313.2 K）

温度/K	0.0	0.2	0.4	0.6	0.8
273	—	6.105	6.195	6.286	6.379
274	6.473	6.567	6.663	6.759	6.858
275	6.958	7.058	7.159	7.262	7.366
276	7.473	7.579	7.687	7.797	7.907
277	8.019	8.134	8.249	8.365	8.483
278	8.603	8.723	8.846	8.970	9.095
279	9.222	9.350	9.481	9.611	9.745
280	9.881	10.017	10.155	10.295	10.436
281	10.580	10.726	10.872	11.022	11.172
282	11.324	11.478	11.635	11.792	11.952
283	12.114	12.278	12.443	12.610	12.779
284	12.951	13.124	13.300	13.478	13.658
285	13.839	14.023	14.210	14.397	14.587
286	14.779	14.973	15.171	15.369	15.572
287	15.776	15.981	16.191	16.401	16.615
288	16.831	17.049	17.260	17.493	17.719
289	17.947	18.177	18.410	18.648	18.886
290	19.128	19.372	19.618	19.869	20.121
291	20.377	20.634	20.896	21.160	21.426
292	21.694	21.968	22.245	22.523	22.805
293	23.090	23.378	23.669	23.963	24.261
294	24.561	24.865	25.171	25.482	25.797
295	26.114	26.434	26.758	27.086	27.418
296	27.751	28.088	28.430	28.775	29.124
297	29.478	29.834	30.195	30.560	30.928
298	31.299	31.672	32.049	32.432	32.820

续表

温度/K	0.0	0.2	0.4	0.6	0.8
299	33.213	33.609	34.009	34.413	34.820
300	35.232	35.649	36.070	36.496	36.925
301	37.358	37.796	38.237	38.683	39.135
302	39.593	40.054	40.519	40.990	41.466
303	41.945	42.429	42.918	43.411	43.908
304	44.412	44.923	45.439	45.958	46.482
305	47.011	47.547	48.087	48.632	49.184
306	49.740	50.301	50.869	51.441	52.020
307	52.605	53.193	53.788	54.390	54.997
308	55.609	56.229	56.854	57.485	58.122
309	58.766	59.412	60.067	60.727	61.395
310	62.070	62.751	63.437	64.131	64.831
311	65.537	66.251	66.969	67.693	68.425
312	69.166	69.917	70.673	71.434	72.202
313	72.977	73.759	—	—	—

注：摘自 Speight J G. Lange's Handbook of Chemistry. 16th ed. 2004。

附录 4　常见配离子的稳定常数

配离子	$K_f^\ominus$	$\lg K_f^\ominus$	配离子	$K_f^\ominus$	$\lg K_f^\ominus$
$[NaY]^{3-}$	5.0×10^{1}	1.69	$[TlY]^{-}$	3.2×10^{22}	22.51
$[AgY]^{3-}$	2.0×10^{7}	7.30	$[TlHY]$	1.5×10^{23}	23.17
$[CuY]^{2-}$	6.8×10^{18}	18.79	$[CuOH]^{+}$	1.0×10^{5}	5.00
$[MgY]^{2-}$	4.9×10^{8}	8.69	$[AgNH_3]^{+}$	2.0×10^{3}	3.30
$[CaY]^{2-}$	3.7×10^{10}	10.56	$[Cu(NH_3)_2]^{+}$	7.4×10^{10}	10.87
$[SrY]^{2-}$	4.2×10^{8}	8.62	$[Cu(CN)_2]^{-}$	2.0×10^{38}	38.30
$[BaY]^{2-}$	6.0×10^{7}	7.77	$[Ag(NH_3)_2]^{+}$	1.7×10^{7}	7.24
$[ZnY]^{2-}$	3.1×10^{16}	16.49	$[Ag(en)_2]^{+}$	7.0×10^{7}	7.84
$[CdY]^{2-}$	3.8×10^{16}	16.57	$[Ag(NCS)_2]^{-}$	4.0×10^{8}	8.60
$[HgY]^{2-}$	6.3×10^{21}	21.79	$[Ag(CN)_2]^{-}$	1.0×10^{21}	21.00
$[PbY]^{2-}$	1.0×10^{18}	18.00	$[Au(CN)_2]^{-}$	2×10^{38}	38.30
$[MnY]^{2-}$	1.0×10^{14}	14.00	$[Cu(en)_2]^{2+}$	4.0×10^{19}	19.60
$[FeY]^{2-}$	2.1×10^{14}	14.32	$[Ag(S_2O_3)_2]^{3-}$	1.6×10^{13}	13.20
$[CoY]^{2-}$	1.6×10^{16}	16.20	$[Fe(CN)_3]$	2.0×10^{3}	3.30
$[NiY]^{2-}$	4.1×10^{18}	18.61	$[CdI_3]^{-}$	1.2×10^{1}	1.07
$[FeY]^{-}$	1.2×10^{25}	25.07	$[Cd(CN)_3]^{-}$	1.1×10^{4}	4.04
$[CoY]^{-}$	1.0×10^{36}	36.00	$[Ag(CN)_3]^{2-}$	5.0×10^{0}	0.69
$[GaY]^{-}$	1.8×10^{20}	20.25	$[Ni(en)_3]^{2+}$	3.9×10^{18}	18.59
$[InY]^{-}$	8.9×10^{24}	24.94	$[Al(C_2O_4)_3]^{3-}$	2.0×10^{16}	16.30

续表

配离子	$K_f^\ominus$	lg $K_f^\ominus$	配离子	$K_f^\ominus$	lg $K_f^\ominus$
$[Fe(C_2O_4)_3]^{3-}$	1.6×10^{20}	20.20	$[HgI_4]^{2-}$	7.2×10^{29}	29.80
$[Cu(NH_3)_4]^{2+}$	4.8×10^{12}	12.68	$[Co(NCS)_4]^{2-}$	3.8×10^{2}	2.58
$[Zn(NH_3)_4]^{2+}$	5.0×10^{8}	8.69	$[Ni(CN)_4]^{2-}$	1.0×0^{22}	22.00
$[Cd(NH_3)]^{2+}$	3.6×10^{6}	6.55	$[Cd(NH_3)_6]^{2+}$	1.4×10^{6}	6.15
$[Zn(CNS)_4]^{2-}$	2.0×10^{1}	1.30	$[Co(NH_3)_6]^{2+}$	2.4×10^{4}	4.38
$[Zn(CN)_4]^{2-}$	1.0×10^{16}	16.00	$[Ni(NH_3)_6]^{2+}$	1.1×10^{8}	8.04
$[Cd(SCN)_4]^{2-}$	1.0×10^{3}	3.00	$[Co(NH_3)_6]^{3+}$	1.4×10^{35}	35.15
$[CdCl_4]^{2-}$	3.1×10^{2}	2.49	$[AlF_6]^{3-}$	6.9×10^{19}	19.84
$[CdI_4]^{2-}$	3.0×10^{6}	6.43	$[Fe(CN)_6]^{3-}$	1.0×10^{24}	24.00
$[Cd(CN)_4]^{2-}$	1.3×10^{18}	18.11	$[Fe(CN)_6]^{4-}$	1.0×10^{35}	35.00
$[Hg(CN)_4]^{2-}$	3.1×10^{41}	41.51	$[Co(CN)_6]^{3-}$	1.0×10^{64}	64.00
$[Hg(SCN)_4]^{2-}$	7.7×10^{21}	21.88	$[FeF_6]^{3-}$	1.0×10^{16}	16.00
$[HgCl_4]^{2-}$	1.6×10^{15}	15.20			

注：摘自 Speight J G. Lange's Handbook of Chemistry. 16th ed. 2004。

附录 5　弱电解质的解离常数

（近似浓度 0.01～0.003 $mol\cdot L^{-1}$，温度 298 K）

名称	化学式	解离常数 K	pK
乙酸	HAc	1.76×10^{-5}	4.75
碳酸	H_2CO_3	$K_1=4.30\times10^{-7}$	6.37
		$K_2=5.61\times10^{-11}$	10.25
草酸	$H_2C_2O_4$	$K_1=5.90\times10^{-2}$	1.23
		$K_2=6.40\times10^{-5}$	4.19
亚硝酸	HNO_2	4.6×10^{-4} (285.5 K)	3.37
磷酸	H_3PO_4	$K_1=7.52\times10^{-3}$	2.12
		$K_2=6.23\times10^{-8}$	7.21
		$K_3=2.2\times10^{-13}$ (291 K)	12.67
亚硫酸	H_2SO_3	$K_1=1.54\times10^{-2}$ (291 K)	1.81
		$K_2=1.02\times10^{-7}$	6.91
硫酸	H_2SO_4	$K_2=1.20\times10^{-2}$	1.92
硫化氢	H_2S	$K_1=9.1\times10^{-8}$ (291 K)	7.04
		$K_2=1.1\times10^{-12}$	11.96
氢氰酸	HCN	4.93×10^{-10}	9.31
铬酸	H_2CrO_4	$K_1=1.8\times10^{-1}$	0.74
		$K_2=3.20\times10^{-7}$	6.49
硼酸	H_3BO_3	5.8×10^{-10}	9.24
氢氟酸	HF	3.53×10^{-4}	3.45

续表

名称	化学式	解离常数 K	pK
过氧化氢	H_2O_2	2.4×10^{-12}	11.62
次氯酸	HClO	2.95×10^{-5}(291 K)	4.53
次溴酸	HBrO	2.06×10^{-9}	8.69
次碘酸	HIO	2.3×10^{-11}	10.64
碘酸	HIO_3	1.69×10^{-1}	0.77
砷酸	H_3AsO_4	$K_1=5.62\times10^{-3}$(291 K)	2.25
		$K_2=1.70\times10^{-7}$	6.77
		$K_3=3.95\times10^{-12}$	11.40
亚砷酸	$HAsO_2$	6×10^{-10}	9.22
铵离子	NH_4^+	5.56×10^{-10}	9.25
氨水	$NH_3\cdot H_2O$	1.79×10^{-5}	4.75
联氨	N_2H_4	8.91×10^{-7}	6.05
羟胺	NH_2OH	9.12×10^{-9}	8.04
氢氧化铅	$Pb(OH)_2$	9.6×10^{-4}	3.02
氢氧化锂	LiOH	6.31×10^{-1}	0.2
氢氧化铍	$Be(OH)_2$	1.78×10^{-6}	5.75
	$BeOH^+$	2.51×10^{-9}	8.6
氢氧化铝	$A1(OH)_3$	5.01×10^{-9}	8.3
	$Al(OH)_2^+$	1.99×10^{-10}	9.7
氢氧化锌	$Zn(OH)_2$	7.94×10^{-7}	6.1
氢氧化镉	$Cd(OH)_2$	5.01×10^{-11}	10.3
乙二胺	$H_2NC_2H_4NH_2$	$K_1=8.5\times10^{-5}$	4.07
		$K_2=7.1\times10^{-8}$	7.15
六亚甲基四胺	$(CH_2)_6N_4$	1.35×10^{-9}	8.87
尿素	$CO(NH_2)_2$	1.3×10^{-14}	13.89
质子化六亚甲基四胺	$(CH_2)_6N_4H^+$	7.1×10^{-6}	5.15
甲酸	HCOOH	1.77×10^{-4}(293 K)	3.75
氯乙酸	$ClCH_2COOH$	1.40×10^{-3}	2.85
氨基乙酸	NH_2CH_2COOH	1.67×10^{-10}	9.78
邻苯二甲酸	$C_6H_4(COOH)_2$	$K_1=1.12\times10^{-3}$	2.95
柠檬酸	$(HOOCCH_2)_2C(OH)COOH$	$K_1=7.1\times10^{-4}$	3.14
		$K_2=1.68\times10^{-5}$(293 K)	4.77
		$K_3=4.1\times10^{-7}$	6.39
α-酒石酸	$[CH(OH)COOH]_2$	$K_1=1.04\times10^{-3}$	2.98
		$K_2=4.55\times10^{-5}$	4.34
8-羟基喹啉	C_9H_6NOH	$K_1=8\times10^{-6}$	5.1
		$K_2=1\times10^{-9}$	9.0

续表

名称	化学式	解离常数 K	pK
苯酚	C_6H_5OH	1.28×10^{-10}(293 K)	9.89
对氨基苯磺酸	$H_2NC_6H_4SO_3H$	$K_1=2.6\times10^{-1}$	0.58
		$K_2=7.6\times10^{-4}$	3.12
乙二胺四乙酸(EDTA)	$(CH_2COOH)_2NH^+CH_2CH_2NH^+(CH_2COOH)_2$	$K_5=5.4\times10^{-7}$	6.27
		$K_6=1.12\times10^{-11}$	10.95

注：摘自 Haynes W M. CRC Handbook of Chemistry and Physics. 96th ed. 2015～2016。

附录 6　化合物的溶度积常数

化合物	溶度积	化合物	溶度积	化合物	溶度积
乙酸盐		碳酸盐		氢氧化物	
**$AgAc$	1.94×10^{-3}	$MnCO_3$	2.24×10^{-11}	*$Fe(OH)_3$	4×10^{-38}
卤化物		$NiCO_3$	1.42×10^{-7}	*$Mg(OH)_2$	1.8×10^{-11}
*$AgBr$	5.0×10^{-13}	*$PbCO_3$	7.4×10^{-14}	*$Mn(OH)_2$	1.9×10^{-13}
*$AgCl$	1.8×10^{-10}	$SrCO_3$	5.6×10^{-10}	*$Ni(OH)_2$(新制备)	2.0×10^{-15}
*AgI	8.3×10^{-17}	$ZnCO_3$	1.46×10^{-10}	*$Pb(OH)_2$	1.2×10^{-15}
BaF_2	1.84×10^{-7}	铬酸盐		*$Sn(OH)_2$	1.4×10^{-28}
*CaF_2	5.3×10^{-9}	Ag_2CrO_4	1.12×10^{-12}	*$Sr(OH)_2$	9×10^{-4}
*$CuBr$	5.3×10^{-9}	*$Ag_2Cr_2O_7$	2.0×10^{-7}	*$Zn(OH)_2$	1.2×10^{-17}
*$CuCl$	1.2×10^{-6}	*$BaCrO_4$	1.2×10^{-10}	草酸盐	
*CuI	1.1×10^{-12}	*$CaCrO_4$	7.1×10^{-4}	$Ag_2C_2O_4$	5.4×10^{-12}
*Hg_2Cl_2	1.3×10^{-18}	*$CuCrO_4$	3.6×10^{-6}	*BaC_2O_4	1.6×10^{-7}
*Hg_2I_2	4.5×10^{-29}	*Hg_2CrO_4	2.0×10^{-9}	*$CaC_2O_4\cdot H_2O$	4×10^{-9}
HgI_2	2.9×10^{-29}	*$PbCrO_4$	2.8×10^{-13}	CuC_2O_4	4.43×10^{-10}
$PbBr_2$	6.60×10^{-6}	*$SrCrO_4$	2.2×10^{-5}	*$FeC_2O_4\cdot 2H_2O$	3.2×10^{-7}
*$PbCl_2$	1.6×10^{-5}	氢氧化物		$Hg_2C_2O_4$	1.75×10^{-13}
PbF_2	3.3×10^{-8}	*$AgOH$	2.0×10^{-8}	$MgC_2O_4\cdot 2H_2O$	4.83×10^{-6}
*PbI_2	7.1×10^{-9}	*$Al(OH)_3$(无定形)	1.3×10^{-33}	$MnC_2O_4\cdot 2H_2O$	1.70×10^{-7}
SrF_2	4.33×10^{-9}	*$Be(OH)_2$(无定形)	1.6×10^{-22}	**PbC_2O_4	8.51×10^{-10}
碳酸盐		*$Ca(OH)_2$	5.5×10^{-6}	*$SrC_2O_4\cdot H_2O$	1.6×10^{-7}
Ag_2CO_3	8.46×10^{-12}	*$Cd(OH)_2$	5.27×10^{-15}	$ZnC_2O_4\cdot 2H_2O$	1.38×10^{-9}
*$BaCO_3$	5.1×10^{-9}	**$Co(OH)_2$(粉红色)	1.09×10^{-15}	硫酸盐	
$CaCO_3$	3.36×10^{-9}	**$Co(OH)_2$(蓝色)	5.92×10^{-15}	*Ag_2SO_4	1.4×10^{-5}
$CdCO_3$	1.0×10^{-12}	*$Co(OH)_3$	1.6×10^{-44}	*$BaSO_4$	1.1×10^{-10}
*$CuCO_3$	1.4×10^{-10}	*$Cr(OH)_2$	2×10^{-16}	*$CaSO_4$	9.1×10^{-6}
$FeCO_3$	3.13×10^{-11}	*$Cr(OH)_3$	6.3×10^{-31}	Hg_2SO_4	6.5×10^{-7}
Hg_2CO_3	3.6×10^{-17}	*$Cu(OH)_2$	2.2×10^{-20}	*$PbSO_4$	1.6×10^{-8}
$MgCO_3$	6.82×10^{-6}	*$Fe(OH)_2$	8.0×10^{-16}	*$SrSO_4$	3.2×10^{-7}

续表

化合物	溶度积	化合物	溶度积	化合物	溶度积
硫化物		硫化物		*$[Ag^+][Ag(CN)_2^-]$	7.2×10^{-11}
*Ag_2S	6.3×10^{-50}	**ZnS	2.93×10^{-25}	*$Ag_4[Fe(CN)_6]$	1.6×10^{-41}
*CdS	8.0×10^{-27}	磷酸盐		*$Cu_2[Fe(CN)_6]$	1.3×10^{-16}
*CoS（α-型）	4.0×10^{-21}	*Ag_3PO_4	1.4×10^{-16}	AgSCN	1.03×10^{-12}
*CoS（β-型）	2.0×10^{-25}	*$AlPO_4$	6.3×10^{-19}	CuSCN	4.8×10^{-15}
*Cu_2S	2.5×10^{-48}	*$CaHPO_4$	1×10^{-7}	*$AgBrO_3$	5.3×10^{-5}
*CuS	6.3×10^{-36}	*$Ca_3(PO_4)_2$	2.0×10^{-29}	*$AgIO_3$	3.0×10^{-8}
*FeS	6.3×10^{-18}	**$Cd_3(PO_4)_2$	2.53×10^{-33}	$Cu(IO_3)_2\cdot H_2O$	7.4×10^{-8}
*HgS（黑色）	1.6×10^{-52}	$Cu_3(PO_4)_2$	1.40×10^{-37}	**$KHC_4H_4O_6$（酒石酸氢钾）	3×10^{-4}
*HgS（红色）	4×10^{-53}	$FePO_4\cdot 2H_2O$	9.91×10^{-16}	**Al（8-羟基喹啉）$_3$	5×10^{-33}
*MnS（晶形）	2.5×10^{-13}	*$MgNH_4PO_4$	2.5×10^{-13}	*$K_2Na[Co(NO_2)_6]\cdot H_2O$	2.2×10^{-11}
**NiS	1.07×10^{-21}	$Mg_3(PO_4)_2$	1.04×10^{-24}	*$Na(NH_4)_2[Co(NO_2)_6]$	4×10^{-12}
*PbS	8.0×10^{-28}	*$Pb_3(PO_4)_2$	8.0×10^{-43}	**Ni（丁二酮肟）$_2$	4×10^{-24}
*SnS	1×10^{-25}	*$Zn_3(PO_4)_2$	9.0×10^{-33}	**Mg（8-羟基喹啉）$_2$	4×10^{-16}
**SnS_2	2×10^{-27}	其他盐		**Zn（8-羟基喹啉）$_2$	5×10^{-25}

注：摘自 Haynes W M. CRC Handbook of Chemistry and Physics. 96th ed. 2015～2016。

*摘自 Speight J C. Lange's Handbook of Chemistry. 16th ed. 2004。

**摘自其他参考书。

附录 7　常用酸碱溶液的密度、浓度

试剂名称	密度/$(g\cdot cm^{-3})$	质量分数/%	物质的量浓度/$(mol\cdot dm^{-3})$	试剂名称	密度/$(g\cdot cm^{-3})$	质量分数/%	物质的量浓度/$(mol\cdot dm^{-3})$
浓硫酸	1.83	100	18.66	冰醋酸	1.05	100	17.45
稀硫酸	1.07	10	1.09	浓乙酸	1.06	60	10.62
浓盐酸	1.19	38	12.39	稀乙酸	1.04	30	5.18
稀盐酸	1.03	7	1.98	稀乙酸	1.01	12	2.03
浓硝酸*	1.42	69.2	15.60	浓氢氧化钠	1.43	40	14.30
稀硝酸	1.19	32	6.06	稀氢氧化钠	1.07	8	2.17
稀硝酸	1.07	12	2.03	浓氨水	0.89	30	15.71
浓磷酸	1.86	100	19.01	浓氨水	0.90	28	14.76
浓磷酸	1.70	85	14.84	浓氨水	0.92	20	10.84
稀磷酸	1.25	40	5.12	稀氨水	0.96	9	5.08
稀磷酸	1.05	9	0.96	稀高氯酸*	1.12	19	2
浓高氯酸*	1.67	70	11.6	浓氢氟酸*	1.13	40	23

注：摘自 Haynes W M. CRC Handbook of Chemistry and Physics. 96th ed. 2015～2016。

*摘自其他资料。

附录 8　常用指示剂

附表 8-1　酸碱指示剂(291～298 K)

名称	变色(pH)范围	颜色变化	配制方法
0.1%百里酚蓝(麝香草酚蓝)	1.2～2.8	红～黄	0.1 g 百里酚蓝溶于 20 mL 乙醇中，加水至 100 mL
0.1%甲基橙	3.1～4.4	红～黄	0.1 g 甲基橙溶于 100 mL 热水中
0.1%溴酚蓝	3.0～4.6	黄～紫蓝	0.1 g 溴酚蓝溶于 20 mL 乙醇中，加水至 100 mL
0.1%溴甲酚绿	4.0～5.4	黄～蓝	0.1 g 溴甲酚绿溶于 20 mL 乙醇中，加水至 100 mL
0.1%甲基红	4.8～6.2	红～黄	0.1 g 甲基红溶于 60 mL 乙醇中，加水至 100 mL
0.1%溴百里酚蓝	6.0～7.6	黄～蓝	0.1 g 溴百里酚蓝溶于 20 mL 乙醇中，加水至 100 mL
0.1%中性红	6.8～8.0	红～黄橙	0.1 g 中性红溶于 60 mL 乙醇中，加水至 100 mL
0.2%酚酞	8.0～9.6	无～红	0.2 g 酚酞溶于 90 mL 乙醇中，加水至 100 mL
0.1%百里酚蓝(第二变色范围)	8.0～9.6	黄～蓝	0.1 g 百里酚蓝溶于 20 mL 乙醇中，加水至 100 mL
0.1%百里酚酞	9.4～10.6	无～蓝	0.1 g 百里酚酞溶于 90 mL 乙醇中，加水至 100 mL
甲基紫(第一变色范围)	0.13～0.5	黄～绿	1 $g\cdot L^{-1}$ 或 0.5 $g\cdot L^{-1}$ 的水溶液
苦味酸	0.0～1.3	无色～黄色	1 $g\cdot L^{-1}$ 水溶液
甲基绿	0.1～2.0	黄～绿～浅蓝	0.5 $g\cdot L^{-1}$ 水溶液
孔雀绿(第一变色范围)	0.13～2.0	黄～浅蓝～绿	1 $g\cdot L^{-1}$ 水溶液
甲酚红(第一变色范围)	0.2～1.8	红～黄	0.04 g 指示剂溶于 100 mL 50%乙醇中
甲基紫(第二变色范围)	1.0～1.5	绿～蓝	1 $g\cdot L^{-1}$ 水溶液
甲基紫(第三变色范围)	2.0～3.0	蓝～紫	1 $g\cdot L^{-1}$ 水溶液
茜素黄 R(第一变色范围)	1.9～3.3	红～黄	1 $g\cdot L^{-1}$ 水溶液
二甲基黄	2.9～4.0	红～黄	0.1 g 或 0.01 g 指示剂溶于 100 mL 90%乙醇中
刚果红	3.0～5.2	蓝紫～红	1 $g\cdot L^{-1}$ 水溶液
茜素红 S(第一变色范围)	3.7～5.2	黄～紫	1 $g\cdot L^{-1}$ 水溶液
溴酚红	5.0～6.8	黄～红	0.1 g 或 0.04 g 指示剂溶于 100 mL 20%乙醇中
溴甲酚紫	5.2～6.8	黄～紫红	0.1 g 指示剂溶于 100 mL 20%乙醇中
酚红	6.8～8.0	黄～红	0.1 g 指示剂溶于 100 mL 20%乙醇中
甲酚红	7.2～8.8	亮黄～紫红	0.1 g 指示剂溶于 100 mL 50%乙醇中
茜素红 S(第二变色范围)	10.0～12.0	紫～淡黄	参看第一变色范围
茜素黄 R(第二变色范围)	10.1～12.1	黄～淡紫	1 $g\cdot L^{-1}$ 水溶液
孔雀绿(第二变色范围)	11.5～13.2	蓝绿～无色	参看第一变色范围
达旦黄	12.0～13.0	黄～红	1 $g\cdot L^{-1}$ 水溶液

附表 8-2　混合酸碱指示剂

指示剂溶液的组成	变色点 pH	颜色变化		备注
		酸色	酸色	
一份 1 $g\cdot L^{-1}$ 甲基黄乙醇溶液，一份 1 $g\cdot L^{-1}$ 次甲基蓝乙醇溶液	3.25	蓝紫	绿	pH 3.2 蓝紫色，pH 3.4 绿色
四份 2 $g\cdot L^{-1}$ 溴甲酚绿乙醇溶液，一份 2 $g\cdot L^{-1}$ 二甲基黄乙醇溶液	3.9	橙	绿	变色点黄色
一份 2 $g\cdot L^{-1}$ 甲基橙溶液，一份 2.8 $g\cdot L^{-1}$ 靛蓝(二磺酸)乙醇溶液	4.1	紫	黄绿	调节两者的比例，直至终点敏锐
一份 1 $g\cdot L^{-1}$ 溴百里酚绿钠盐水溶液，一份 2 $g\cdot L^{-1}$ 甲基橙水溶液	4.3	黄	蓝绿	pH 3.5 黄色，pH 4.0 黄绿色，pH 4.3 绿色
三份 1 $g\cdot L^{-1}$ 溴甲酚绿乙醇溶液，一份 2 $g\cdot L^{-1}$ 甲基红乙醇溶液	5.1	酒红	绿	
一份 2 $g\cdot L^{-1}$ 甲基红乙醇溶液，一份 1 $g\cdot L^{-1}$ 次甲基蓝乙醇溶液	5.4	红紫	绿	pH 5.2 红紫，pH 5.4 暗蓝，pH 5.6 绿
一份 1 $g\cdot L^{-1}$ 溴甲酚绿钠盐水溶液，一份 1 $g\cdot L^{-1}$ 氯酚红钠盐水溶液	6.1	黄绿	蓝紫	pH 5.4 蓝绿，pH 5.8 蓝，pH 6.2 蓝紫
一份 1 $g\cdot L^{-1}$ 溴甲酚紫钠盐水溶液，一份 1 $g\cdot L^{-1}$ 溴百里酚蓝钠盐水溶液	6.7	黄	蓝紫	pH 6.2 黄紫，pH 6.6 紫，pH 6.8 蓝紫
一份 1 $g\cdot L^{-1}$ 中性红乙醇溶液，一份 1 $g\cdot L^{-1}$ 次甲基蓝乙醇溶液	7.0	蓝紫	绿	pH 7.0 蓝紫
一份 1 $g\cdot L^{-1}$ 溴百里酚蓝钠盐水溶液，一份 1 $g\cdot L^{-1}$ 酚红钠盐水溶液	7.5	黄	紫	pH 7.2 暗绿，pH 7.4 淡紫，pH 7.6 深紫
一份 1 $g\cdot L^{-1}$ 甲酚红 50%乙醇溶液，六份 1 $g\cdot L^{-1}$ 百里酚蓝 50%乙醇溶液	8.3	黄	紫	pH 8.2 玫瑰色，pH 8.4 紫色，变色点微红色

附表 8-3　氧化还原指示剂

指示剂名称	$\varphi^{\ominus}$/V，$[H^+]$ =1 $mol\cdot L^{-1}$	颜色变化		溶液配制方法
		氧化态	还原态	
中性红	0.24	红	无色	0.5 $g\cdot L^{-1}$ 的 60%乙醇溶液
亚甲基蓝	0.36	蓝	无色	0.5 $g\cdot L^{-1}$ 水溶液
变胺蓝	0.59(pH=2)	无色	蓝色	0.5 $g\cdot L^{-1}$ 水溶液
二苯胺	0.76	紫	无色	10 $g\cdot L^{-1}$ 的浓硫酸溶液
二苯胺磺酸钠	0.85	紫红	无色	5 $g\cdot L^{-1}$ 的水溶液。如溶液浑浊，可滴加少量盐酸
N-邻苯氨基苯甲酸	1.08	紫红	无色	0.1 g 指示剂加 20 mL 50 $g\cdot L^{-1}$ Na_2CO_3 溶液，用水稀释至 100 mL
邻二氮菲-Fe(Ⅱ)	1.06	浅蓝	红	1.485 g 邻二氮菲加 0.695 g $FeSO_4$，溶于 100 mL 水中
5-硝基邻二氮菲-Fe(Ⅱ)	1.25	浅蓝	紫红	1.608 g 5-硝基邻二氮菲加 0.695 g $FeSO_4$，溶于 100 mL 水中

附录 9　常用缓冲溶液的配制

缓冲溶液	pH	配制方法
乙醇-乙酸铵缓冲溶液	3.7	取 5 mol·L^{-1} 乙酸溶液 15.0 mL，加乙醇 60 mL 和水 20 mL，用 10 mol·L^{-1} 氨水调节 pH 至 3.7，用水稀释至 1000 mL
甲酸钠缓冲溶液	3.3	取 2 mol·L^{-1} 甲酸溶液 25 mL，加酚酞指示液 1 滴，用 2 mol·L^{-1} 氢氧化钠溶液中和，再加入 2 mol·L^{-1} 甲酸溶液 75 mL，用水稀释至 200 mL，调节 pH 至 3.25～3.30
邻苯二甲酸盐缓冲溶液	5.6	取邻苯二甲酸氢钾 10 g，加水 900 mL，搅拌使其溶解，用氢氧化钠试液(必要时用稀盐酸)调节 pH 至 5.6，加水稀释至 1000 mL，混匀
枸橼酸(柠檬酸)盐缓冲溶液	6.2	取 2.1%枸橼酸(柠檬酸)水溶液，用 50%氢氧化钠溶液调节 pH 至 6.2
枸橼酸(柠檬酸)-磷酸氢二钠缓冲溶液	4.0	甲液：取枸橼酸(柠檬酸) 21 g 或无水枸橼酸(柠檬酸) 19.2 g，加水使其溶解成 1000 mL，置冰箱内保存。乙液：取磷酸氢二钠 71.63 g，加水使其溶解成 1000 mL。取上述甲液 61.45 mL 与乙液 38.55 mL 混合，摇匀
氨-氯化铵缓冲溶液	8.0	取氯化铵 1.07 g，加水使溶解成 100 mL，再加稀氨溶液(1→30)调节 pH 至 8.0
	10.0	取氯化铵 5.4 g，加水 20 mL 溶解后，加浓氯溶液 35 mL，再加水稀释至 100 mL
硼砂-氯化钙缓冲溶液	8.0	取硼砂 0.572 g 与氯化钙 2.94 g，加水约 800 mL 溶解后，用 1 mol·L^{-1} 盐酸溶液约 2.5 mL 调节 pH 至 8.0，加水稀释至 1000 mL
硼砂-碳酸钠缓冲溶液	10.8～11.2	取无水碳酸钠 5.30 g，加水使其溶解成 1000 mL；另取硼砂 1.91 g，加水使其溶解成 100 mL。临用前取碳酸钠溶液 973 mL 与硼砂溶液 27 mL，混匀
硼酸-氯化钾缓冲溶液	9.0	取硼酸 3.09 g，加 0.1 mol·L^{-1} 氯化钾溶液 500 mL 使其溶解，再加 0.1 mol·L^{-1} 氢氧化钠溶液 210 mL
乙酸盐缓冲溶液	3.5	取乙酸铵 25 g，加水 25 mL 溶解后，加 7 mol·L^{-1} 盐酸溶液 38 mL，用 2 mol·L^{-1} 盐酸溶液或 5 mol·L^{-1} 氨溶液准确调节 pH 至 3.5(电位法指示)，用水稀释至 100 mL
乙酸-锂盐缓冲溶液	3.0	取冰醋酸 50 mL，加水 800 mL 混合后，用氢氧化锂调节 pH 至 3.0，再加水稀释至 1000 mL
乙酸-乙酸钠缓冲溶液	3.6	取乙酸钠 5.1 g，加冰醋酸 20 mL，再加水稀释至 250 mL
	4.5	取乙酸钠 18 g，加冰醋酸 9.8 mL，再加水稀释至 1000 mL
	6.0	取乙酸钠 54.6 g，加 1 mol·L^{-1} 乙酸溶液 20 mL 溶解后，加水稀释至 500 mL
乙酸-乙酸钾缓冲溶液	4.3	取乙酸钾 14 g，加冰醋酸 20.5 mL，再加水稀释至 1000 mL
乙酸-乙酸铵缓冲溶液	4.5	取乙酸铵 7.7 g，加水 50 mL 溶解后，加冰醋酸 6 mL 与适量的水使成 100 mL
	6.0	取乙酸铵 100 g，加水 300 mL 使其溶解，加冰醋酸 7 mL，摇匀
乙酸-三乙胺缓冲溶液	3.2	取磷酸约 4 mL 与三乙胺约 7 mL，加 50%甲醇稀释至 1000 mL，用磷酸调节 pH 至 3.2
磷酸盐缓冲溶液		取磷酸二氢钠 38.0 g 与磷酸氢二钠 5.04 g，加水使其成 1000 mL
	2.0	甲液：取磷酸 16.6 mL，加水至 1000 mL，摇匀。乙液：取磷酸氢二钠 71.63 g，加水使其溶解成 1000 mL。取上述甲液 72.5 mL 与乙液 27.5 mL 混合，摇匀
	2.5	取磷酸二氢钾 100 g，加水 800 mL，用盐酸调节 pH 至 2.5，用水稀释至 1000 mL
	5.0	取 0.2 mol·L^{-1} 磷酸二氢钠溶液一定量，用氢氧化钠试液调节 pH 至 5.0
	5.8	取磷酸二氢钾 8.34 g 与磷酸氢二钾 0.87 g，加水使其溶解成 1000 mL
	6.5	取磷酸二氢钾 0.68 g，加 0.1 mol·L^{-1} 氢氧化钠溶液 15.2 mL，用水稀释至 100 mL
	6.6	取磷酸二氢钠 1.74 g、磷酸氢二钠 2.7 g 与氯化钠 1.7 g，加水使其溶解成 400 mL
	6.8	取 0.2 mol·L^{-1} 磷酸二氢钾溶液 250 mL，加 0.2 mol·L^{-1} 氢氧化钠溶液 118 mL，用水稀释至 1000 mL，摇匀

续表

缓冲溶液	pH	配制方法
磷酸盐缓冲溶液	7.0	取磷酸二氢钾 0.68 g，加 0.1 $mol \cdot L^{-1}$ 氢氧化钠溶液 29.1 mL，用水稀释至 100 mL
	7.2	取 0.2 $mol \cdot L^{-1}$ 磷酸二氢钾溶液 50 mL 与 0.2 $mol \cdot L^{-1}$ 氢氧化钠溶液 35 mL，加新沸过的冷水稀释至 200 mL，摇匀
	7.4	取磷酸二氢钾 1.36 g，加 0.1 $mol \cdot L^{-1}$ 氢氧化钠溶液 79 mL，用水稀释至 200 mL
	7.6	取磷酸二氢钾 27.22 g，加水使其溶解成 1000 mL，取 50 mL，加 0.2 $mol \cdot L^{-1}$ 氢氧化钠溶液 42.4 mL，再加水稀释至 200 mL
	7.8	甲液：取磷酸氢二钠 35.9 g，加水溶解，并稀释至 500 mL。乙液：取磷酸二氢钠 2.76 g，加水溶解，并稀释至 100 mL。取上述甲液 91.5 mL 与乙液 8.5 mL 混合，摇匀
	7.8～8.0	取磷酸氢二钾 5.59 g 与磷酸二氢钾 0.41 g，加水使其溶解成 1000 mL

附录 10　常用洗液的配制与适用范围

名称	化学成分及配制方法	适用范围	说明
铬酸洗液	用 5～10 g 工业品 $K_2Cr_2O_7$ 溶于少量热水中，冷后徐徐加入 100 mL 浓硫酸（工业品），并不时搅动，得暗红色洗液，冷后注入干燥的试剂瓶中盖严备用	有很强的氧化性，能浸洗除去绝大多数污物	可反复使用，当多次使用至呈墨绿色时，说明洗液已失效。成本较高，有腐蚀性和毒性，使用时不要接触皮肤及衣物。用洗刷法或其他简单方法能洗去的不必用此法
碱性高锰酸钾洗液	取 4 g 高锰酸钾溶于少量水后，加入 100 mL 10%的 NaOH 溶液混匀后装瓶备用。洗液呈紫红色	有强碱性和氧化性，能浸洗除去各种油污	洗后若仪器壁上面有褐色二氧化锰，可用盐酸、稀硫酸或亚硫酸钠溶液洗去。可反复使用若干次，直至碱性及紫色消失为止
磷酸钠洗液	取 57 g Na_3PO_4 和 28.5 g $C_{17}H_{33}COONa$ 溶于 470 mL 水	洗涤碳的残留物	将待洗物在洗液中泡若干分钟后涮洗
硝酸-过氧化氢洗液	15%～20%硝酸和 5%过氧化氢混合	浸洗除去特别顽固的化学污物	储于棕色瓶中，现用现配，久存易分解
强碱洗液	5%～10%的 NaOH 溶液（或 Na_2CO_3、Na_3PO_4 溶液）	常用以浸洗除去普通油污	通常需要用热的溶液
浓 NaOH 溶液	NaOH	黑色焦油、硫可用加热的浓碱液洗去	
稀硝酸	HNO_3	用以浸洗除去铜镜、银镜等	洗银镜后的废液可回收 $AgNO_3$
稀盐酸	HCl	浸洗除去铁锈、二氧化锰、碳酸钙等	
稀硫酸	H_2SO_4	浸洗除去铁锈、二氧化锰等	
有机溶剂	苯、二甲苯、丙酮等	用于浸洗小件异形仪器，如活塞孔、吸管及滴定管的尖端等	成本高，一般不要使用

附录 11　常见离子和化合物的颜色

1. 离子

1）无色离子

阳离子：Na^+、K^+、NH_4^+、Mg^{2+}、Ca^{2+}、Sr^{2+}、Ba^{2+}、Al^{3+}、Sn^{2+}、Sn^{4+}、Pb^{2+}、Bi^{3+}、Ag^+、Zn^{2+}、Cd^{2+}、Hg_2^{2+}、Hg^{2+}等。

阴离子：$B(OH)_4^-$、$B_4O_7^{2-}$、$C_2O_4^{2-}$、Ac^-、CO_3^{2-}、SiO_3^{2-}、NO_3^-、NO_2^-、PO_4^{2-}、AsO_3^{3-}、

AsO_4^{3-}、$[SbCl_6]^{3-}$、$[SbCl_6]^-$、SO_3^{2-}、SO_4^{2-}、S^{2-}、$S_2O_3^{2-}$、F^-、Cl^-、ClO_3^-、Br^-、BrO_3^-、I^-、SCN^-、$[CuCl_2]^-$、TiO^{2+}、VO_3^-、VO_4^{3-}、MoO_4^{2-}、WO_4^{2-}等。

2）有色离子

离子	颜色	离子	颜色
$[Cu(H_2O)_4]^{2+}$	浅蓝色	$[Cr(NH_3)_4(H_2O)_2]^{3+}$	橙红色
$[CuCl_4]^{2-}$	黄色	$[Fe(CN)_6]^{3-}$	浅枯黄色
$[Cu(NH_3)_4]^{2+}$	深蓝色	$[Fe(NCS)_n]^{3-n}$	血红色
$[Co(H_2O)_6]^{2+}$	粉红色	$[Fe(CN)_6]^{4-}$	黄色
$[Co(NH_3)_5(H_2O)]^{3+}$	粉红色	$[Fe(H_2O)_6]^{2+}$	浅绿色
$[Co(CN)_6]^{3-}$	紫色	$[Fe(H_2O)_6]^{3+}$	淡紫色
$[CoCl(NH_3)_5]^{2+}$	红紫色	$[Mn(H_2O)_6]^{2+}$	肉色
$[Co(SCN)_4]^{2-}$	蓝色	MnO_4^{2-}	绿色
$[Co(NH_3)_6]^{2+}$	黄色	$[Mn(NH_3)_6]^{2+}$	蓝色
$[Co(NH_3)_6]^{3+}$	橙黄色	MnO_4^-	紫红色
$[Cr(H_2O)_4Cl_2]^+$	暗绿色	$[Ni(H_2O)_6]^{2+}$	亮绿色
$[Cr(NH_3)_2(H_2O)_4]^{3+}$	紫红色	$[Ti(H_2O)_6]^{3+}$	紫色
$[Cr(NH_3)_3(H_2O)_3]^{3+}$	浅红色	$[Ti(H_2O)_4]^{2+}$	绿色
CrO_2^-	绿色	$[TiO(H_2O_2)]^{2+}$	枯黄色
$Cr_2O_7^{2-}$	橙色	$[V(H_2O)_6]^{2+}$	紫色
$[Cr(NH_3)_3(H_2O)_3]^{2+}$	橙黄色	$[V(H_2O)_6]^{3+}$	绿色
$[Cr(NH_3)_6]^{3+}$	黄色	VO^{2+}	蓝色
CrO_4^{2-}	黄色	VO_2^+	浅黄色
$[Cr(H_2O)_6]^{2+}$	蓝色	$[VO_2(O_2)_2]^{3-}$	黄色
$[Cr(H_2O)_6]^{3+}$	紫色	$[V(O_2)]^{3+}$	深红色
$[Cr(H_2O)_5Cl]^{2+}$	浅绿色	I_3^-	浅棕黄色

2. 化合物

化合物	颜色	化合物	颜色	化合物	颜色
CuO	黑色	AgI	黄色	$Zn(OH)_2$	白色
Cu_2O	暗红色	PbI_2	黄色	$Fe(OH)_2$	白色或苍绿色
Ag_2O	暗棕色	SbI_3	红黄色	$Fe(OH)_3$	红棕色
ZnO	白色	$Ba(IO_3)_2$	白色	$Cu(OH)_2$	浅蓝色
CdO	棕红色	HgS	红色或黑色	$Bi(OH)_3$	白色
Hg_2O	黑褐色	Cu_2S	黑色	$Cr(OH)_3$	灰绿色
Fe_2O_3	砖红色	Fe_2S_3	黑色	$AgCl$	白色
Fe_3O_4	黑色	Bi_2S_3	黑褐色	Hg_2Cl_2	白色
NiO	暗绿色	ZnS	白色	$PbCl_2$	白色
$AgBr$	淡黄色	CdS	黄色	$CuCl$	白色

续表

化合物	颜色	化合物	颜色	化合物	颜色
$CuCl_2$	棕色	Ni_2O_3	黑色	$MnSiO_3$	肉色
$CuCl_2 \cdot 2H_2O$	蓝色	Hg_2I_2	黄绿色	$Ag_2C_2O_4$	白色
$BaSO_4$	白色	CuI	白色	$Ni(CN)_2$	浅绿色
$[Fe(NO)]SO_4$	深棕色	$AgIO_3$	白色	$AgSCN$	白色
$Cu_2(SO_4)_3 \cdot 6H_2O$	绿色	$AgBrO_3$	白色	Ag_3AsO_4	红褐色
$KCr(SO_4)_2 \cdot 12H_2O$	紫色	PbS	黑色	$SrSO_3$	白色
Ag_2CO_3	白色	FeS	棕黑色	$Cu_2[Fe(CN)_6]$	红褐色
$CdCO_3$	白色	CoS	黑色	$Co_2[Fe(CN)_6]$	绿色
$Hg_2(OH)_2CO_3$	红褐色	SnS	褐色	$K_3[Co(NO_2)_6]$	黄色
$Cu_2(OH)_2CO_3$	暗绿色	Sb_2S_3	橙色	$K_2[PtCl_6]$	黄色
$Ba_3(PO_4)_2$	白色	As_2S_3	黄色	$Na[Fe(CN)_5NO] \cdot 2H_2O$	红色
Ag_3PO_4	黄色	$Pb(OH)_2$	白色	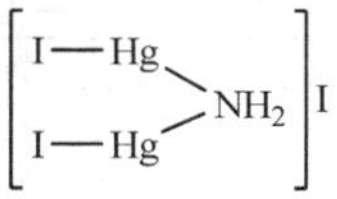	深褐色或红棕色
$BaSiO_3$	白色	$Mn(OH)_2$	白色	Cr_2O_3	绿色
$CuSiO_3$	蓝色	$Cd(OH)_2$	白色	CrO_3	红色
$Fe_2(SiO_3)_3$	棕红色	$Cu(OH)$	黄色	MnO_2	棕褐色
CaC_2O_4	白色	$Sb(OH)_3$	白色	MoO_2	铅灰色
$AgCN$	白色	$Co(OH)_3$	褐棕色	WO_2	棕红色
$CuCN$	白色	$Hg(NH_2)Cl$	白色	FeO	黑色
NH_4MgAsO_4	白色	$CoCl_2$	蓝色	CoO	灰绿色
$BaSO_3$	白色	$CoCl_2 \cdot H_2O$	蓝紫色	Co_2O_3	黑色
$Fe^{III}[Fe^{II}(CN)_6]_3 \cdot 2H_2O$	蓝色	$CoCl_2 \cdot 2H_2O$	紫红色	$CuBr_2$	黑紫色
$Zn_3[Fe(CN)_6]_2$	黄褐色	$CoCl_2 \cdot 6H_2O$	粉红色	BiI_3	绿黑色
$Zn_2[Fe(CN)_6]$	白色	$FeCl_3 \cdot 6H_2O$	黄棕色	HgI_3	红色
$(NH_4)_2Na[Co(NO_2)_6]$	黄色	$CuSO_4 \cdot 7H_2O$	红色	TiI_4	暗棕色
$Na[Sb(OH)_6]$	白色	$Cu_2(OH)_2SO_4$	浅蓝色	$KClO_4$	白色
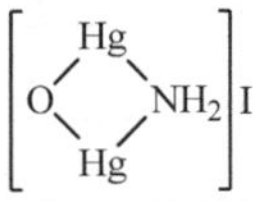	红棕色	$CaCO_3$	白色	Ag_2S	灰黑色
HgO	红色或黄色	$SrCO_3$	白色	CuS	黑色
TiO_2	白色	$Zn_2(OH)_2CO_3$	白色	SnS_2	金黄色
VO	亮灰色	$Co_2(OH)_2CO_3$	白色	NiS	黑色
V_2O_3	黑色	$Ca_3(PO_4)_2$	白色	Sb_2S_5	橙红色
VO_2	深蓝色	NH_4MgPO_4	白色	MnS	肉色
V_2O_5	红棕色	Ag_2CrO_4	砖红色	$Mg(OH)_2$	白色
PbO	黄色	$BaCrO_4$	黄色	$Sn(OH)_2$	白色
Pb_3O_4	红色	$ZnSiO_3$	白色	$Sn(OH)_4$	白色

续表

化合物	颜色	化合物	颜色	化合物	颜色
$Al(OH)_3$	白色	$CuSO_4·5H_2O$	蓝色	$FeC_2O_4·2H_2O$	黄色
$Ni(OH)_2$	浅绿色	$BaCO_3$	白色	$Cu(CN)_2$	浅棕黄色
$Ni(OH)_3$	黑色	$MnCO_3$	白色	$Cu(SCN)_2$	黑绿色
$Co(OH)_2$	粉红色	$BiOHCO_3$	白色	$Ag_2S_2O_3$	白色
$TiCl_3·6H_2O$	紫色或绿色	$Ni_2(OH)_2CO_3$	浅绿色	$Ag_3[Fe(CN)_6]$	橙色
$TiCl_2$	黑色	$CaHPO_3$	白色	$Ag_4[Fe(CN)_6]$	白色
Ag_2SO_4	白色	$FePO_4$	浅黄色	$K_2Na[Co(NO_2)_6]$	黄色
Hg_2SO_4	白色	$PbCrO_4$	黄色	$KHC_4H_4O_6$	白色
$PbSO_4$	白色	$FeCrO_4·2H_2O$	黄色	$NaAc·Zn(Ac)_2·3[UO_2(Ac)_2]·9H_2O$	黄色
$CaSO_4·2H_2O$	白色	$CoSiO_3$	紫色	$(NH_4)_2MoS_4$	血红色
$SrSO_4$	白色	$NiSiO_3$	翠绿色		

注：摘自 Speight J G. Lange's Handbook of Chemistry. 16th ed. 2004。

附录 12　不同温度下常见无机化合物的溶解度[g·(100 g 水)$^{-1}$]

序号	化学式	273 K	283 K	293 K	303 K	313 K	323 K	333 K	343 K	353 K	363 K	373 K
*1	AgBr	—	—	8.4×10^{-6}	—	—	—	—	—	—	—	**3.7×10^{-4}
2	$AgC_2H_3O_2$	0.73	0.89	1.05	1.23	1.43	1.64	1.93	2.18	2.59	—	—
*3	AgCl	—	8.9×10^{-5}	1.5×10^{-4}	—	—	*5×10^{-4}	—	—	—	—	2.1×10^{-3}
*4	AgCN	—	—	2.2×10^{-5}	—	—	—	—	—	—	—	—
*5	Ag_2CO_3	—	—	3.2×10^{-3}	—	—	—	—	—	—	—	5×10^{-2}
*6	Ag_2CrO_4	1.4×10^{-3}	—	—	3.6×10^{-3}	—	5.3×10^{-3}	—	8×10^{-3}	—	—	1.1×10^{-2}
**7	AgI	—	—	—	3×10^{-7}	—	—	3×10^{-6}	—	—	—	—
8	$AgIO_3$	—	3×10^{-3}	4×10^{-3}	—	—	—	1.8×10^{-2}	—	—	—	—
9	$AgNO_2$	0.16	0.22	0.34	0.51	0.73	0.995	1.39	—	—	—	—
10	$AgNO_3$	122	167	216	265	311	—	440	—	585	652	733
11	Ag_2SO_4	0.57	0.70	0.80	0.89	0.98	1.08	1.15	1.22	1.30	1.36	1.41
12	$AlCl_3$	43.9	44.9	45.8	46.6	47.3	—	48.1	—	48.6	—	49.0
13	AlF_3	0.56	0.56	0.67	0.78	0.91	—	1.1	—	1.32	—	1.72
14	$Al(NO_3)_3$	60.0	66.7	73.9	81.8	88.7	—	106	—	132	153	160
15	$Al_2(SO_4)_3$	31.2	33.5	36.4	40.4	45.8	52.2	59.2	66.1	73.0	80.8	89.0
16	As_2O_5	59.5	62.1	65.8	69.8	71.2	—	73.0	—	75.1	—	76.7

续表

序号	化学式	273 K	283 K	293 K	303 K	313 K	323 K	333 K	343 K	353 K	363 K	373 K
*17	As_2S_5	—	—	5.17×10^{-5} (291)	—	—	—	—	—	—	—	—
**18	B_2O_3	1.1	1.5	2.2	—	4.0	—	6.2	—	9.5	—	15.7
19	$BaCl_2\cdot2H_2O$	31.2	33.5	35.8	38.1	40.8	43.6	46.2	49.4	52.5	55.8	59.4
**20	$BaCO_3$	—	1.6×10^{-3} (281)	2.2×10^{-3} (291)	2.4×10^{-3} (297.2)	—	—	—	—	—	—	6.5×10^{-3}
*21	BaC_2O_4	—	—	9.3×10^{-3} (291)	—	—	—	—	—	—	—	2.28×10^{-2}
**22	$BaCrO_4$	2.0×10^{-4}	2.8×10^{-4}	3.7×10^{-4}	4.6×10^{-4}	—	—	—	—	—	—	—
23	$Ba(NO_3)_2$	4.95	6.67	9.02	11.48	14.1	17.1	20.4	—	27.2	—	34.4
24	$Ba(OH)_2$	1.67	2.48	3.89	5.59	8.22	13.12	20.94	—	101.4	—	—
**25	$BaSO_4$	1.15×10^{-4}	2.0×10^{-4}	2.4×10^{-4}	2.85×10^{-4}	—	3.36×10^{-4}	—	—	—	—	4.13×10^{-4}
26	$BeSO_4$	37.0	37.6	39.1	41.4	45.8	—	53.1	—	67.2	—	82.8
**27	Br_2	4.22	3.4	3.20	3.13	—	—	—	—	—	—	—
**28	Bi_2S_3	—	—	1.8×10^{-5} (291)	—	—	—	—	—	—	—	—
29	$CaBr_2\cdot6H_2O$	125	132	143	185 (307)	213	—	278	—	295	—	312 (378)
30	$Ca(H_2C_3O_2)_2\cdot2H_2O$	37.4	36.0	34.7	33.8	33.2	—	32.7	—	33.5	—	—
31	$CaCl_2\cdot6H_2O$	59.5	64.7	74.5	100	128	—	137	—	147	154	159
**32	CaC_2O_4	—	6.7×10^{-4} (286)	6.8×10^{-4} (298)	—	—	9.5×10^{-4}	—	—	—	14×10^{-4} (368)	—
*33	CaF_2	1.3×10^{-3}	—	1.6×10^{-3} (298)	1.7×10^{-3} (299)	—	—	—	—	—	—	—
34	$Ca(HCO_3)_2$	16.15	—	16.60	—	17.05	—	17.50	—	17.95	—	18.40
35	CaI_2	64.6	66.0	67.6	69.0	70.8	—	74	—	78	—	81
36	$Ca(IO_3)_2\cdot6H_2O$	0.090	0.17	0.24	0.38	0.52	—	0.65	—	0.66	0.67	—
37	$Ca(NO_2)_2\cdot4H_2O$	63.9	—	84.5 (291)	104	—	—	134	—	151	166	178
38	$Ca(NO_3)_2\cdot4H_2O$	102.0	115	129	152	191	—	—	—	358	—	363
39	$Ca(OH)_2$	0.189	0.182	0.173	0.160	0.141	0.128	0.121	0.106	0.094	0.086	0.076
40	$CaSO_4\cdot1/2H_2O$	—	—	0.32	0.29 (298)	0.26 (308)	0.21 (318)	0.145 (338)	0.12 (348)	—	—	0.071
41	$CdCl_2\cdot2.5H_2O$	90	100	113	132	—	—	—	—	—	—	—
42	$CdCl_2\cdot H_2O$	—	135	135	135	135	—	136	—	140	—	147
**43	$Cl_2$①	1.46	0.980	0.716	0.562	0.451	0.386	0.324	0.274	0.219	0.125	0
**44	CO①	0.0044	0.0035	0.0028	0.0024	0.0021	0.0018	0.0015	0.0013	0.0010	0.0006	0

续表

序号	化学式	273 K	283 K	293 K	303 K	313 K	323 K	333 K	343 K	353 K	363 K	373 K
**45	CO_2[①]	0.3346	0.2318	0.1688	0.1257	0.0973	0.0761	0.0576	—	—	—	0
46	$CoCl_2$	43.5	47.7	52.9	59.7	69.5	—	93.8	—	97.6	101	106
47	$Co(NO_3)_2$	84.0	89.6	97.4	111	125	—	174	—	204	300	—
48	$CoSO_4$	25.50	30.50	36.1	42.0	48.80	—	55.0	—	53.8	45.3	38.9
49	$CoSO_4\cdot7H_2O$	44.8	56.3	65.4	73.0	88.1	—	101	—	—	—	—
50	CrO_3	164.9	—	167.2	—	172.5	183.9	—	—	191.6	217.5	206.8
51	CsCl	161.0	175	187	197	208.0	218.5	230	239.5	250.0	260.0	271
*52	CsOH	—	—	395.5 (288)	—	—	—	—	—	—	—	—
53	$CuCl_2$	68.6	70.9	73.0	77.3	87.6	—	96.5	—	104	108	120
**54	CuI_2	—	—	1.107	—	—	—	—	—	—	—	—
55	$Cu(NO_3)_2$	83.5	100	125	156	163	—	182	—	208	222	247
56	$CuSO_4\cdot5H_2O$	23.1	27.5	32.0	37.8	44.6	—	61.8	—	83.8	—	114
57	$FeCl_2$	49.7	59.0	62.5	66.7	70.0	—	78.3	—	88.7	92.3	94.9
58	$FeCl_3\cdot6H_2O$	74.4	81.9	91.8	106.8	—	315.1	—	—	525.8	—	535.7
59	$Fe(NO_3)_2\cdot6H_2O$	113	134	—	—	—	—	266	—	—	—	—
60	$FeSO_4\cdot7H_2O$	28.8	40.0	48.0	60.0	73.3	—	100.7	—	79.9	68.3	57.8
61	H_3BO_3	2.67	3.72	5.04	6.72	8.72	11.54	14.81	18.62	23.62	30.38	40.25
62	HBr[①]	221.2	210.3	204 (288)	—	—	171.5	—	—	150.5 (348)	—	130
63	HCl[①]	82.3	77.2	72.6	67.3	63.3	59.6	56.1	—	—	—	—
64	$H_2C_2O_4$	3.54	6.08	9.52	14.23	21.52	—	44.32	—	84.5	125	—
*65	HgBr	—	—	4×10^{-6} (299)	—	—	—	—	—	—	—	—
66	$HgBr_2$	0.30	0.40	0.56	0.66	0.91	—	1.68	—	2.77	—	4.9
**67	Hg_2Cl_2	0.00014	—	0.0002	—	0.0007	—	—	—	—	—	—
68	$HgCl_2$	3.63	4.82	6.57	8.34	10.2	—	16.3	—	30.0	—	61.3
69	I_2	0.014	0.020	0.029	0.039	0.052	0.078	0.100	—	0.225	0.315	0.445
70	KBr	53.5	59.5	65.3	70.7	75.4	80.2	85.5	90.0	95.0	99.2	104.0
71	$KBrO_3$	3.09	4.72	6.91	9.64	13.1	17.5	22.7	—	34.1	—	49.9
72	$KC_2H_3O_2$	216	233	256	283	324	—	350	—	381	398	—
73	$K_2C_2O_4$	25.5	31.9	36.4	39.9	43.8	—	53.2	—	63.6	69.2	75.3
74	KCl	28.0	31.2	34.2	37.2	40.1	42.6	45.8	48.3	51.3	54.0	56.3
75	$KClO_3$	3.3	5.2	7.3	10.1	13.9	19.3	23.8	—	37.6	46	56.3
76	$KClO_4$	0.76	1.06	1.68	2.56	3.73	6.5	7.3	11.8	13.4	17.7	22.3

续表

序号	化学式	273 K	283 K	293 K	303 K	313 K	323 K	333 K	343 K	353 K	363 K	373 K
77	KSCN	177.0	198	224	255	289	—	372	—	492	571	675
78	K_2CO_3	105	108	111	114	117	121.2	127	133.1	140	148	156
79	K_2CrO_4	56.3	60.0	63.7	66.7	67.8	—	70.1	70.4	72.1	74.5	75.6
80	$K_2Cr_2O_7$	4.7	7.0	12.3	18.1	26.3	34	45.6	52	73	—	80
81	$K_3Fe(CN)_6$	30.2	38	46	53	59.3	—	70	—	—	—	91
82	$K_4Fe(CN)_6$	14.3	21.1	28.2	35.1	41.4	—	54.8	—	66.9	71.5	74.2
83	$KHC_4H_4O_6$	0.231	0.358	0.523	0.762	—	—	—	—	—	—	—
84	$KHCO_3$	22.5	27.4	33.7	39.9	47.5	—	65.6	—	—	—	—
85	$KHSO_4$	36.2	—	48.6	54.3	61.0	—	76.4	—	96.1	—	122
86	KI	128	136	144	153	162	168	176	184	192	198	208
87	KIO_3	4.60	6.27	8.08	10.03	12.6	—	18.3	—	24.8	—	32.3
88	$KMnO_4$	2.83	4.31	6.34	9.03	12.6	16.98	22.1	—	—	—	—
89	KNO_2	279	292	306	320	329	—	348	—	376	390	410
90	KNO_3	13.9	21.2	31.6	45.3	61.3	85.5	106	138	167	203	245
91	KOH	95.7	103	112	126	134	140	154	—	—	—	178
92	K_2PtCl_6	0.48	0.60	0.78	1.00	1.36	2.17	2.45	3.19	3.71	4.45	5.03
93	K_2SO_4	7.4	9.3	11.10	13.0	14.8	16.50	18.2	19.75	21.4	22.9	24.1
94	$K_2S_2O_8$	1.65	2.67	4.70	7.75	11.0	—	—	—	—	—	—
95	$K_2SO_4 \cdot Al_2(SO_4)_3$	3.00	3.99	5.90	8.39	11.70	17.00	24.80	40.0	71.0	109.0	—
96	LiCl	69.2	74.5	83.5	86.2	89.8	97	98.4	—	112	121	128
97	Li_2CO_3	1.54	1.43	1.33	1.26	1.17	1.08	1.01	—	0.85	—	0.72
*98	LiF	—	—	0.27 (291)	—	—	—	—	—	—	—	—
99	LiOH	11.91	12.11	12.35	12.70	13.22	13.3	14.63	—	16.56	—	19.12
*100	Li_3PO_4	—	—	0.039 (291)	—	—	—	—	—	—	—	—
101	$MgBr_2$	98	99	101	104	106	—	112	—	113.7	—	125.0
102	$MgCl_2$	52.9	53.6	54.6	55.8	57.5	—	61.0	—	66.1	69.5	73.3
103	MgI_2	120	—	140	—	173	—	—	—	186	—	—
104	$Mg(NO_3)_2$	62.1	66.0	69.5	73.6	78.9	—	78.9	—	91.6	106	—
*105	$Mg(OH)_2$	—	—	0.0009 (291)	—	—	—	—	—	—	—	0.004
106	$MgSO_4$	22.0	28.2	33.7	38.9	44.5	—	54.6	—	55.8	52.9	50.4
107	$MnCl_2$	63.4	68.1	73.9	80.8	88.5	98.15	109	—	113	114	115
108	$Mn(NO_3)_2$	102	118.0	139	206	—	—	—	—	—	—	—

续表

序号	化学式	273 K	283 K	293 K	303 K	313 K	323 K	333 K	343 K	353 K	363 K	373 K
109	MnC_2O_4	0.020	0.024	0.028	0.033	—	—	—	—	—	—	—
110	$MnSO_4$	52.9	59.7	62.9	62.9	60.0	—	53.6	—	45.6	40.9	35.3
111	NH_4Br	60.5	68.1	76.4	83.2	91.2	99.2	108	116.8	125	135	145
112	NH_4SCN	120	144	170	208	234	—	346	—	—	—	—
113	$(NH_4)_2C_2O_4$	2.2	3.21	4.45	6.09	8.18	10.3	14.0	—	22.4	27.9	34.7
114	NH_4Cl	29.4	33.3	37.2	41.4	45.8	50.4	55.3	60.2	65.6	71.2	77.3
115	NH_4ClO_4	12.0	16.4	21.7	27.7	34.6	—	49.9	—	68.9	—	—
116	$(NH_4)_2 \cdot Co(SO_4)_2$	6.0	9.5	13.0	17.0	22.0	27.0	33.5	40.0	49.0	58.0	75.1
117	$(NH_4)_2CrO_4$	25.0	29.2	34.0	39.3	45.3	—	59.0	—	76.1	—	—
118	$(NH_4)_2Cr_2O_7$	18.2	25.5	35.6	46.5	58.5	—	86	—	115	—	156
119	$(NH_4)_2 \cdot Cr_2(SO_4)_4$	3.95	—	10.78（298）	18.8	32.6	—	—	—	—	—	—
**120	$(NH_4)_2 \cdot Fe(SO_4)_2$	12.5	17.2	—	—	33	40	—	52	—	—	—
*121	$(NH_4)_2 \cdot Fe_2(SO_4)_4$	—	—	—	44.15（298）	—	—	—	—	—	—	—
*122	NH_4HCO_3	11.9	16.1	21.7	28.4	36.6	—	59.2	—	109	170	354
123	$NH_4H_2PO_4$	22.7	29.5	37.4	46.4	56.7	—	82.5	—	118	—	173
124	$(NH_4)_2HPO_4$	42.9	62.9	68.9	75.1	81.8	—	97.2	—	—	—	—
125	NH_4I	155	163	172	182	191	199.6	209	218.7	229	—	250
**126	NH_4MgPO_4	0.0231	—	0.052	—	0.036	0.03	0.040	0.016	0.019	—	0.0195
*127	$NH_4MnPO_4 \cdot H_2O$	—	0.0031（冷水）	—	—	—	—	—	0.05（热水）	—	—	—
128	NH_4NO_3	118.3	—	192	241.8	297.0	344.0	421.0	499.0	580.0	740.0	871.0
129	$(NH_4)_2PtCl_6$	0.289	0.374	0.499	0.637	0.815	—	1.44	—	2.16	2.61	3.36
130	$(NH_4)_2SO_4$	70.6	73.0	75.4	78.0	81.0	—	88.0	—	95	—	103
131	$(NH_4)_2SO_4 \cdot Al_2(SO_4)_3$	2.1	5.0	7.74	10.9	14.9	20.10	26.70	—	—	—	109.7（368）
*132	$(NH_4)_2S_2O_8$	58.2	—	—	—	—	—	—	—	—	—	—
133	$(NH_4)_3SbS_4$	71.2	—	91.2	120	—	—	—	—	—	—	—
*134	$(NH_4)_2SeO_4$	—	117（280）	—	—	—	—	—	—	—	—	197
135	NH_4VO_3	—	—	0.48	0.84	1.32	1.78	2.42	3.05	—	—	—
136	$NaBr$	80.2	85.2	90.8	98.4	107	116.0	118	—	120	121	121
137	$Na_2B_4O_7$	1.11	1.6	2.56	3.86	6.67	10.5	19.0	24.4	31.4	41.0	52.5
138	$NaBrO_3$	24.2	30.3	36.4	42.6	48.8	—	62.6	—	75.7	—	90.8

续表

序号	化学式	273 K	283 K	293 K	303 K	313 K	323 K	333 K	343 K	353 K	363 K	373 K
139	$NaC_2H_3O_2$	36.2	40.8	46.4	54.6	65.6	83	139	146	153	161	170
140	$Na_2C_2O_4$	2.69	3.05	3.41	3.81	4.18	—	4.93	—	5.71	—	6.50
141	NaCl	35.7	35.8	35.9	36.1	36.4	37.0	37.1	37.8	38.0	38.5	39.2
142	$NaClO_3$	79.6	87.6	95.9	105	115	—	137	—	167	184	204
143	Na_2CO_3	7.0	12.5	21.5	39.7	49.0	—	46.0	—	43.9	43.9	—
144	Na_2CrO_4	31.70	50.10	84.0	88.0	96.0	104	115	123	125	—	126
145	$Na_2Cr_2O_7$	163.0	172	183	198	215	244.8	269	316.7	376	405	415
146	$Na_4Fe(CN)_6$	11.2	14.8	18.8	23.8	29.9	—	43.7	—	62.1	—	—
147	$NaHCO_3$	7.0	8.1	9.6	11.1	12.7	14.45	16.0	—	—	—	—
148	NaH_2PO_4	56.5	69.8	86.9	107	133	157	172	190.3	211	234	—
149	Na_2HPO_4	1.68	3.53	7.83	22.0	55.3	80.2	82.8	88.1	92.3	102	104
150	NaI	159	167	178	191	205	227.8	257	294	295	—	302
151	$NaIO_3$	2.48	2.59	8.08	10.7	13.3	—	19.8	—	26.6	29.5	33.0
152	$NaNO_3$	73.0	80.8	87.6	94.9	102	104.1	122	—	148	—	180
153	$NaNO_2$	71.2	75.1	80.8	87.6	94.9	—	111	—	133	—	160
154	NaOH	—	98	109	119	129	—	174	—	—	—	—
155	Na_3PO_4	4.5	8.2	12.1	16.3	20.2	—	29.9	—	60.0	68.1	77.0
**156	$Na_4P_2O_7$	3.16	3.95	6.23	9.95	13.50	17.45	21.83	—	30.04	—	40.26
157	Na_2S	9.6	12.10	15.7	20.5	26.6	36.4	39.1	43.31	55.0	65.3	—
*158	$NaSb(OH)_6$	—	0.03 (285.2)	—	—	—	—	—	—	—	—	0.3
159	Na_2SO_3	14.4	19.5	26.3	35.5	37.2	—	32.6	—	29.4	27.9	—
160	Na_2SO_4	4.9	9.1	19.5	40.8	48.8	46.7	45.3	—	43.7	42.7	42.5
161	$Na_2SO_4 \cdot 7H_2O$	19.5	30.0	44.1	—	—	—	—	—	—	—	—
162	$Na_2S_2O_3 \cdot 5H_2O$	50.2	59.7	70.1	83.2	104	—	—	—	—	—	—
163	$NaVO_3$	—	—	19.3	22.5	26.3	—	33.0	—	40.8	—	—
164	Na_2WO_4	71.5	—	73.0	—	77.6	—	—	—	90.8	—	—
*165	$NiCO_3$	—	—	0.0093 (298)	—	—	—	—	—	—	—	—
166	$NiCl_2$	53.4	56.3	60.8	70.6	73.2	78.3	81.2	85.2	86.6	—	87.6
167	$Ni(NO_3)_2$	79.2	—	94.2	105	119	—	158	—	187	188	—
168	$NiSO_4 \cdot 7H_2O$	26.2	32.4	37.7	43.4	50.4	—	—	—	—	—	—
169	$Pb(C_2H_3O_2)_2$	19.8	29.5	44.3	69.8	116	—	—	—	—	—	—
170	$PbCl_2$	0.67	0.82	1.00	1.20	1.42	1.70	1.94	—	2.54	2.88	3.20

续表

序号	化学式	273 K	283 K	293 K	303 K	313 K	323 K	333 K	343 K	353 K	363 K	373 K
171	PbI_2	0.044	0.056	0.069	0.090	0.124	0.164	0.193	—	0.294	—	0.42
172	$Pb(NO_2)_2$	37.5	46.2	54.3	63.4	72.1	85	91.6	—	111	—	133
**173	$PbSO_4$	0.0028	0.0035	0.0041	0.0049	0.0056	—	—	—	—	—	—
174	$SbCl_3$	602	—	910	1087	1368	—	—	345 K 以后完全混溶			
*175	Sb_2S_3	—	—	0.000175 (291)	—	—	—	—	—	—	—	—
*176	$SnCl_2$	83.9	—	259.8 (288)	—	—	—	—	—	—	—	—
*177	$SnSO_4$	—	—	33 (298)	—	—	—	—	—	—	—	18
178	$Sr(C_2H_3O_2)_2$	37.0	42.9	41.1	39.5	38.3	37.4	36.8	36.2	36.1	39.2	36.4
**179	SrC_2O_4	0.0033	0.0044	0.0046	0.0057	—	—	—	—	—	—	—
180	$SrCl_2$	43.5	47.7	52.9	58.7	65.3	72.4	81.8	85.9	90.5	—	101
181	$Sr(NO_2)_2$	52.7	—	65.0	72	79	83.8	97	—	130	134	139
182	$Sr(NO_3)_2$	39.5	52.9	69.5	88.7	89.4	—	93.4	—	96.9	98.4	—
183	$SrSO_4$	0.0113	0.0129	0.0132	0.0138	0.0141	—	0.0131	—	0.0116	0.0115	—
184	$SrCrO_4$	—	0.0851	0.090	—	—	—	—	—	0.058	—	—
185	$Zn(NO_3)_2$	98	—	118.3	138	211	—	—	—	—	—	—
186	$ZnSO_4$	41.6	47.2	53.8	61.3	70.5	—	75.4	—	71.1	—	60.5

注：摘自 Speight J G. Lange's Handbook of Chemistry. 16th ed. 2004。

*摘自 Haynes W M. CRC Handbook of Chemistry and Physics. 96th ed. 2015～2016。

**摘自顾庆超等. 化学用表. 南京：江苏省科学技术出版社，1979。

表中括号内数据指温度(K)；①表示在压力 1.01325×10^5 Pa 下。